The Most Beautiful Villages

美丽乡村

住宅设计与施工图集

王红英 等 著

内 容 提 要

本书通过系统的理论知识与实践经验来讲解现代乡村住宅的建造方法，直面乡村居民，指导其真正地参与住宅建造，甚至是指导施工过程，使他们将住宅建筑的主动权完全掌握在自己手中，避免上当受骗，浪费钱财。随书附带一张二维码，扫描即可进入武汉创鼎国瑞装饰设计工程有限公司官网获取本书案例图片、DWG文件以及典型乡村住宅设计施工图纸，方便学习使用。本书不仅适用于村镇居民，同时也是建筑承包商、村镇建房施工员、村镇（乡）基层干部、村镇土地建筑管理决策者、大中专设计专业学生和设计师参与乡村住宅设计与施工的学习参考读物。

图书在版编目（CIP）数据

美丽乡村住宅设计与施工图集 / 王红英等著. —北京：中国电力出版社，2018.3（2019.3 重印）
ISBN 978-7-5198-1446-5

Ⅰ. ①美… Ⅱ. ①王… Ⅲ. ①农村住宅－建筑设计－图集②农村住宅－建筑工程－工程施工－图集
Ⅳ. ①TU241.4-64

中国版本图书馆CIP数据核字（2017）第294818号

出版发行：中国电力出版社
地　　址：北京市东城区北京站西街19号（邮政编码100005）
网　　址：http://www.cepp.sgcc.com.cn
责任编辑：乐　苑（010-63412380）
责任校对：王开云
装帧设计：弘承阳光
责任印制：杨晓东

印　　刷：北京博图彩色印刷有限公司
版　　次：2018年3月第一版
印　　次：2019年3月北京第二次印刷
开　　本：710毫米×1000毫米　16开本
印　　张：15
字　　数：297千字
定　　价：49.80元

前　言

目前，国家大力扶持乡镇经济建设，广大乡村的生活水平在不断提高，除了提供日常生产外，广大乡镇百姓对生活品质也提出了新的要求。传统住宅模式与现代生活方式逐渐体现出的矛盾，使乡镇住宅建筑的建设成为当前乡村居民生活的热点，更多的乡镇居民希望能自己动手提高住宅质量，改善生活环境。因此，本书以乡镇居民为主要受众对象，目的是使他们阅读本书后，能亲自动手参与到住宅的建造、装修、改造中去，从而提高生活品质，降低施工成本。

本书共有18套乡村住宅设计与施工案例，分别以独立住宅建筑、联排住宅建筑、组合住宅建筑和住宅配套建筑展开进行讲解，内容涵盖面广，知识点全面，其中包含16套乡村住宅与2套配套乡镇建筑，各种图纸、图片600张左右，通过案例介绍、施工图与实景照片三个方面来分析我国美丽新乡村住宅建筑的设计、选材、施工、维护等问题，深入浅出地讲解乡村建筑知识，系统列举出常见且能轻松购得的建筑材料。

书中所介绍的住宅建筑案例具有代表性，图文并茂，以图解的形式轻松教会读者住宅设计、施工方法，书中穿插相关技术要点和住宅点评建议，为乡村住宅建筑提供了完整的知识库。同时，随书附带二维码，提供本书案例图片、DWG文件以及典型乡镇住宅设计施工图纸，可供随时借鉴使用。读者可依据图纸亲自参与住宅建造，甚至指导施工，把主动权完全掌握在自己手中。相信本书会是广大乡镇居民、建筑承包商、施工员、设计师在乡镇建房过程中的不二之选。

在本书编著过程中，也得到了广大同仁的热情支持。王江泽、童蒙、张达、袁倩、鲍雪怡、叶伟、仇梦蝶、肖亚丽、刘峻、柯玲玲、刘忍方、向江伟、董豪鹏、陈全、黄登峰、苏娜、毛婵、李平、柏雪、李鹏博、曾庆平、李俊、姚欢、闫永祥、杨清、王欣、刘涛为本书提供了大量原始素材，在此表示衷心感谢！

编　者

2018年2月

使用说明

《美丽乡村住宅设计与施工图集》通过系统的理论知识与实践经验来讲解现代乡镇住宅的建造方法，直面乡村居民，指导其亲自参与到住宅建造、施工中去，帮助他们将住宅建筑的主动权完全掌握在自己手中，避免上当受骗。本书共有20套村镇住宅设计与施工案例，其中包含16套乡村住宅与4套配套乡镇建筑，通过案例介绍、施工图与实景照片三个方面来分析我国美丽乡村住宅建筑的设计、选材、施工、维护等问题。为了方便读者能快速熟练掌握，提升本书的使用效率，特做以下说明。

1. 案例说明

对于案例的文字描述，本书没有编写烦琐的细节标题，是为了避免标题过于复杂，导致读者将过多精力放在理清文字层级关系上，而忽略了图纸的重要性。因此，取而代之的是就图论图。以图解的形式，总体分为三个段落来分别介绍房屋情况、平面布置情况以及特色等，轻松教会读者住宅设计和施工方法，并在结尾穿插相关技术要点和住宅点评建议，更加方便读者阅读。

2. 图纸类型

本书中包含的图纸，主要有房屋平面布置图、水路布置图、电路布置图、各方位立面图、剖面图、基本结构图和楼层结构图等7大类，均按楼层数量分别绘制，下面做几点讲解。

（1）平面布置图：建筑物、构筑物等在水平投影上所得到的图形，投影高度一般为建筑±0.00高度以上1.5m，在这个高度对建筑物或构筑物做水平剖切，然后分别向下和向上观看，所得到的图形就是底平面图和顶平面图。其通常用来表示设计施工的构造、饰面、施工做法及空间各部位的相互关系。

（2）水路布置图：本书主要指的是给排水图，用其来表现设计空间中的给排水管布置、管道型号、配套设施布局等，使整体设计功能更加齐备，保证后期给排水施工的顺利进行。

（3）电路布置图：本书主要通过介绍各楼层的灯具开关布置图和插座布置图来表现各类照明灯具，配电设备（配电箱、开关），电气装置的种类、型号、安装位置和高度，以及相关线路的敷设方式、导线型号、截面、根数，线管的种类、管径等安装所应掌握的技术要求。

（4）立面图：指主要设计构造的垂直投影图，用于表现建筑物、构筑物的墙面，适用于表现建筑与设计空间中各重要立面的形体构造、相关尺寸、相应位置和基本施工工艺。

（5）剖面图：用于表现平面图或立面图中的不可见构造，在平面图或立面图中事先标明了其剖切符号的方向，可视内容按平面图和立面图中的内容绘制，并一一对应。

（6）基础结构图与楼层结构图: 主要用来说明住宅建筑的定位轴线，梁、柱、承重墙，抗震构造柱等定位尺寸，并注明其编号和楼层标高等。

3. 水电设计要点

在本书的内容主要是指水路布置图和电路布置图两种。其中水路布置图主要介绍的是给排水图，用来表现设计空间中的给排水管布置、管道型号、配套设施布局、安装方法等内容；电路布置图则是以灯具开关布置图和插座布置图两种图纸类型为主。

4. 二维码

主要包括本书案例图片、DWG文件以及典型乡村住宅设计施工图纸资料，读者可以根据学习、工作具体情况复制使用，能满足乡镇主旨设计、施工的大多数要求。

由于篇幅有限，无法包容更多类型的乡镇住宅设计、施工图纸，读者如有需求，可以将本书缺少的类型告知编者（电子邮箱：designviz@163.com），再版时必定增加进来，另如有不足之处，望广大读者指正，谢谢！

目 录

Part A

美丽乡村住宅设计案例

No.1 中式新古典住宅

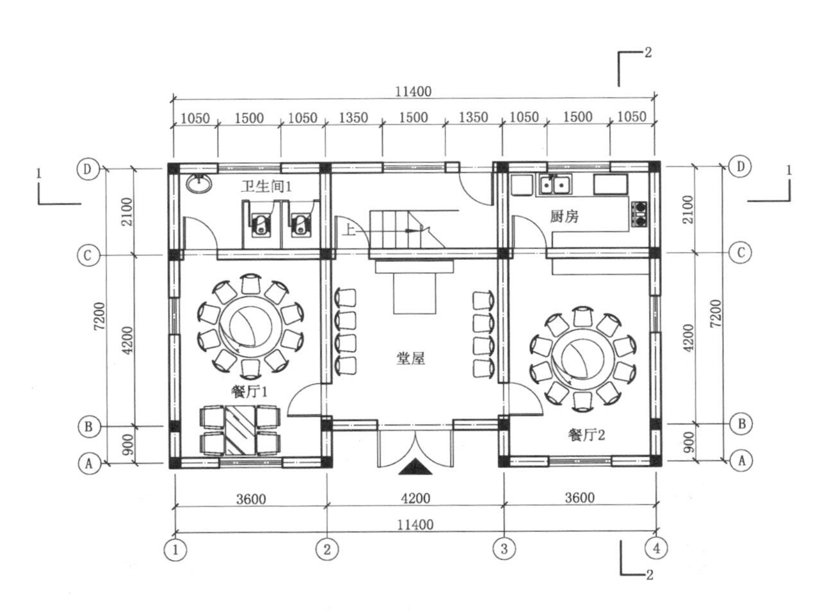

一层平面布置图

房屋为三层独立住宅，建在乡镇道路旁，以自家居住为主要用途。房屋右侧土地用竹子搭建成简易篱笆，种植蔬菜供自给自足。篱笆外围种植低矮灌木进行修饰，同时也美化环境。左侧为晾晒区，晒衣架也是就地取材，用竹竿自制而成。

进门堂屋摆放家族祖先灵位，供子孙后辈叩拜瞻仰，两旁座位方便祭拜时家族年长的老人坐立休息。一楼主要为烹饪区、就餐区和洗漱区，两间餐厅可供家族聚会时一起就餐，旁边的四座方桌也可供自家日常就餐。沿着一楼楼梯上到二楼，二楼为居住区，分为主卧室和客卧室，均配有卫生间以供洗漱，中间客厅区域为休闲区，家庭成员可坐在沙发上一起观看电视。最后，三楼为储藏间，面积较小，且主要用其隔热来给房屋整体营造舒适的温度环境，并存放少量杂物。

总的来看，房屋整体布局、配套设施安排较为合理，仿古砖块的应用极具南方地域特色，质朴且美观自然。二楼房间均配有卫生间，可方便家人起夜使用。但一楼无休闲娱乐区域，就餐区安排过多，且两间餐厅相隔较远。因此可只保留一间餐厅，将另一间改造成棋牌室或书房。

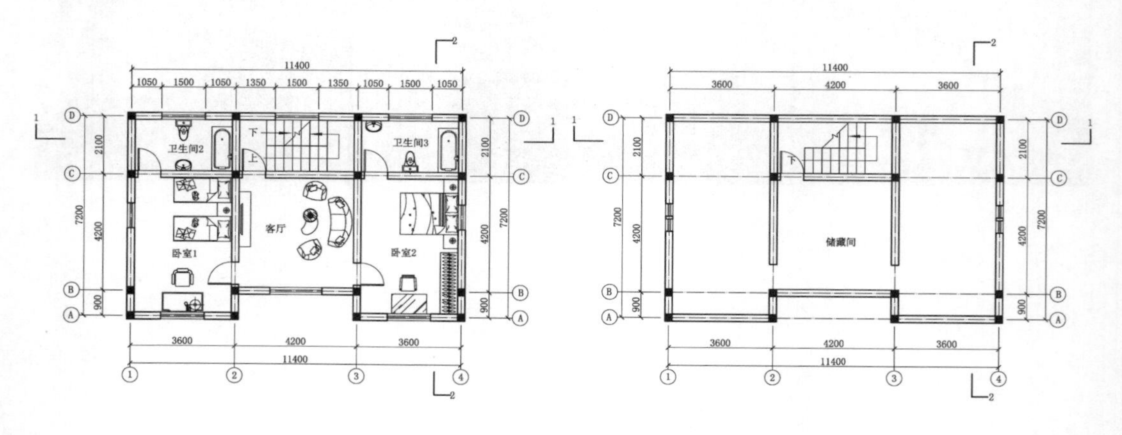

二层平面布置图

三层平面布置图

No.2 江南风住宅

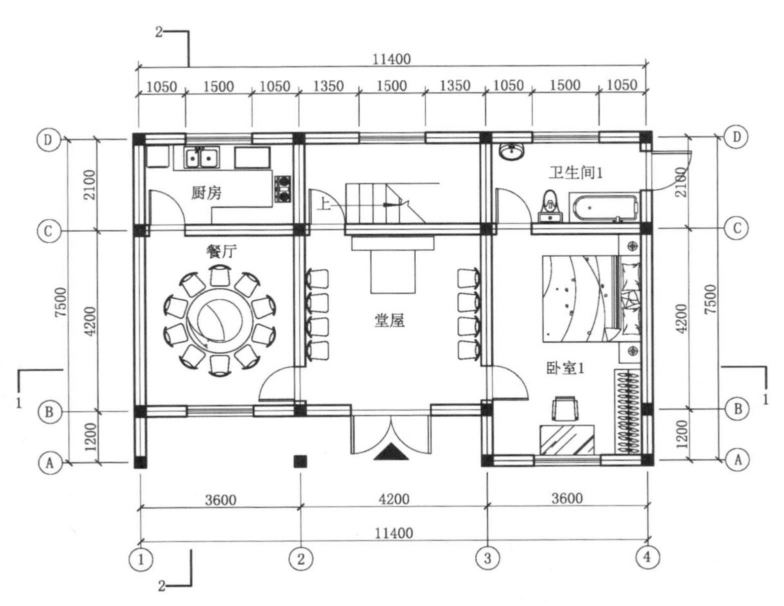

一层平面布置图

房屋为两层独立乡镇住宅，供自家居住使用。两侧用树干、木桩搭建成简易围栏，形成左右对称的格局。

进入屋内，正中央的堂厅供家族供奉和祭拜祖先时使用。一楼主要有睡眠区、就餐区和洗漱区，主卧室配有储物衣柜、梳妆台和独立卫生间，主要是家中父母或老人居住。二楼陈设也较为简单，客卧室房间供家中小孩使用，同样也配有独立卫生间。中间区域为客厅休息区，配有沙发和液晶电视。右侧门外带有露天阳台，主要用来晾晒衣物、棉絮等。

总的来看，房屋整体布局合理，质朴温馨，樟子松木搭建的两层屋檐造型美观且经济实惠，阳台外围采用白色的石材栏杆与米色外墙在颜色上的搭配相对应，整体感强。但房屋两边空地没能很好地利用起来，建议种植一些低矮花草或灌木植物等。

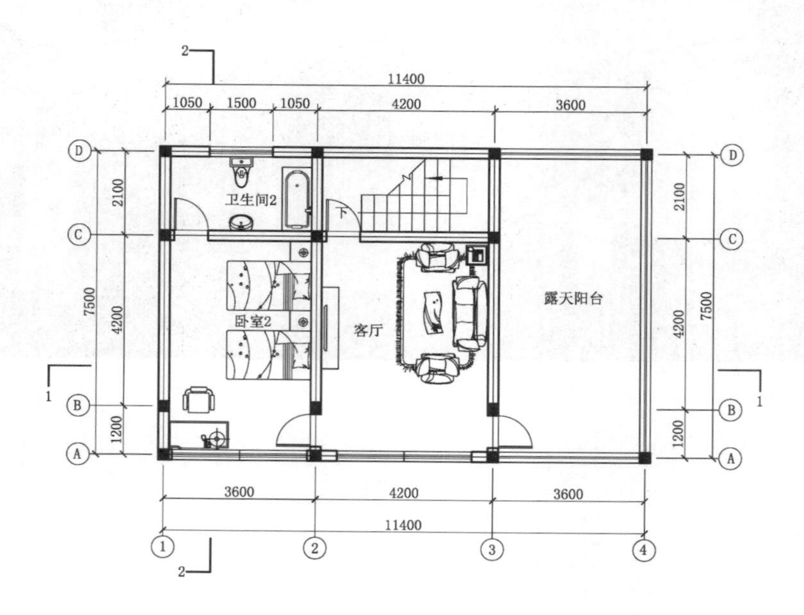

二层平面布置图

No.3 中式现代住宅

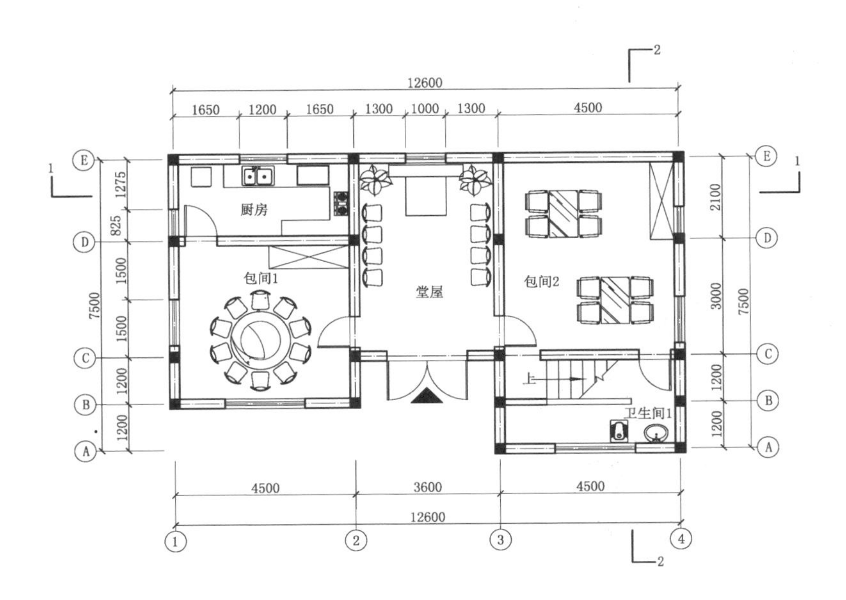

一层平面布置图

房屋为三层仿古式乡村独立住宅，位于乡镇中心处，供自家居住使用。房屋左侧空地改造为自家小果园，用红瓦、砖块砌筑成围栏，并用竹子搭制了简易晒衣架，方便自家晾晒。

一楼设置有堂屋供祭拜祖先，左右两间房用作餐厅和包间，厨房在餐厅一侧，方便上菜。楼梯拐角处设有卫生间。二楼是居住区，分为主卧室和次卧室。其中主卧室配有卫生间，供家中父母居住，小孩则睡在次卧室。右侧区域为客厅，摆放有沙发和液晶电视，供家人休闲、娱乐。三楼为储藏间，主要起到隔热作用。

总的来看，此处乡村住宅造型设计值得借鉴，如外墙青色砖横竖搭配砌筑的方块造型，墙壁转角处水泥砂浆花纹抹灰等，这些“小心思”的应用不仅经济实惠，而且美观、颇富创意。但一楼的空间安排可考虑将一间就餐区改造成休闲娱乐区。

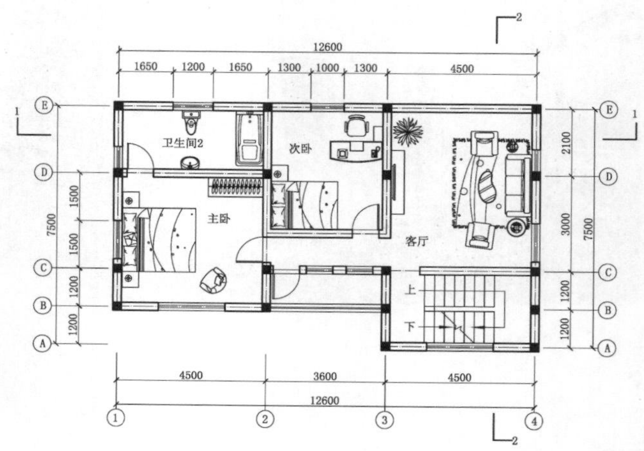

二层平面布置图

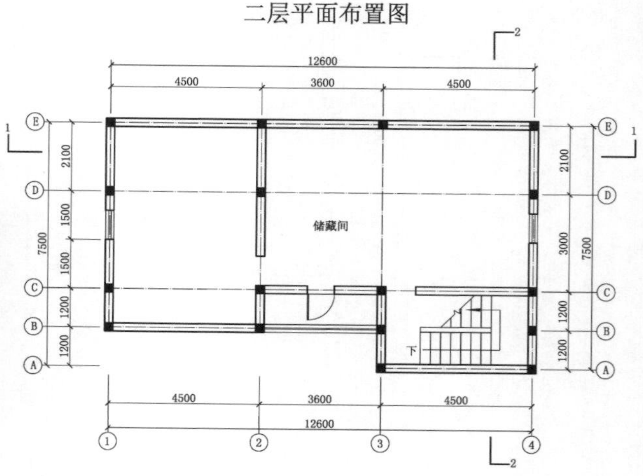

三层平面布置图

No.4 古楚风农家乐住宅

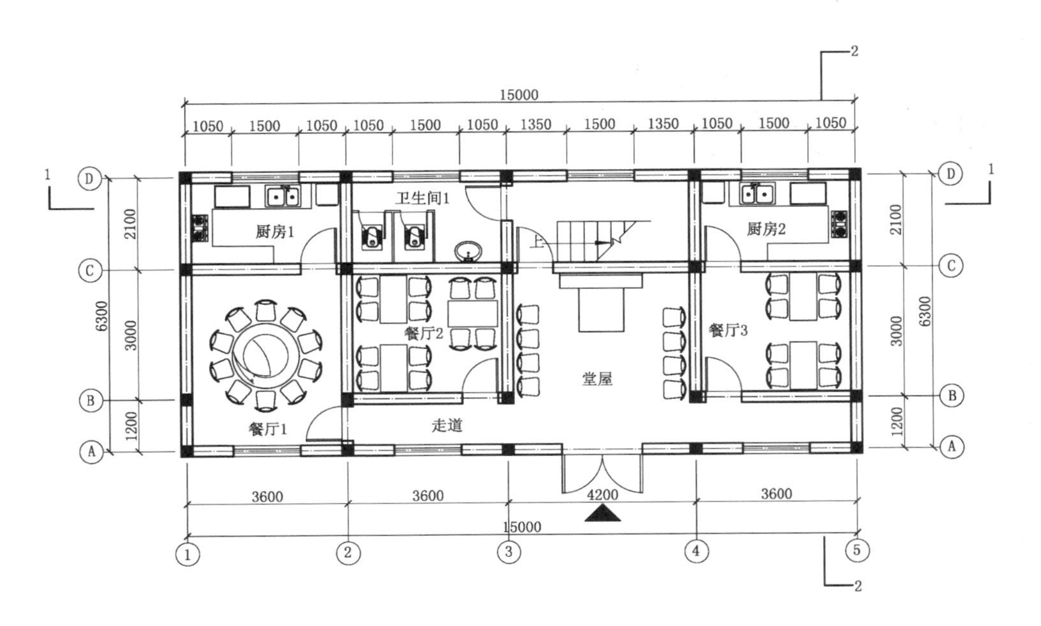

一层平面布置图

房屋为三层独立住宅，建于乡镇入口的小土坡上，其中，一、三层为农家乐就餐区域，二层供自家居住。左侧土坡上开垦出一片小菜园，供自家日常或农家乐少量使用。

农家乐区域中一层堂屋打穿，与楼梯门相对，方便上下楼，左右开放式就餐区和包间均设置了一间厨房，方便上菜。另配有一间独立卫生间。三层搭建有阳台，主要以开放式户外餐厅为主，可观看村镇风光。储藏间用来存放少量杂物。二层为居住区，空间较大，设有主卧室与客卧室，两间房都配有独立卫生间。另设置有一个独立书房，供家中小孩学习使用。

住宅设计整体风格极具古楚地域文化，外墙青色砖搭配少量红色砖点缀，樟子松门窗、围栏造型质朴美观。门前排列的红灯笼也与农家乐红火氛围相呼应。地面两侧地面绿色砖的铺设也方便客人停车，中间水泥砂浆抹灰方便行走，考虑妥当。

但布局存在不合理之处，比如三楼上菜不方便的问题，可考虑将一楼的一间厨房移至三楼。

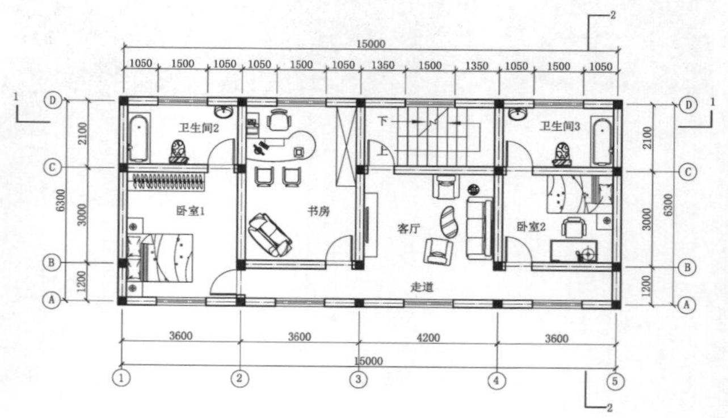

二层平面布置图

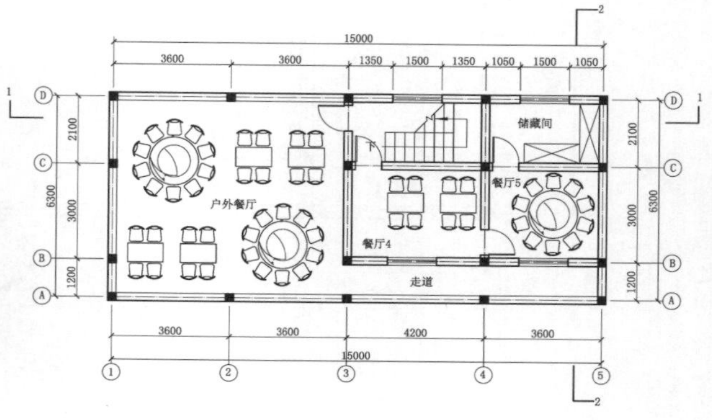

三层平面布置图

No.5 徽派雅致住宅

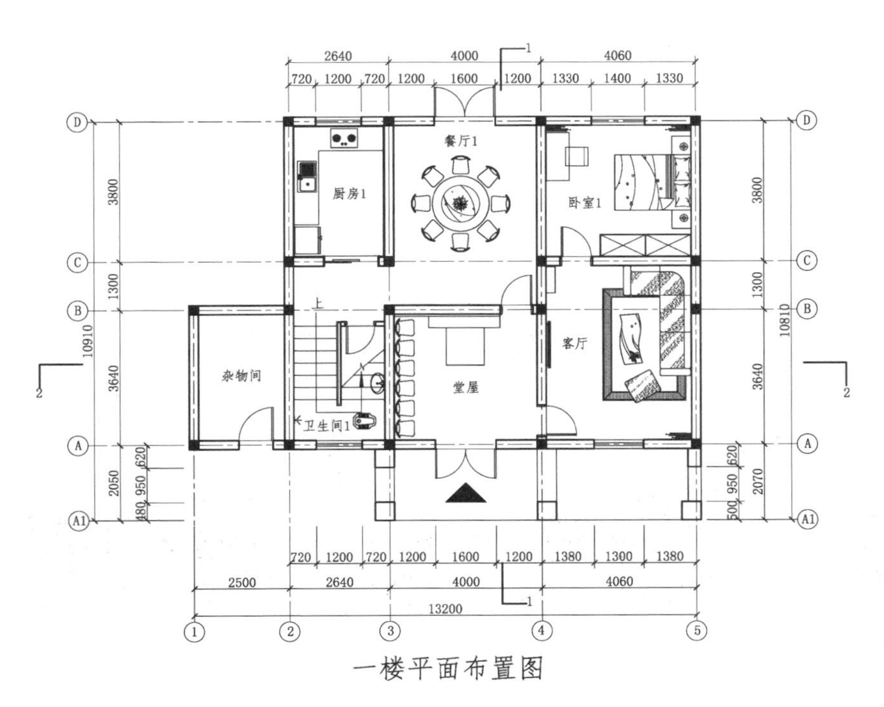

一楼平面布置图

房屋为独立式两层住宅，建于村落道路一旁，供自家居住使用。房屋左侧与一间小杂物间相连，用来堆放农具用品及少量杂物。相邻空地种植了少量树木。

一层堂屋共设两扇门，一侧为客厅，一侧为餐厅，卧室主要供家中老人居住，配有厨房。卫生间则在楼梯拐角处。二层共有三间卧室，其中两间供家中父母和小孩居住，另外一间用作客卧室。另设有开放式餐厅与厨房，卫生间则单独设置在左侧一角。

房屋外墙采用青色砖搭配白色乳胶漆，外墙壁PVC板雕圆形中国结造型与不锈钢窗边相得益彰，简单雅致。

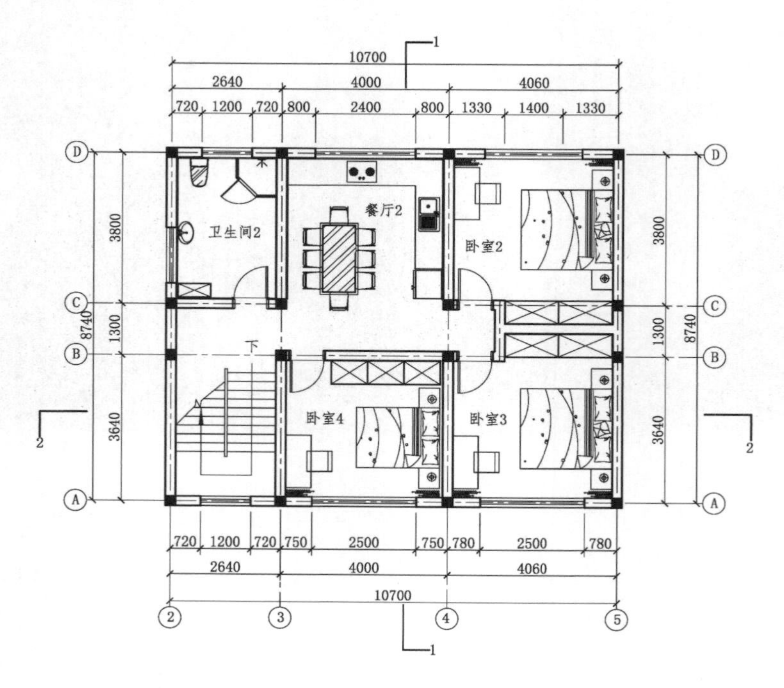

二楼平面布置图

No.6 湖畔农家小别墅

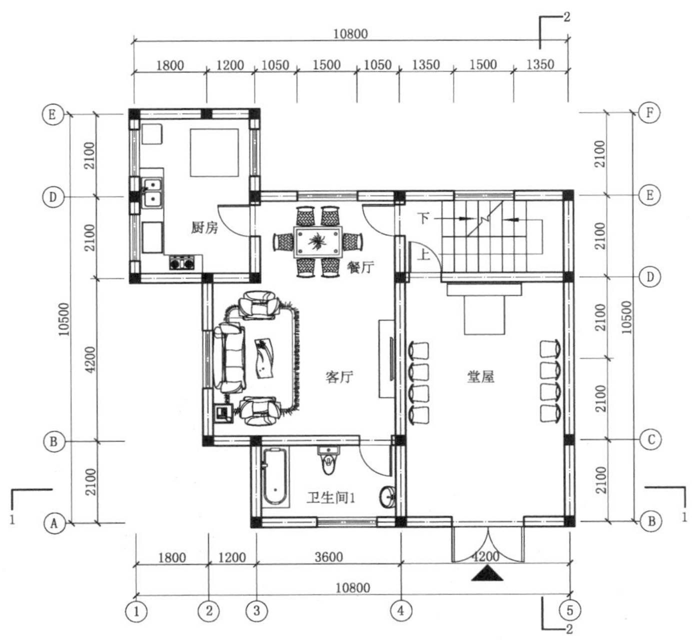

一层平面布置图

住宅为四层乡镇建筑，临近小湖，为了避免潮湿、虫害，因此分为地下一层和地面三层，供自家居住。门前左侧临湖，在地上平台种植格桑花，右侧则为低矮灌木。

房间布局上，地下一层主要用来隔潮，并堆放少量杂物。一层主要为家庭休闲及就餐区域，设置有客厅、厨房、餐厅，另配有独立卫生间，中间堂屋可摆放祖先灵位。二层为睡眠区，分为主卧室和客卧室，其中主卧室配有衣帽间和独立卫生间，客卧则临近阳台，采光通风条件好。三层储藏间外带露天阳台，防潮条件好，但堆放杂物时要注意日晒与防尘。

房屋外墙采用瓷砖砌筑而成，水泥砂浆抹灰简单装饰，铝合金门窗配石材围栏，干净大方。房屋总体布局合理，但要注意门前花草的定期修剪，避免杂草丛生，影响美观。

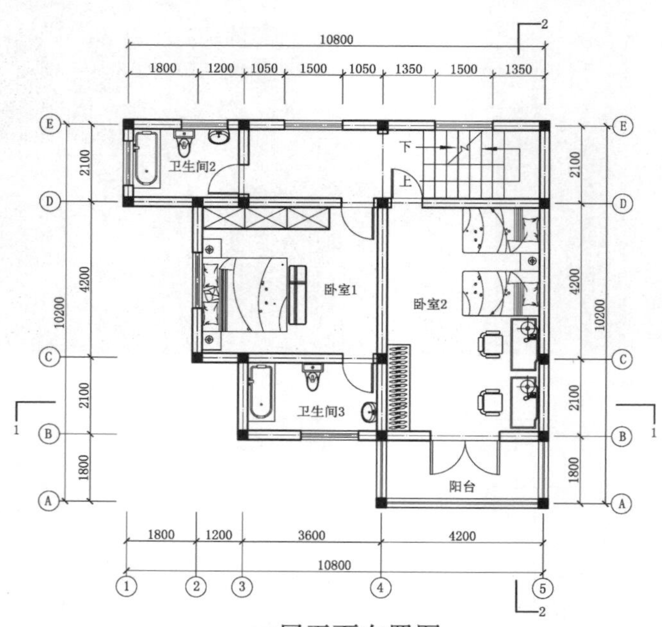

二层平面布置图

No.7 半封闭全功能住宅

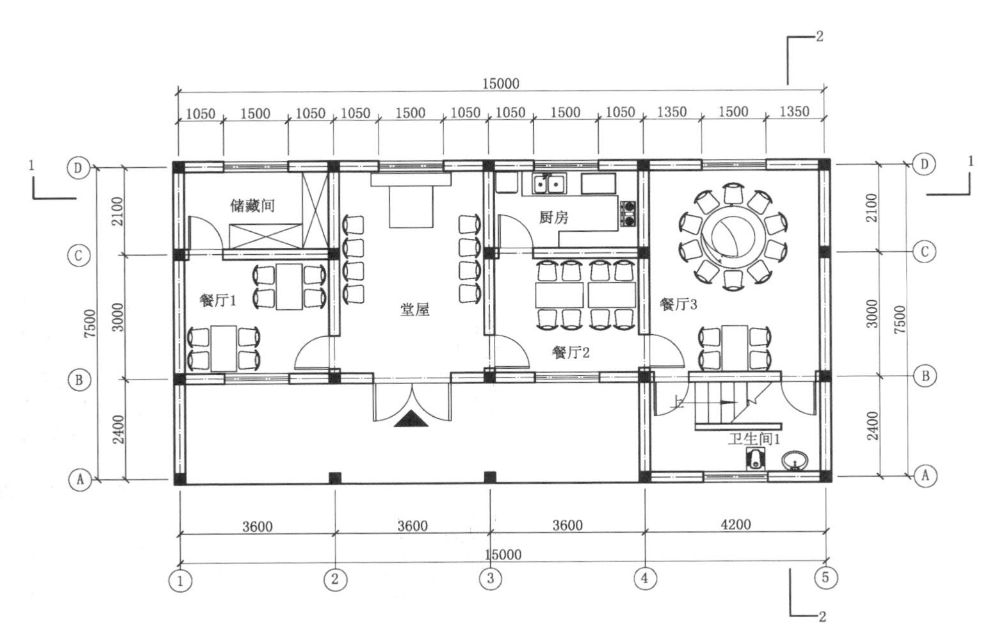

一层平面布置图

房屋为三层半封闭式乡村住宅，住宅周围用红色黏土砖搭配少量青砖砌筑成围栏，门口两侧仿楚文化门柱设计，下宽上窄，门柱上方有瓦片简单组合成花瓣造型，经济美观。

房屋主要分为一层农家乐区域、二层自家居住区和三层储藏间。农家乐区域有两间开放式就餐区，一间配有卫生间的包间，厨房设置在中间位置，方便上菜。储藏间用来散热。二楼居住区布局合理，父母居住的主卧室和小孩居住的客卧室分别配有独立卫生间。客厅供家人一起休闲放松，小孩可在书房里看书学习。三楼狭长的储藏区主要用来隔热。

房屋外墙整体采用米黄色水泥砂浆抹灰，自然朴质。二楼围栏石质花形围栏搭配彩色瓷砖点缀，增添住宅整体艺术感。

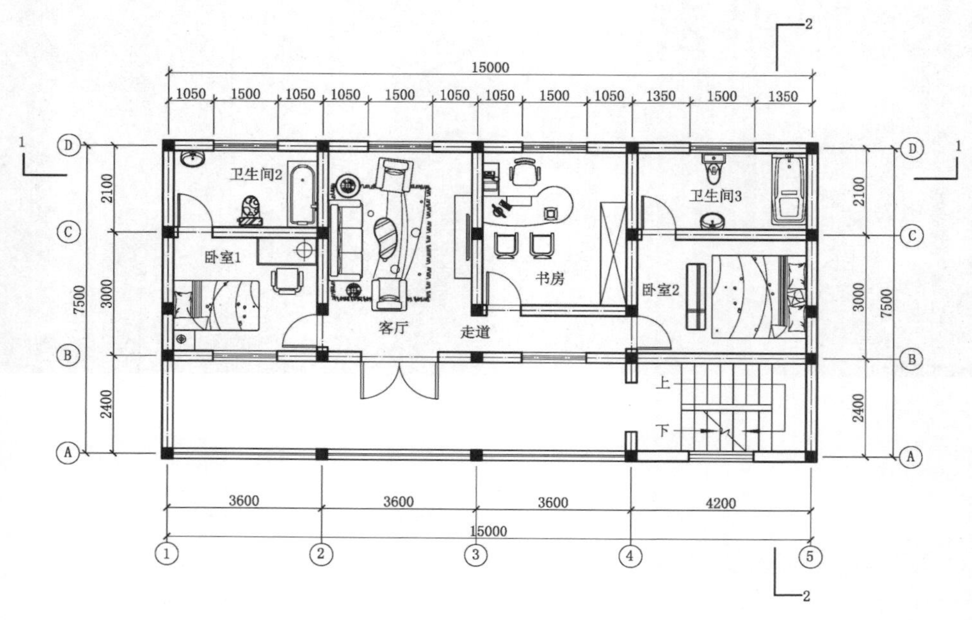

二层平面布置图

No.8 借景四合院住宅

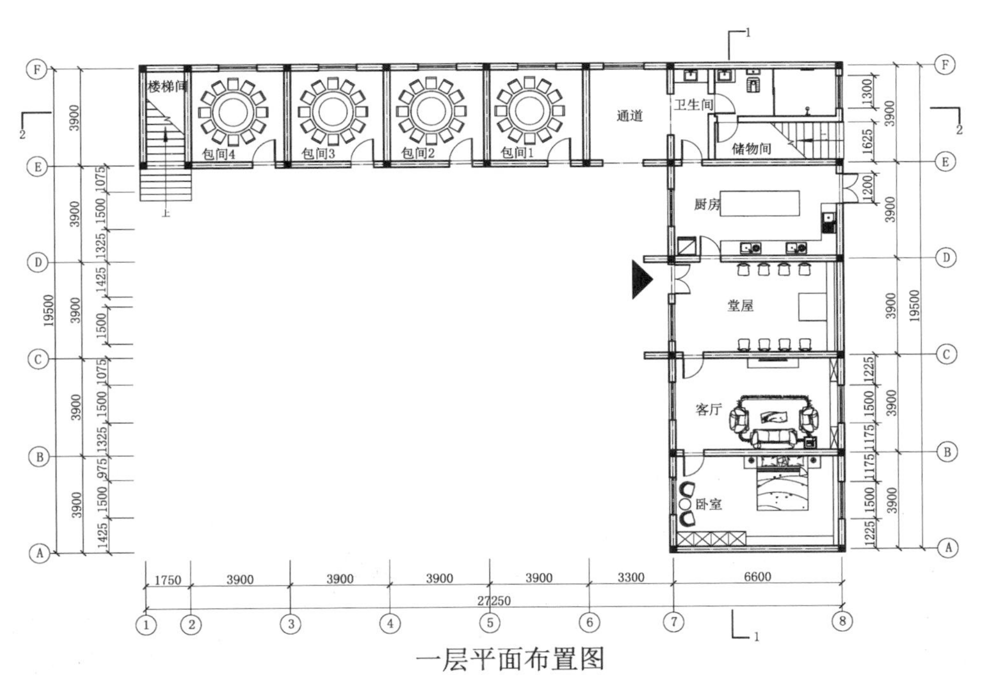

一层平面布置图

房屋建于乡镇道路旁，一侧临湖，为半封闭式组合型村镇住宅，临湖的一侧住宅设置为农家乐餐厅，另一侧则供自家日常居住。两侧房屋均为两层式住宅建筑。

农家乐餐厅一层为三个包间，沿着楼梯上至二楼，二楼为开放式室外餐厅，同时也相当于观景台，客户可以在就餐的同时欣赏湖边美景。居住区一层有一间主卧室，供家中老人居住，另设置有客厅、厨房、卫生间，楼梯转角处设有小的储物间用来堆放杂物。二楼设置有三间卧室，两间供家中父母和子女居住，剩下一件留做客卧室。另配有书房和卫生间。

房屋整体造型仿楚文化建造，外墙方块造型是由四块红砖搭配不同型号PVC水管切割组合，再灌注水泥砂浆而成，造型简单美观，值得借鉴。两栋建筑组合处更是采用圆形借景手法，灵活雅致。

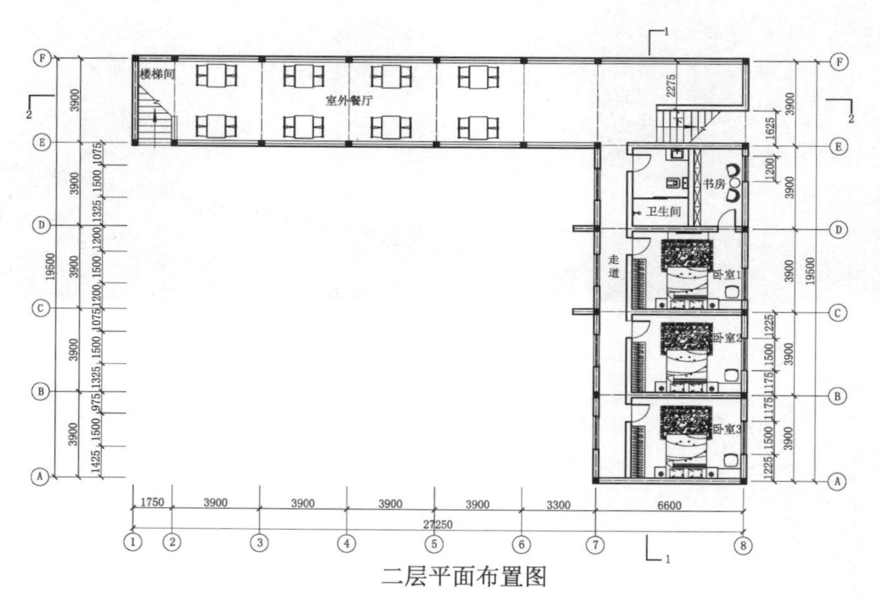

二层平面布置图

No.9 农家乐摄影客栈

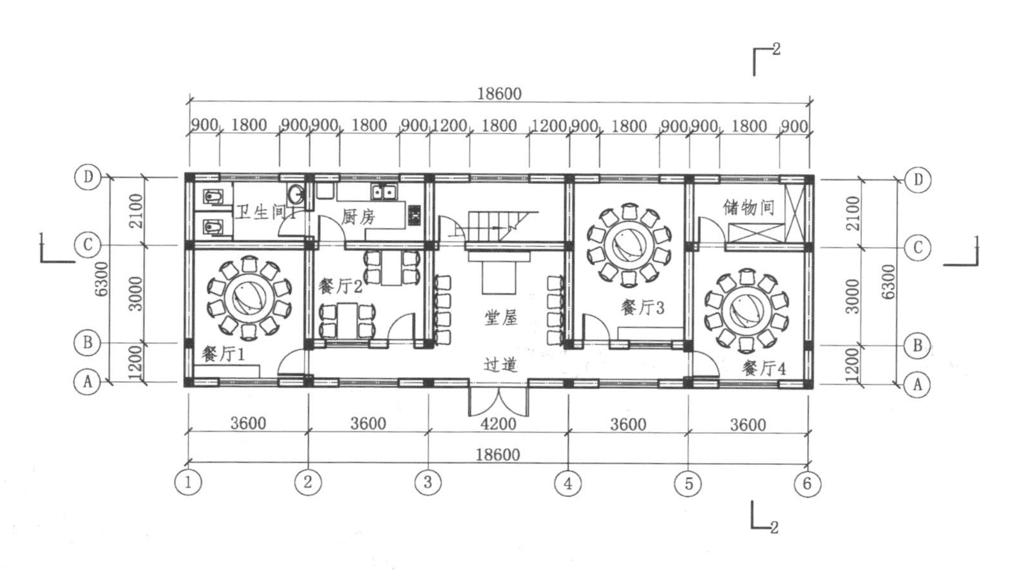

一层平面布置图

房屋为三层独立式对称住宅，一层用作农家乐，二层供自家居住兼做客栈，三层则为狭长的储物空间，主要用来隔热。

一层农家乐餐厅多为封闭式的包间，临近厨房有少量开放式的就餐区，并设有卫生间，但其布局不是很合理。卫生间虽方便厨房的人如厕，但若客人想上厕所必须穿过其他包间，通过厨房，因此极不方便并有待改善。二层配有两间主卧供自家大人和小孩居住，另一间客卧室用作客栈，有需要时才使用。居住区域都安装了空调。书房的设置也可供家中小孩看书学习。通过书房也可进入卫生间，该卫生间设置也较不合理。

房屋外墙主要涂抹米色水泥砂浆涂料，四周转角保持青色砖为主搭配少量红砖墙体造型，另设置了腰线且在外墙上挂有少量装饰画。

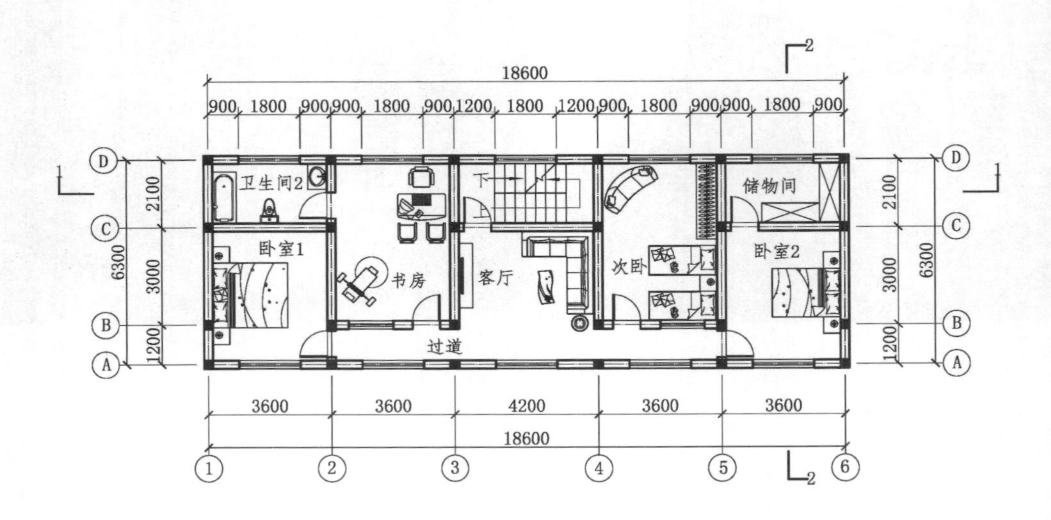

二层平面布置图

No.10 中规中矩联排住宅

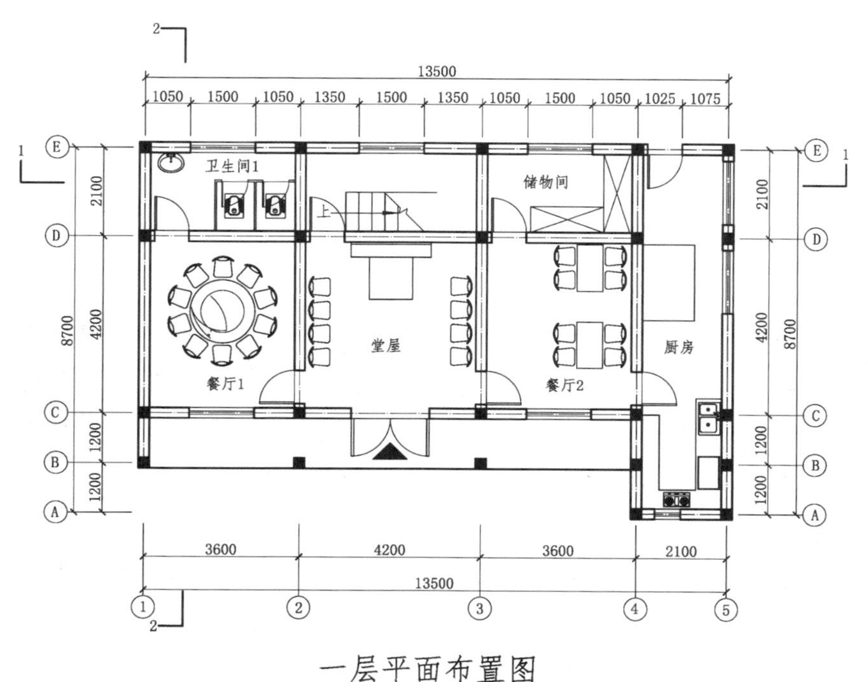

一层平面布置图

房屋为三层式联排乡村住宅，入口特设门檐，地面铺设地毯，房屋一楼用作农家乐似的家园农庄，二楼供自家居住。三层主要为储藏空间，用来隔热。用来储存杂物的空间分别搭建在房屋左右两侧，形成对称。

一层中间设置为堂屋，用来摆放祖先灵位。左右房间为就餐区，分为包间和开放式就餐空间，包间设置有独立卫生间。厨房单独设置在一侧，面积较大。总体上，一层布局较为合理，建议卫生间可像厨房那样在屋外另设一门，方便开放就餐区的客人使用。二层为居住区，左右分别是供父母居住的主卧室和供小孩居住的客卧。两间房均配有独立卫生间。另中间设置为客厅区，摆放有沙发和液晶电视。

总的来看，房屋建筑中规中矩，时刻注意空间上的对称关系，外墙也主要是以米色水泥砂浆进行抹灰，简单质朴。

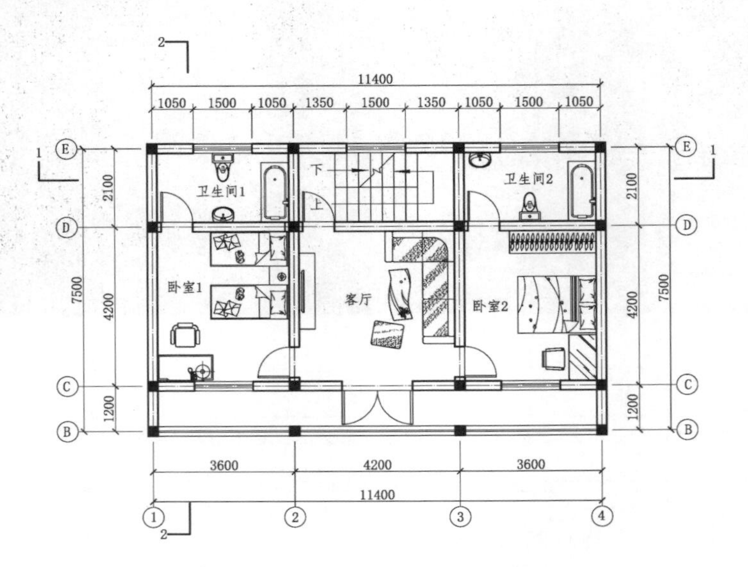

二层平面布置图

No.11 汉派经典住宅

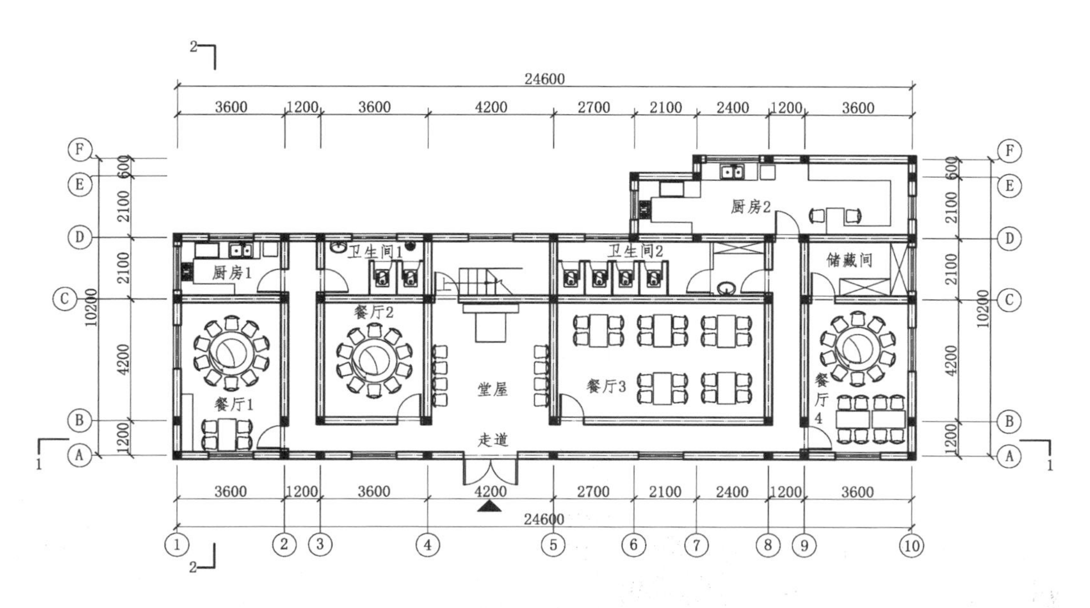

一层平面布置图

房屋建于村落中间，为三层式独立住宅。一层用做经营餐馆，二层供自家居住，三层为起隔热作用的狭长储藏间。门前种植阔叶植被使房屋仿佛处在热带雨林中，观赏性极强。

一层餐馆设置有两间厨房，包间和开放式就餐区均有，同时配有大小两间卫生间，方便客人使用。二层居住区设有三间卧室供家人居住，均配有独立卫生间，方便洗漱。另一间书房供小孩看书学习，中间区域则为客厅，布置有沙发和电视。整体空间较大且布局相对合理。

总的来看，房间造型设计美观，外墙主要采用乳白色水泥砂浆抹灰，正门一层墙面采用青砖做腰线。房屋多次采用樟子松交叉、组合制作栏杆、门窗边框和部分腰线造型，材料易得但想法独特。

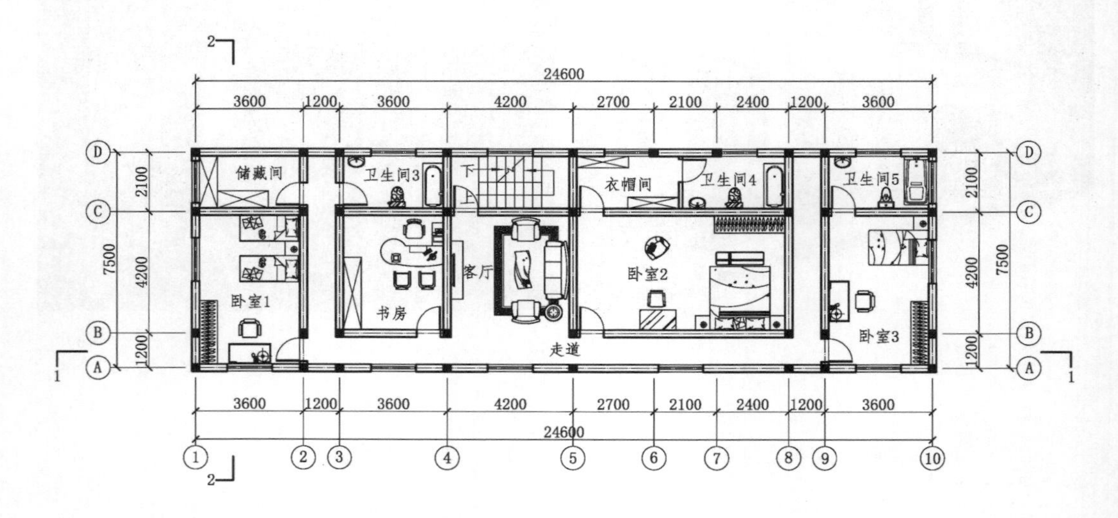

二层平面布置图

No.12 现代花园洋房

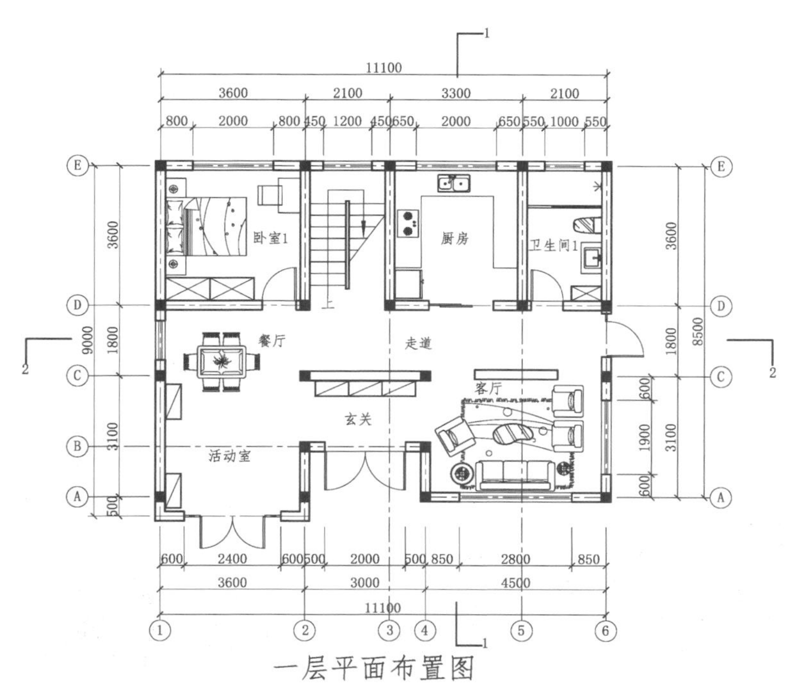

一层平面布置图

房屋为三层别墅型住宅，供自家居住。一二层为居住区，三层为储藏间，堆放少量杂物。门前走道铺设灰色大理石，与房屋整体颜色相对应，两侧为绿色草坪，种植的树木形成左右对称。

一层主要为休闲娱乐区域，进门处设有玄关，玄关两侧空间分别为就餐区和客厅，面积较大，另设置了一间活动室供小孩玩耍或友人聚会使用。一楼卧室配有空调，主要供家中老人居住，厨房和卫生间也方便日常做饭和洗漱。二层有三间卧室，其中两间居住着家中大人和小孩，剩下一间作为客卧室。两处阳台分别设置有书房和储藏间。卫生间设置在一角。

房屋整体造型美观，外墙采用白色水泥砂浆抹灰，阳台采用玻璃搭配不锈钢围栏，简约大方。活动室另设大门进出，方便客人拜访，也可做棋牌室使用。在空间布局上，二楼可考虑多设置一个卫生间。

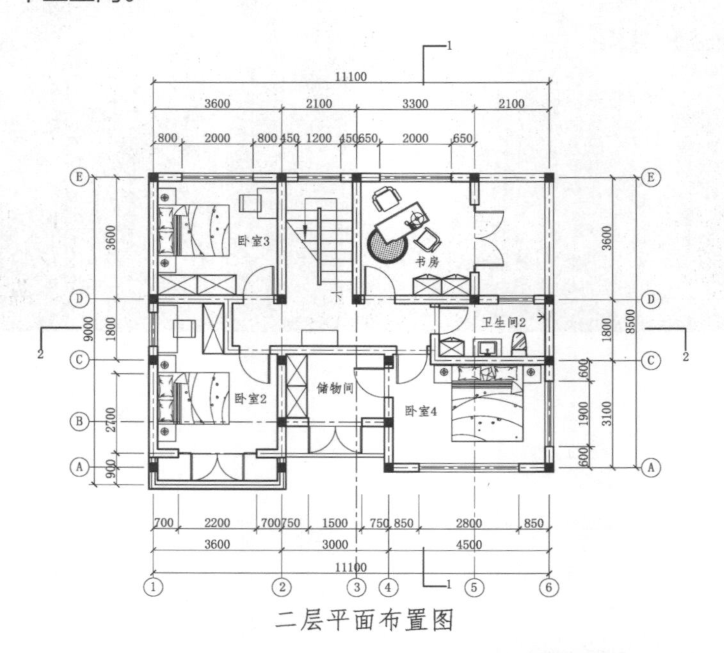

二层平面布置图

No.13 组合走廊住宅

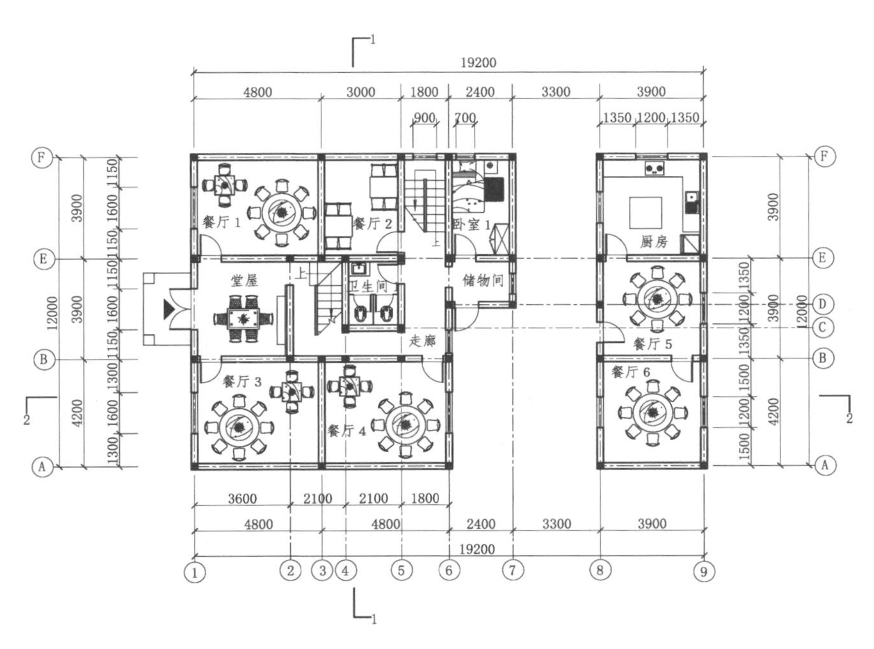

一楼平面布置图

此乡村建筑为二层前后组合型住宅，前建筑的二层搭设通道与后建筑的二层形成贯通组合。房屋主要做农家乐之用兼居住。

前建筑一层进门处为堂屋，作为祭祀区和日常自家就餐区。堂屋左右两侧共有四个就餐区域，圆桌、方桌均有。同时设有两处楼梯间，楼梯间分别靠近卫生间与客卧室，客卧可居住餐馆服务人员或家中老人，另卧室旁设有储物间，用来堆放少量杂物，后建筑一层则设为厨房，外带两包间就餐区。上至二层，前建筑设有三间卧室，可供家人日常居住，卫生间设置在楼梯拐角处，其余空间则为就餐区。后建筑二层则为观景台式开放就餐空间。

房屋前建筑左右对称，门口采用樟子松立柱造型，两侧为砖砌立柱，一层为砖砌墙体，二层为乳胶漆外墙。中间设有外墙腰线。后建筑一层同样是砖砌结构，二层则为樟子松立柱与横梁结构造型。在整体布局上，房屋存在几处不合理之处，如厨房位置过于偏远，上菜不方便；二层就餐区贴近卧室且卫生间较小等。

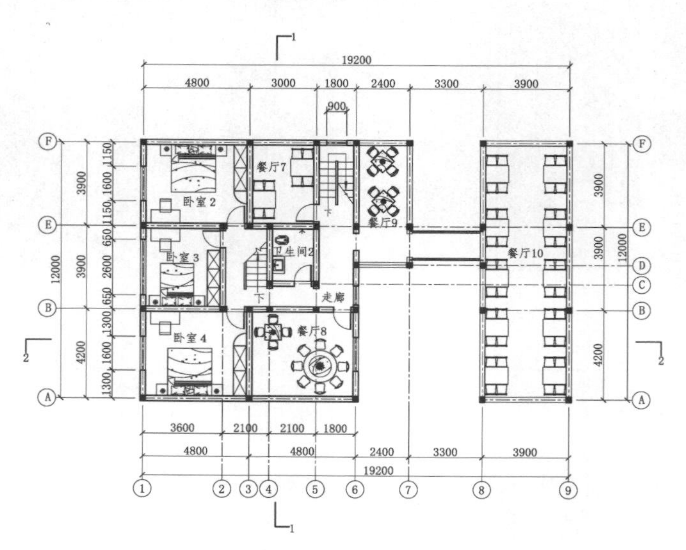

二楼平面布置图

No.14 江南庭院别墅

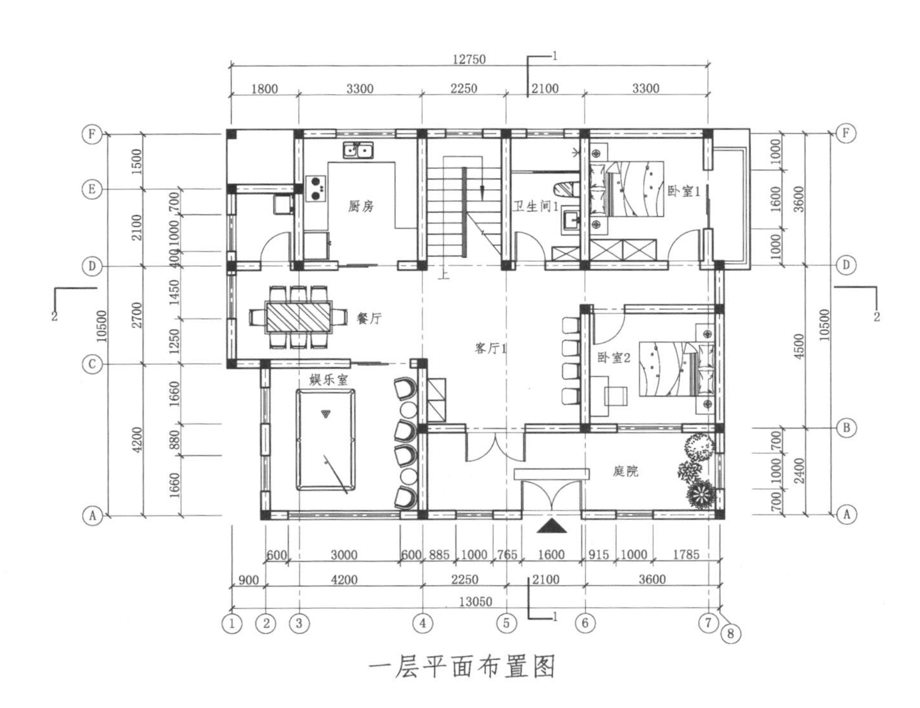

一层平面布置图

房屋建于下坡处走道旁，为两层式乡村别墅，供自家居住，内部带有庭院。门前道路铺设草坪，四周种植树木。

一层进门处设有庭院，种植花花草草。走进室内则为客厅区，整体面积较大。设有两间卧室，主要供家中老人居住，配有卫生间和厨房，靠近厨房的区域为就餐区，方便家人用餐。另单独设置一间房为娱乐室，并配有桌球等娱乐器械。二层共有三间卧室，供家中父母、小孩居住。书房供小孩看书学习，另配有一间卫生间。沿着客厅左侧有一处钢化玻璃围栏的开放式露台，露台上摆放桌椅，供休闲娱乐使用。

房屋整体风格偏向江南建筑，墙面为青色砖砌筑，与屋顶瓦片颜色保持一致，同时搭配钢化玻璃材料，尽显质朴感。

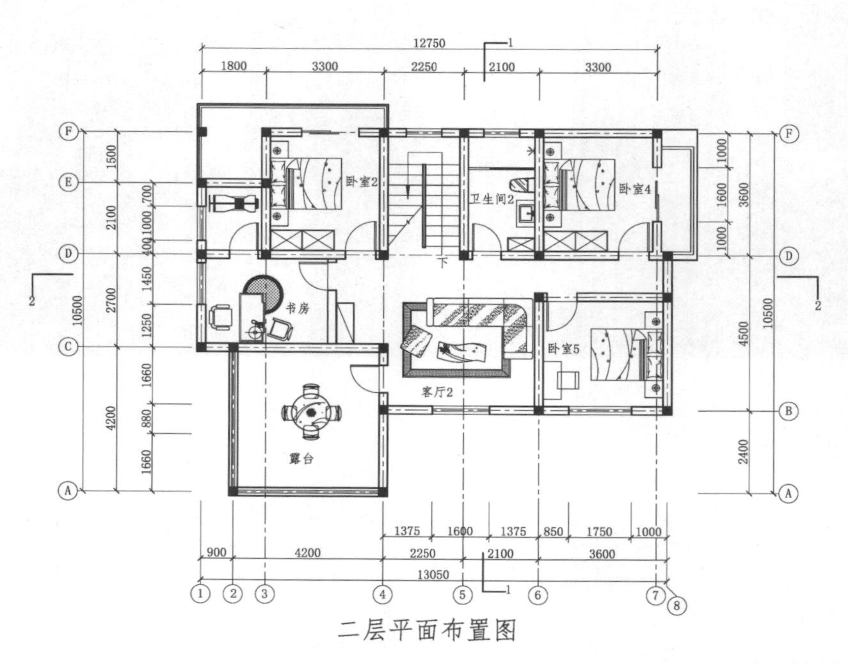

二层平面布置图

No.15 联排组合住宅

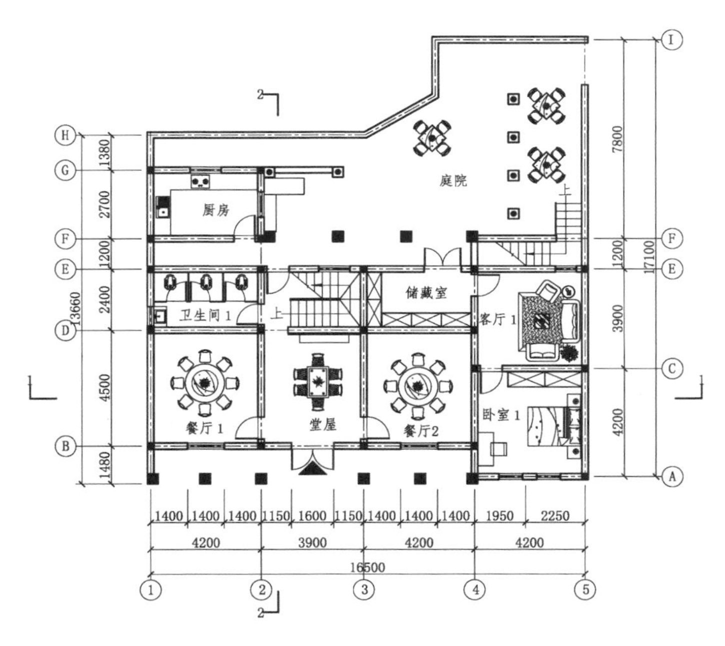

一层平面布置图

房屋建于乡镇道路旁，为两层联排式农村组合住宅，屋外悬挂红色灯笼和彩旗，一、二层空间均为农家乐与自家居住共用。

一层共有两个入口。分别是南面带有大门的入口和东面开放式入口。从一层封闭式大门进入为堂屋，堂屋两侧各有一个包间餐厅，楼梯间左侧为卫生间，直走可到达厨房和庭院内的就餐区。若从东侧开放式入口进入可直接到达，通过储藏间的门可进入一层客厅和卧室，顺着庭院楼梯也可上至二层开放式就餐区。另二层设有两间卧室，配有独立卫生间。客厅外阳台围栏上摆放着起装饰性作用的花盆。

房屋整体布局合理，多门入口的设置方便客人行走。用材上，外墙采用青砖装饰，搭配少量红砖做腰线，一层立柱采用砖砌立柱，二层阳台就餐区采用樟子松做立柱与围栏，风格质朴。

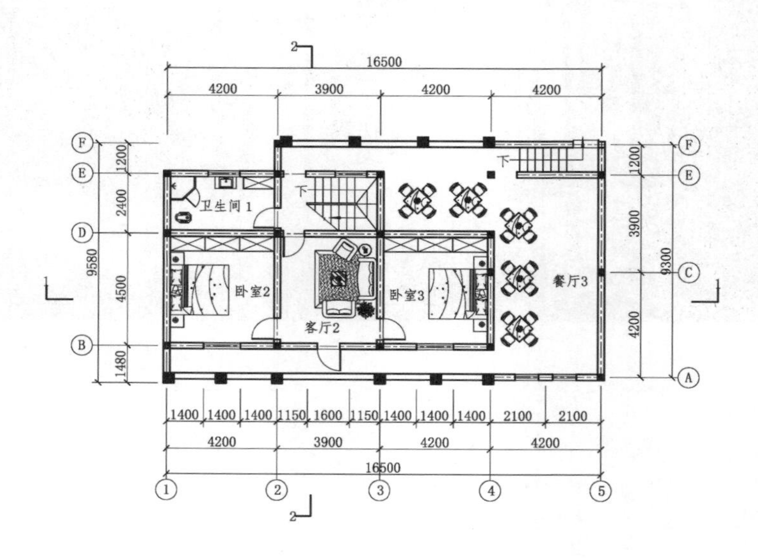

二层平面布置图

No.16 独院多露台住宅

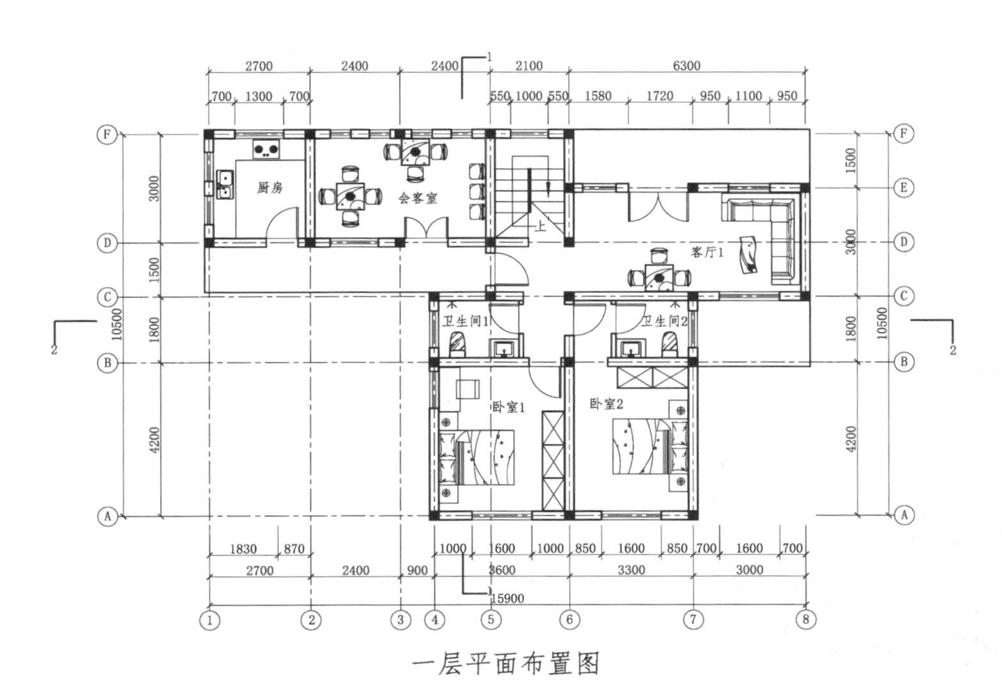

一层平面布置图

房屋为三层式乡村独立住宅，外设铁门，围栏使用青、红砖搭配成几何造型，底部红瓦用水泥砂浆支撑。外围种植低矮灌木和水仙花进行点缀。

从大门进入，住宅分为庭院和住房区，庭院面积较大，走进一层屋内，两间卧室均配有独立卫生间，供家中老人居住。厨房和会客室在大门外侧单设房屋使用。家人在屋内客厅用餐。沿楼梯上至二层，二层共有两间家人居住的主卧室和两间客卧室。一间卫生间提供使用，另有一间娱乐室。三层则为储物间，其他空间用樟子松搭设成露台。

总的来看，房屋造型朴素大方，多层露台使房屋呈现阶梯状造型。

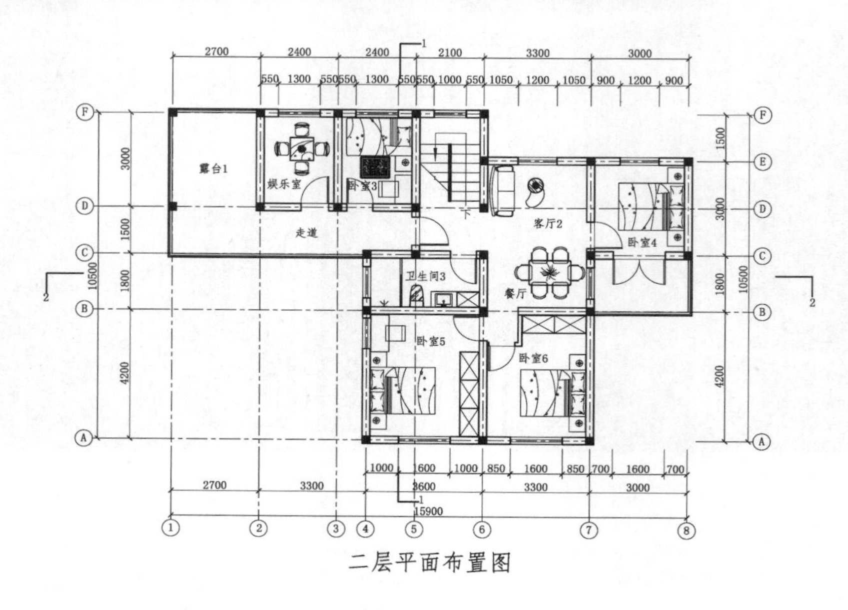

二层平面布置图

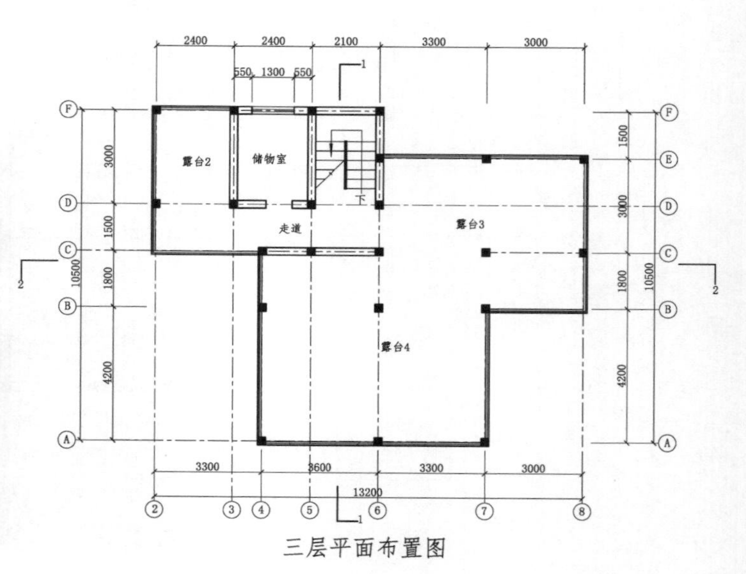

三层平面布置图

No.17 乡村办公室

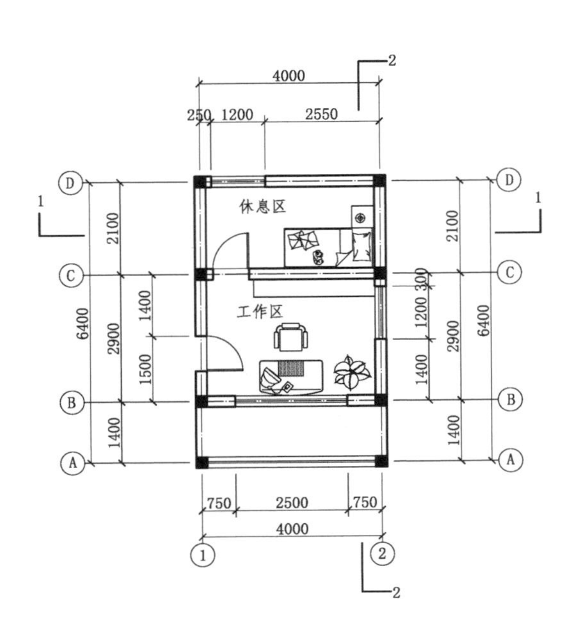

一层平面布置图

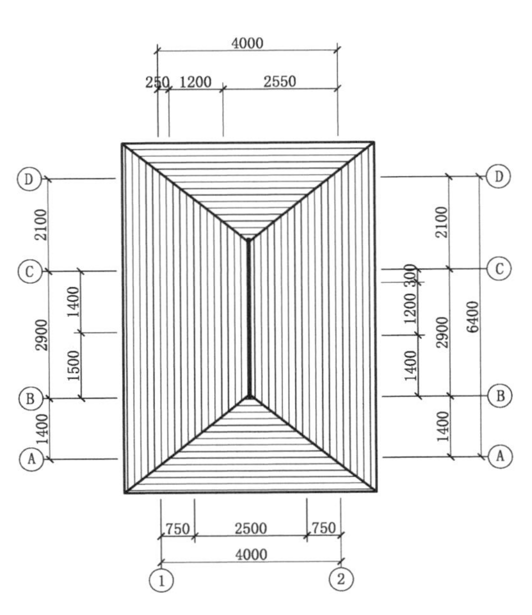

屋顶平面布置图

乡村办公室建于道路草坪上，周围有树木做遮蔽。整个房屋仅一层，入口处用大理石铺设通道。同时设置步行台阶，左右对称。

屋内空间分为工作区和休息区。工作区摆放办公设配，休闲区则供值班人员夜间休息。

建筑整体面积较小，适合临时办公服务。造型上类似凉亭，简单大方。材料上为木质结构，基本上采用樟子松来制作门窗与边框，并做了防腐处理。

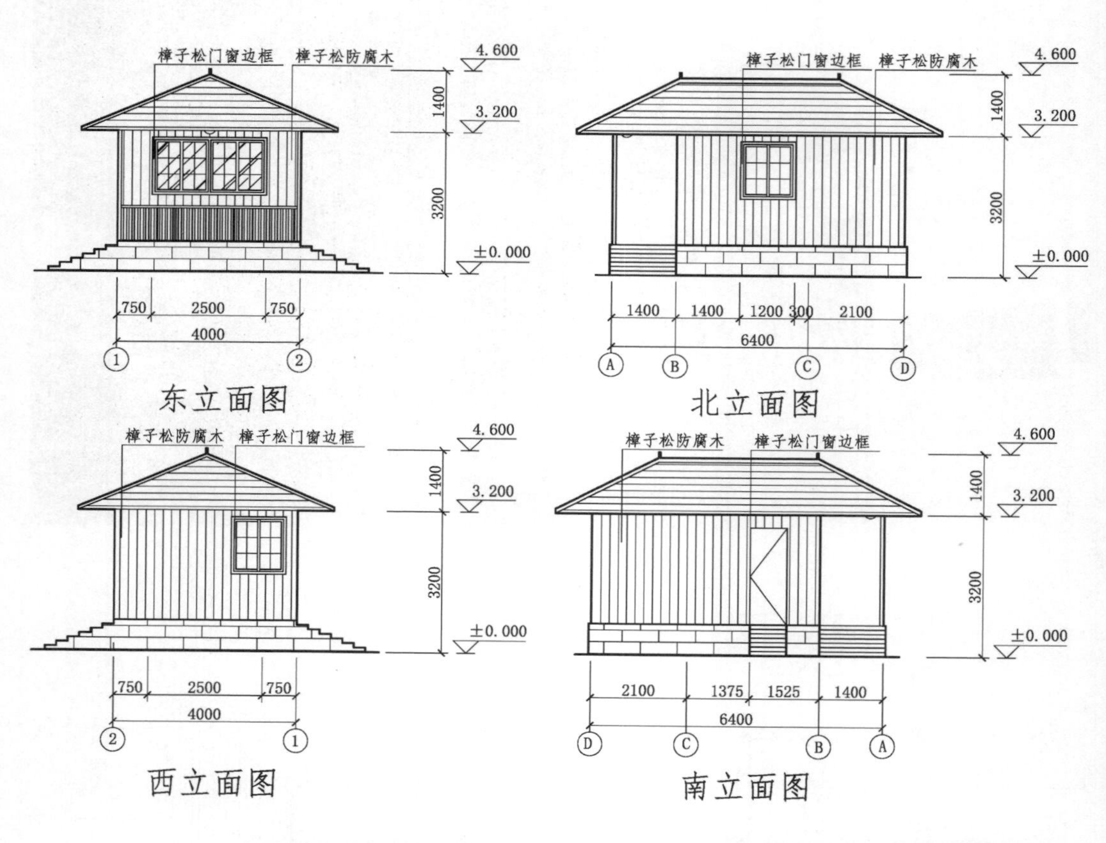

No.18 乡村庭院

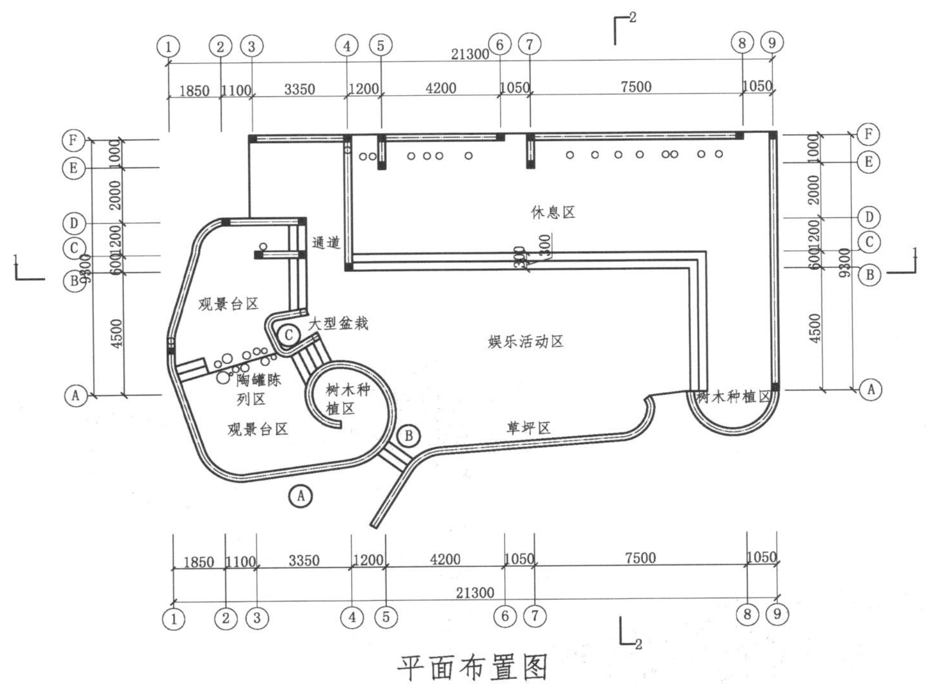

平面布置图

庭院建于乡村公路旁，主要分为观景台、休息区和娱乐活动区，树木被巧妙的种植在庭院区域中。四周围栏采用青砖、红砖和瓦片组合成几何造型，外围铺设有草坪并种植了少量景观植物。

休息区地面铺设大理石地砖，摆设有做旧圆木桩，可供人们休息。楼梯台阶下是娱乐活动区，红砖铺设，可供居民跳广场舞等活动。另外划分了草坪区，用来种植花草。沿着通道楼梯可上至观景台，中间摆放陶罐分割空间，同时也增加了乡土氛围。庭院附近设有公共卫生间。

庭院空间区域划分合理，设备布置安排巧妙，适合居民娱乐休闲。

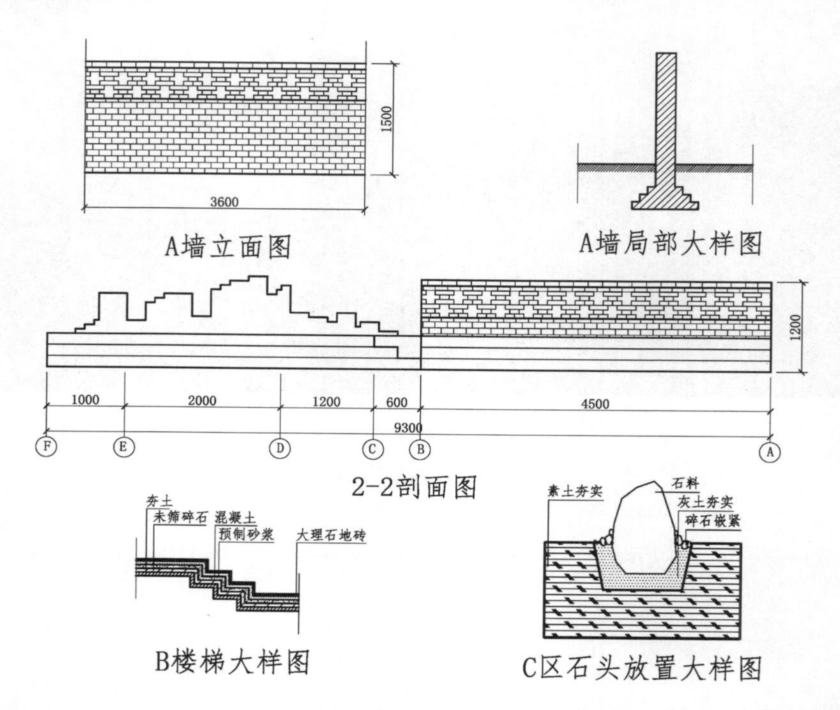

A墙立面图

A墙局部大样图

2-2剖面图

B楼梯大样图

C区石头放置大样图

Part B

美丽乡村住宅设计施工图

No.1　中式新古典住宅

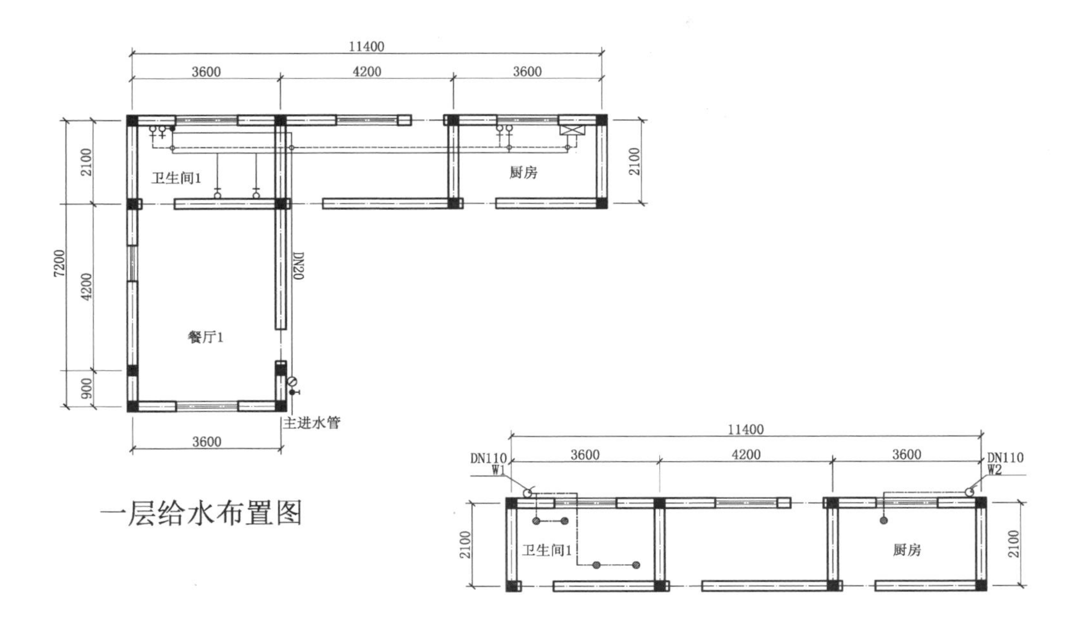

一层给水布置图

一层排水布置图

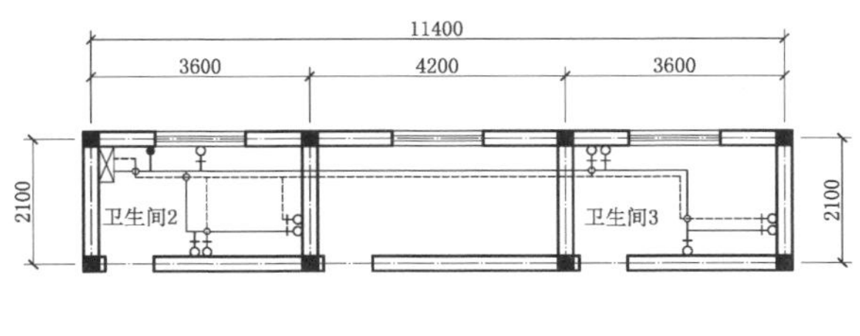

二层给水布置图

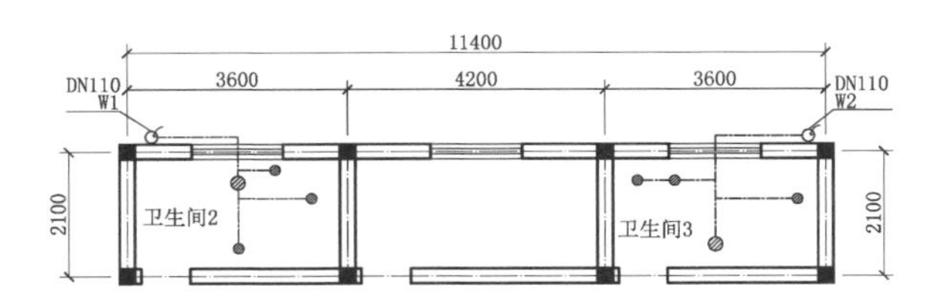

二层排水布置图

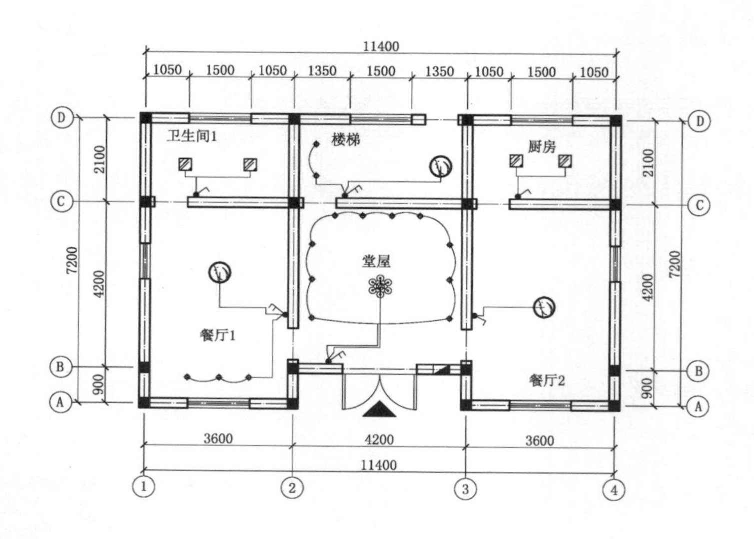

一层灯具开关布置图

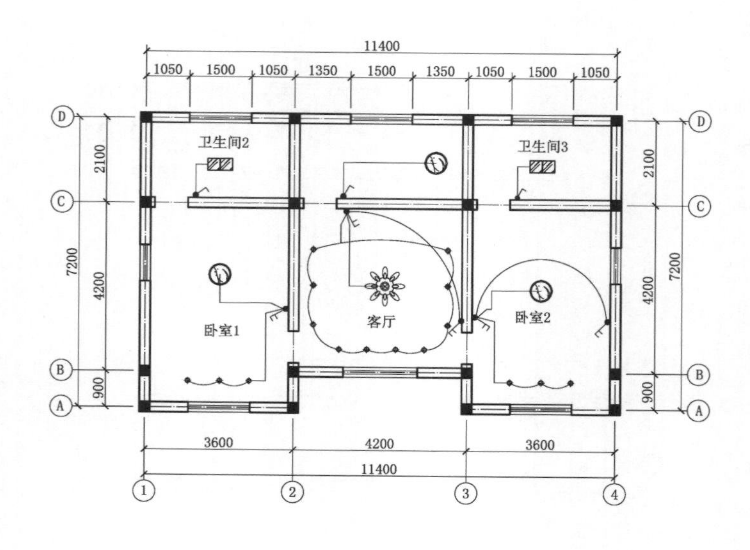

二层灯具开关布置图

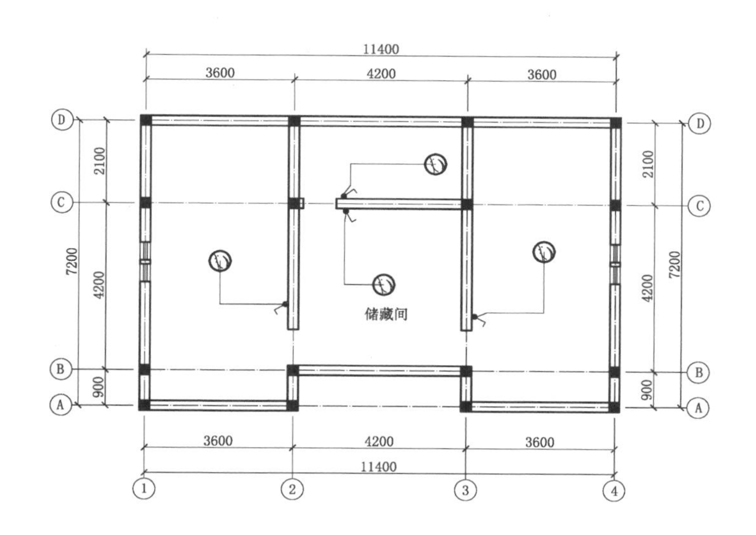

三层灯具开关布置图

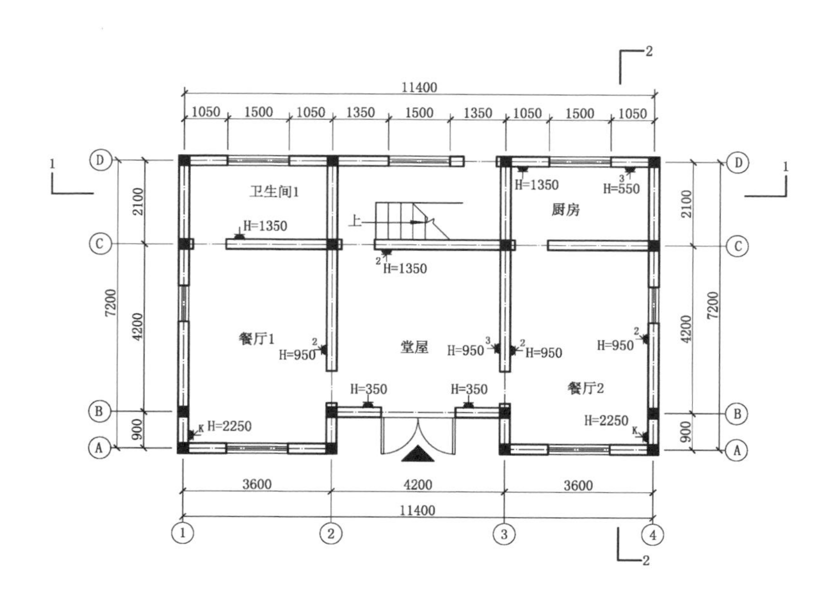

一层插座布置图

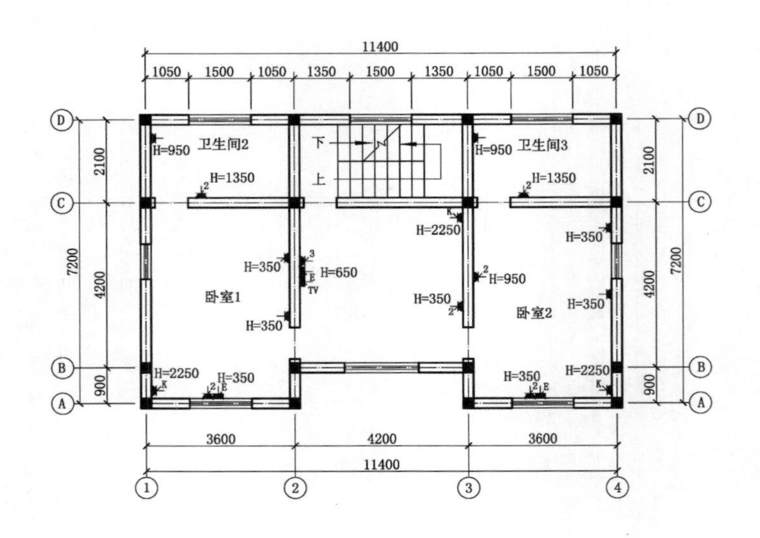

二层插座布置图

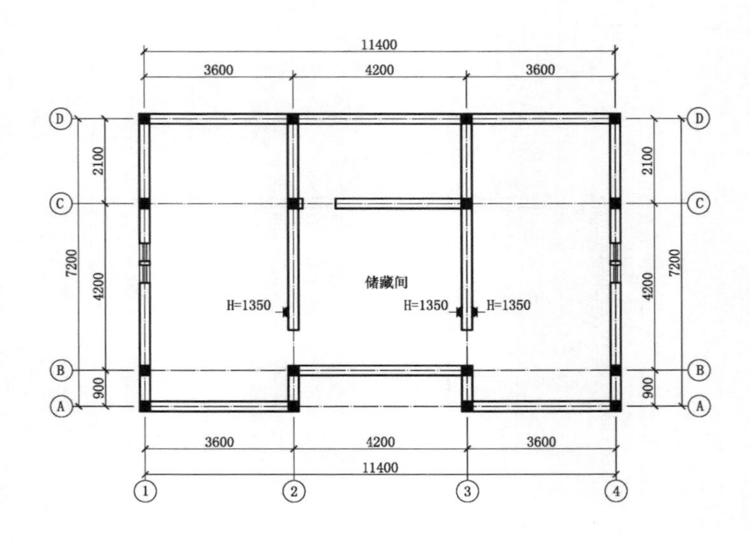

三层插座布置图

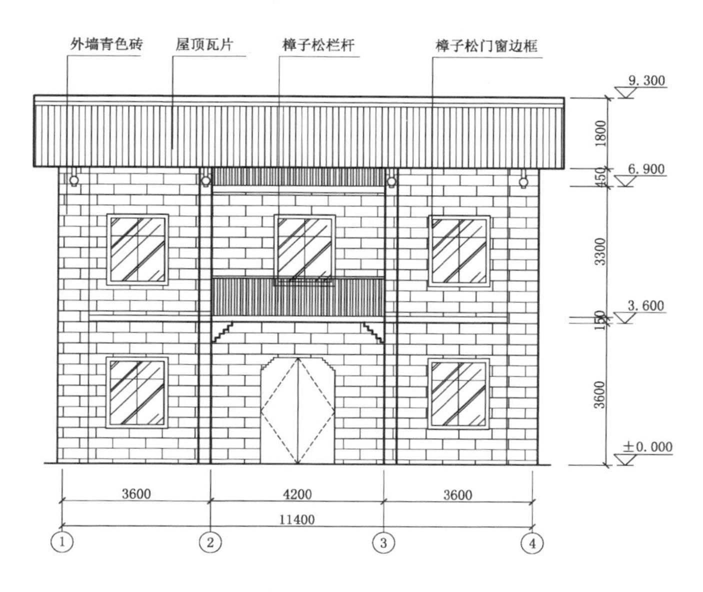

东立面图

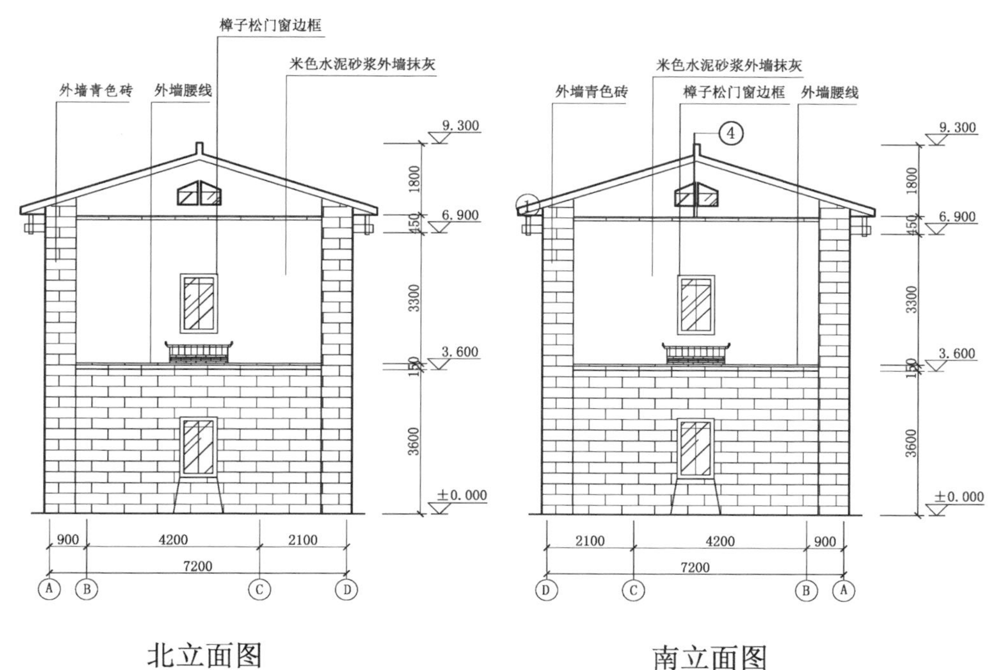

北立面图

南立面图

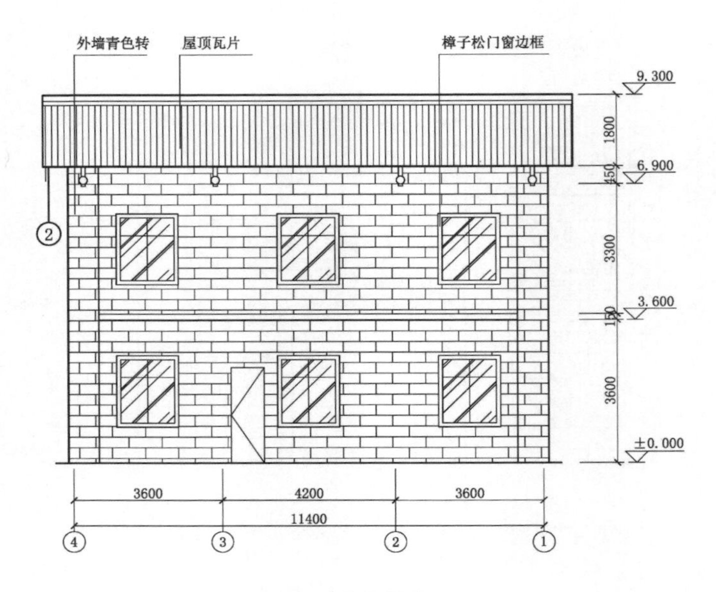

西立面图

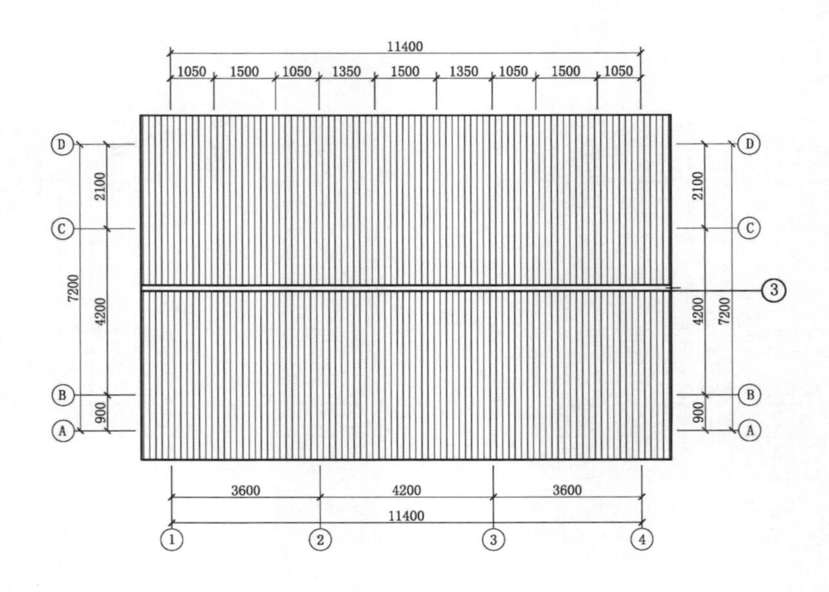

屋顶平面布置图

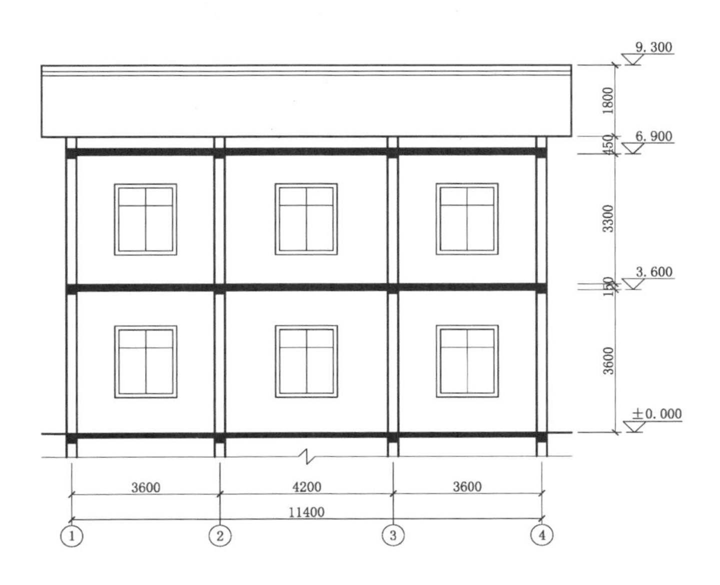
9.300
1800
6.900
450
3300
3.600
150
3600
±0.000
3600
4200
3600
11400
1
2
3
4

1-1剖面图

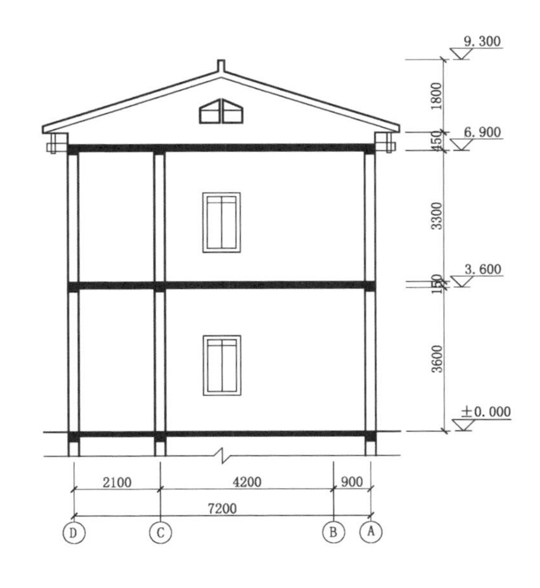
9.300
1800
6.900
450
3300
3.600
150
3600
±0.000
2100
4200
900
7200
D
C
B
A

2-2剖面图

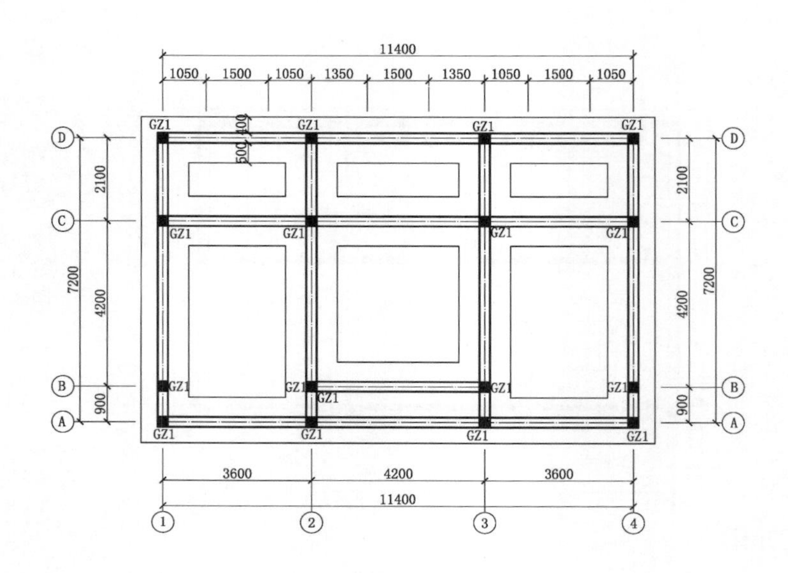
11400
1050 1500 1050 1350 1500 1350 1050 1500 1050
GZ1
500
400
D
C
B
A
2100
4200
900
7200
3600 4200 3600
11400
1
2
3
4

基础结构图

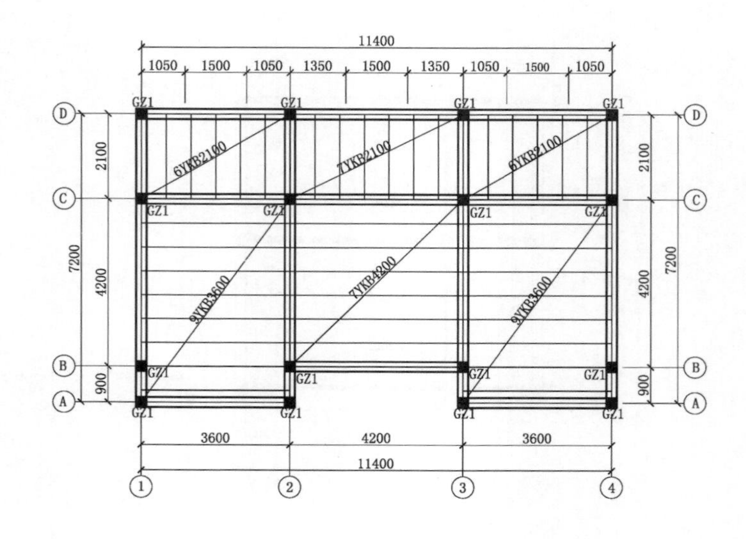
11400
1050 1500 1050 1350 1500 1350 1050 1500 1050
GZ1
6YKB2100
7YKB2100
6YKB2100
9YKB3600
7YKB4200
9YKB3600
D
C
B
A
2100
4200
900
7200
3600 4200 3600
11400
1
2
3
4

一层结构图

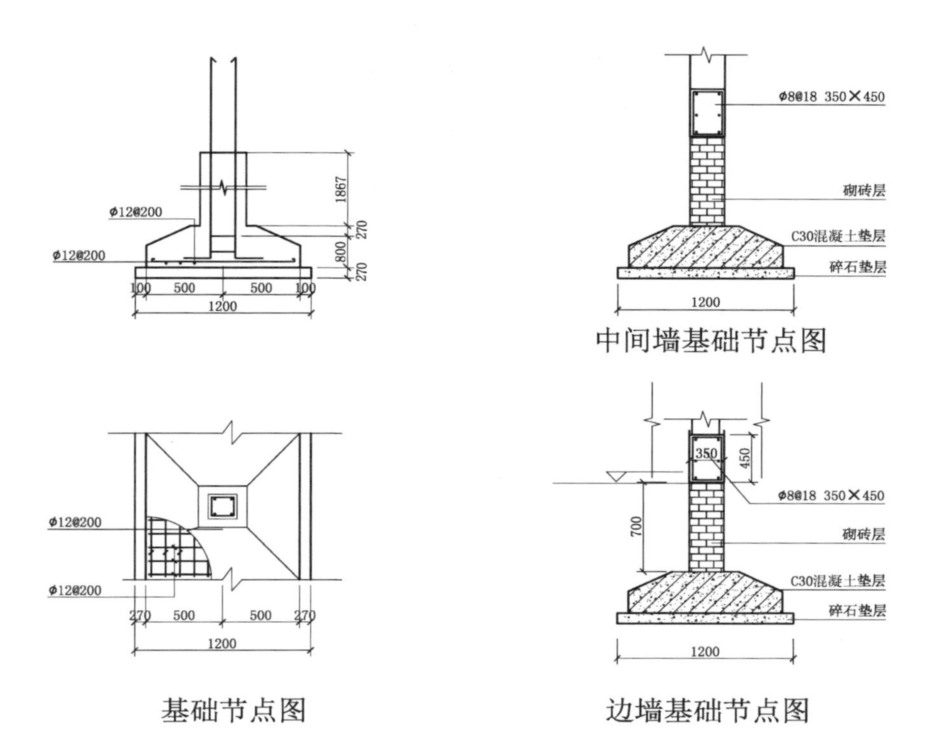

中间墙基础节点图

基础节点图

边墙基础节点图

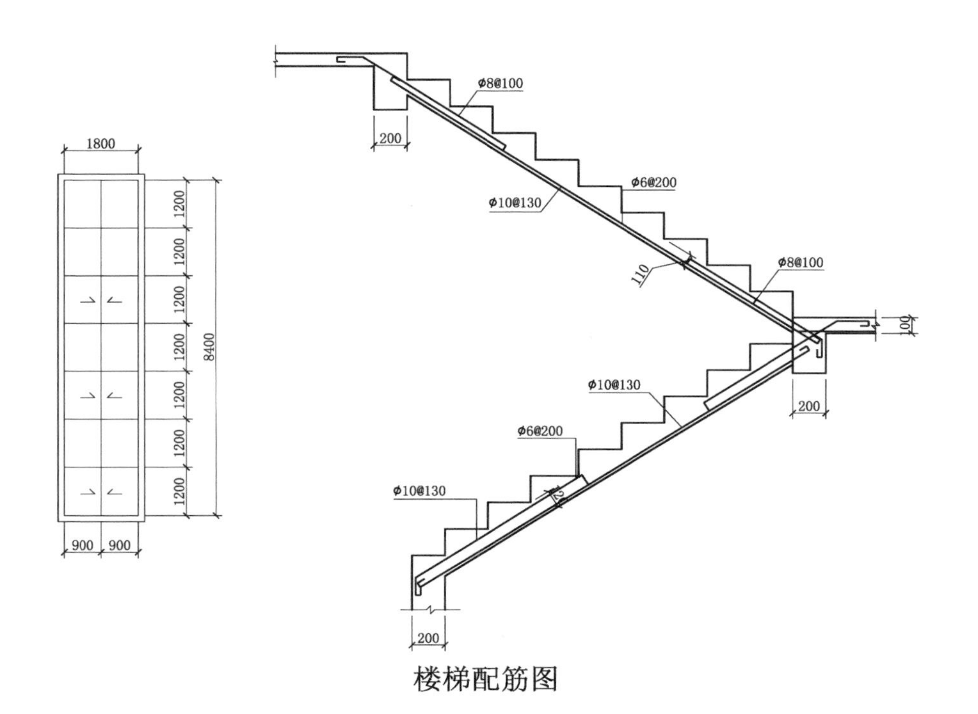

楼梯配筋图

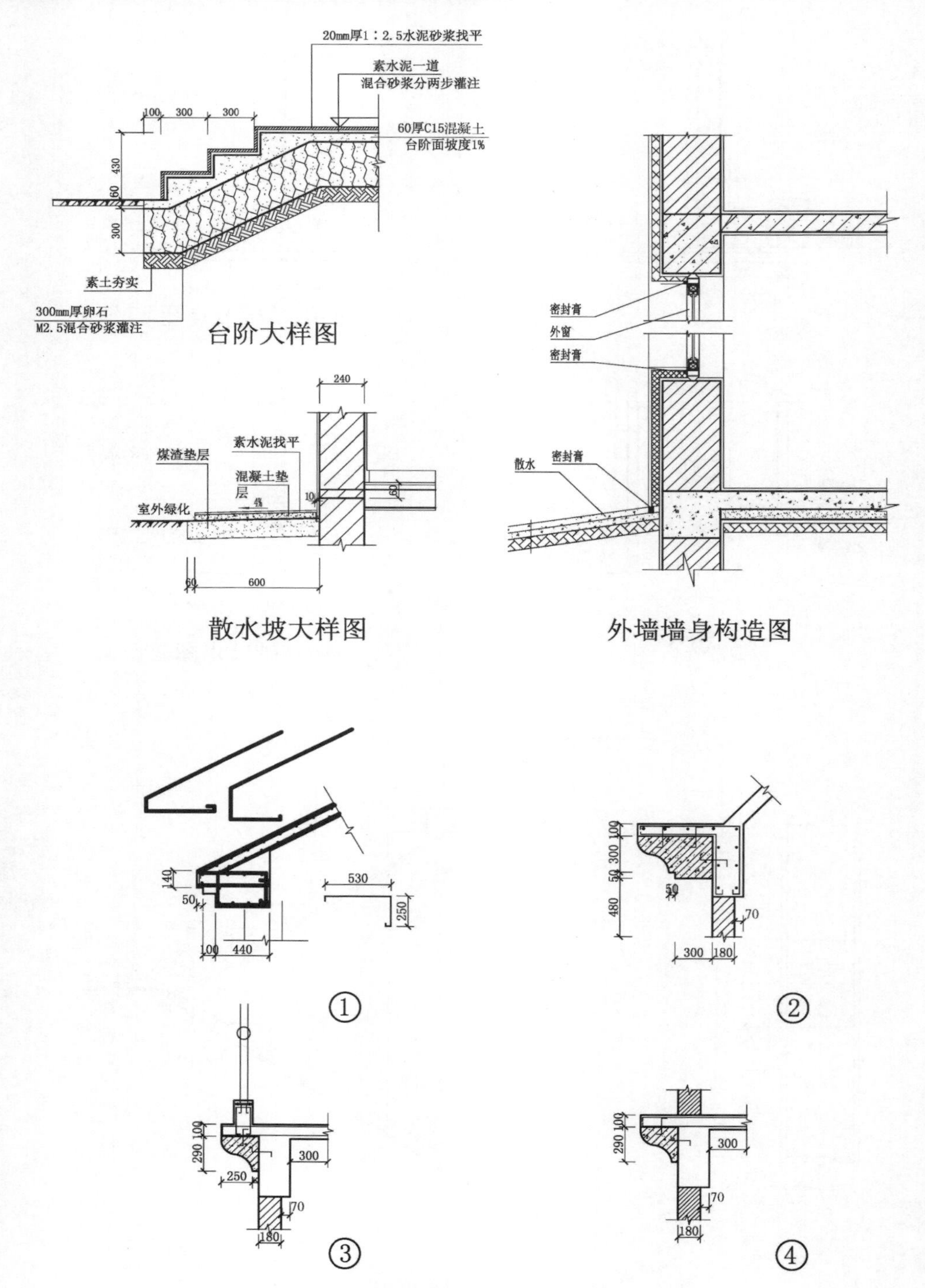
20mm厚1：2.5水泥砂浆找平
素水泥一道
混合砂浆分两步灌注
60厚C15混凝土
台阶面坡度1%
素土夯实
300mm厚卵石
M2.5混合砂浆灌注
台阶大样图
煤渣垫层
素水泥找平
混凝土垫层
室外绿化
散水坡大样图
密封膏
外窗
散水
外墙墙身构造图
坡面屋顶节点大样图

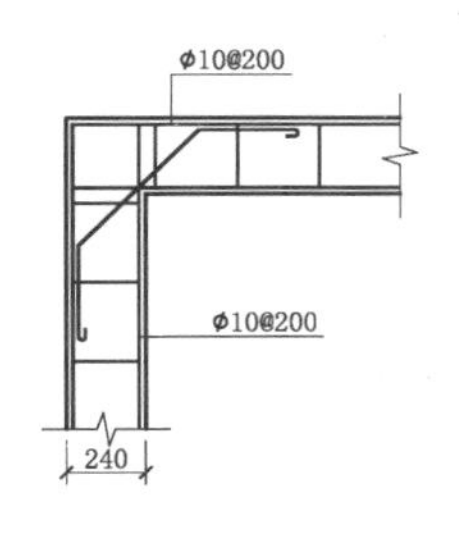

圈梁转角处钢筋构造

ϕ10@200
ϕ10@200
ϕ10@200
240

圈梁丁字处钢筋构造

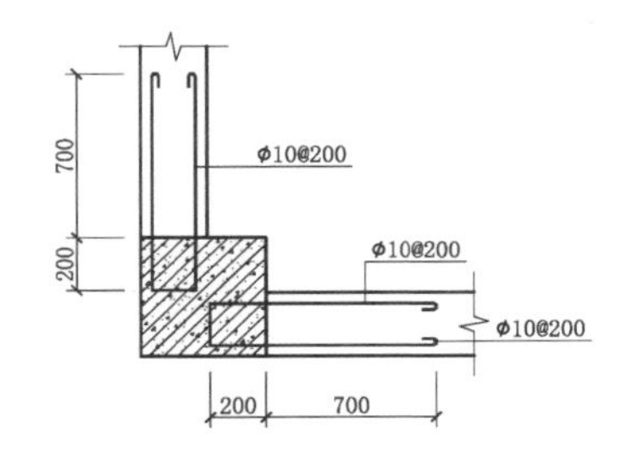

墙与框架柱连接处拉结筋

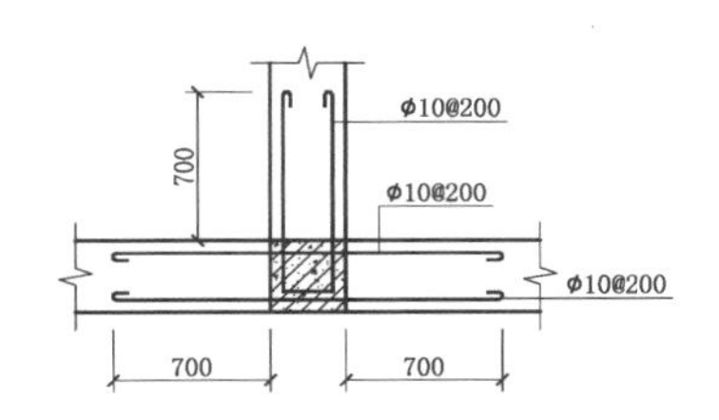

墙与构造柱连接处拉结筋

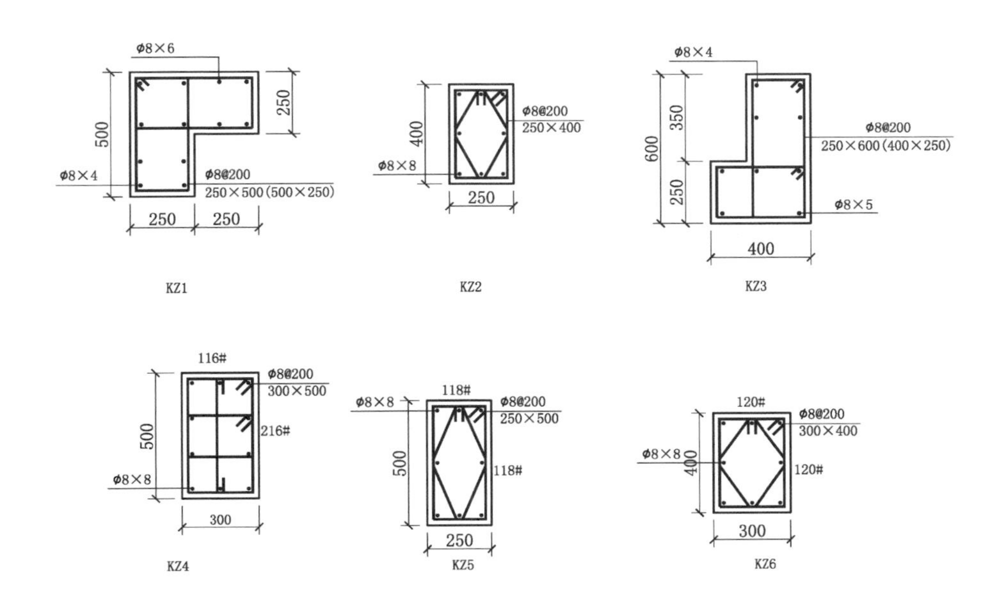

梁柱配筋图

No.2 江南风住宅

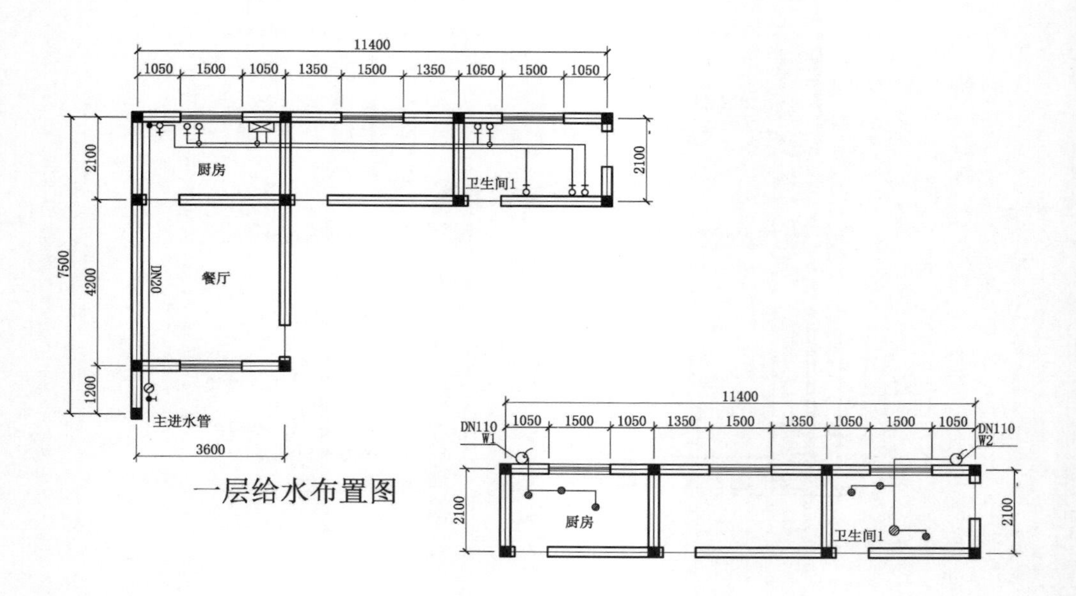

一层给水布置图

一层排水布置图

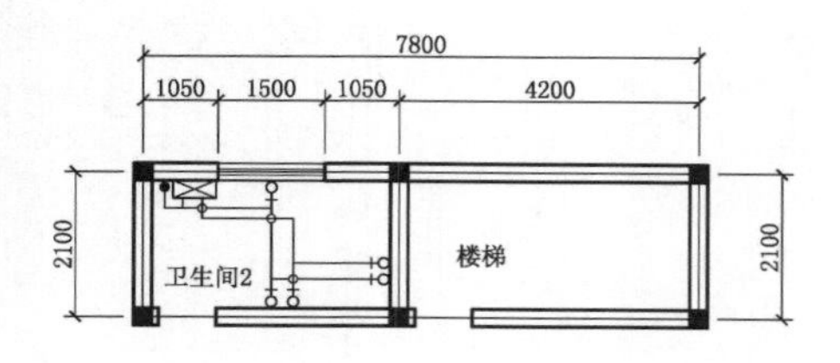

二层给水布置图

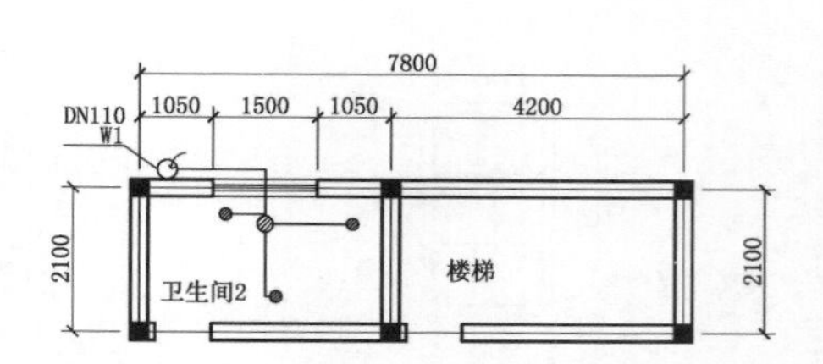

二层排水布置图

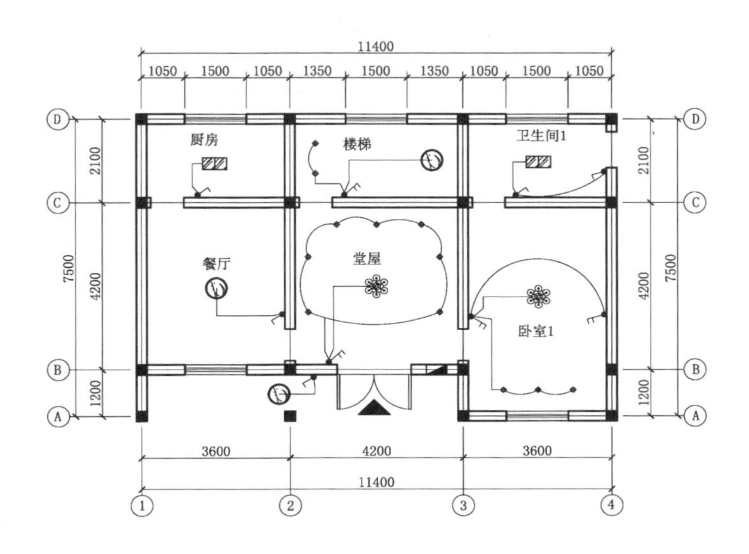

一层灯具开关布置图

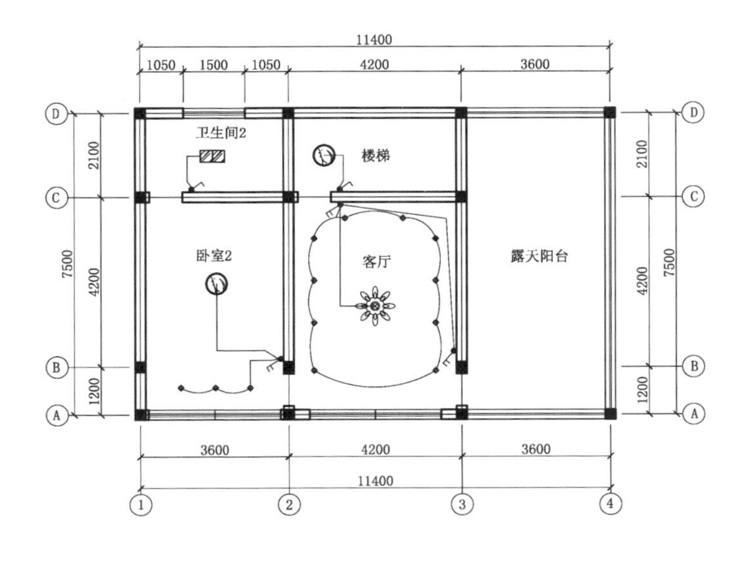

二层灯具开关布置图

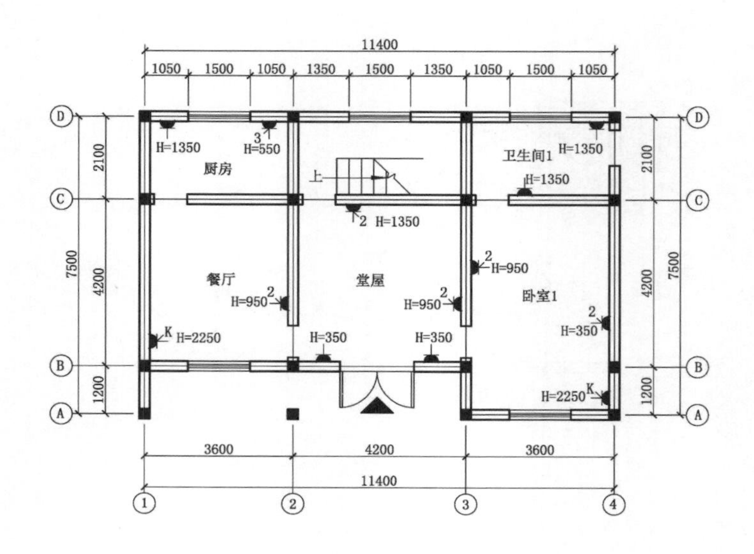

一层插座布置图

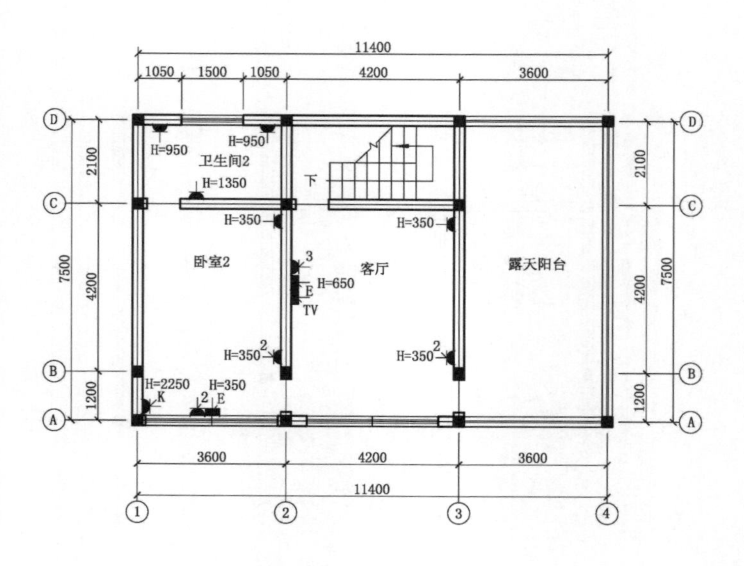

二层插座布置图

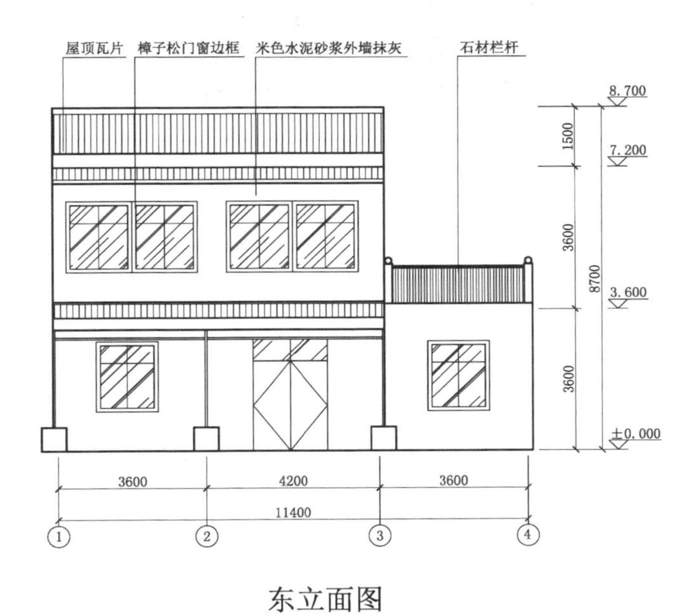

东立面图

石材栏杆
米色水泥砂浆外墙抹灰
屋顶瓦片
樟子松门窗边框
8.700
7.200
3.600
±0.000
1500
3600
3600
8700
3600
4200
3600
11400
4
3
2
1

西立面图

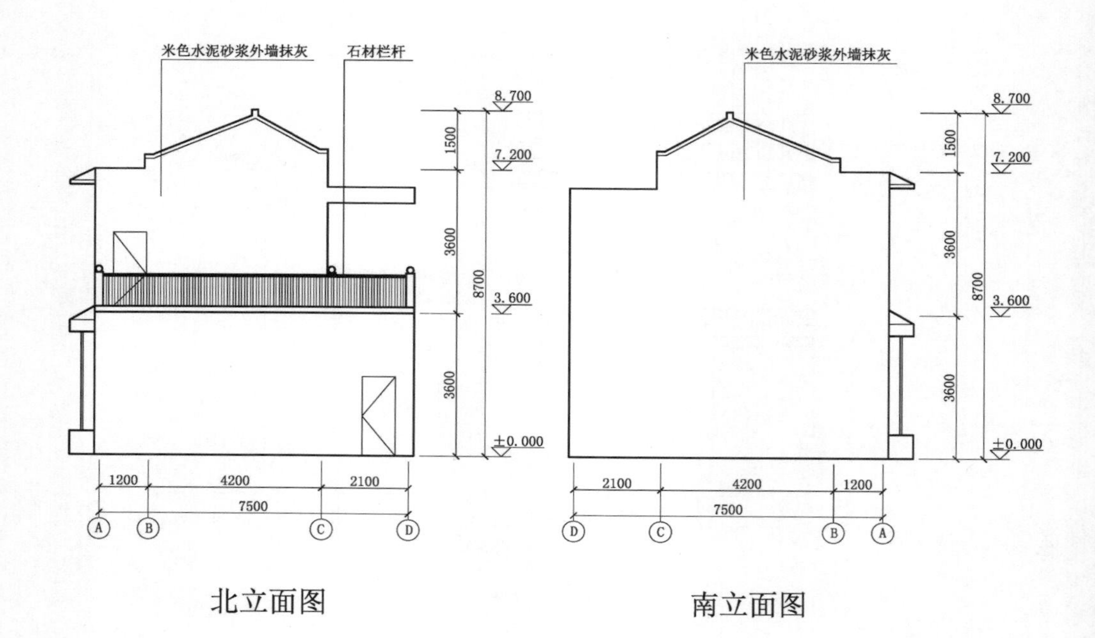

北立面图

南立面图

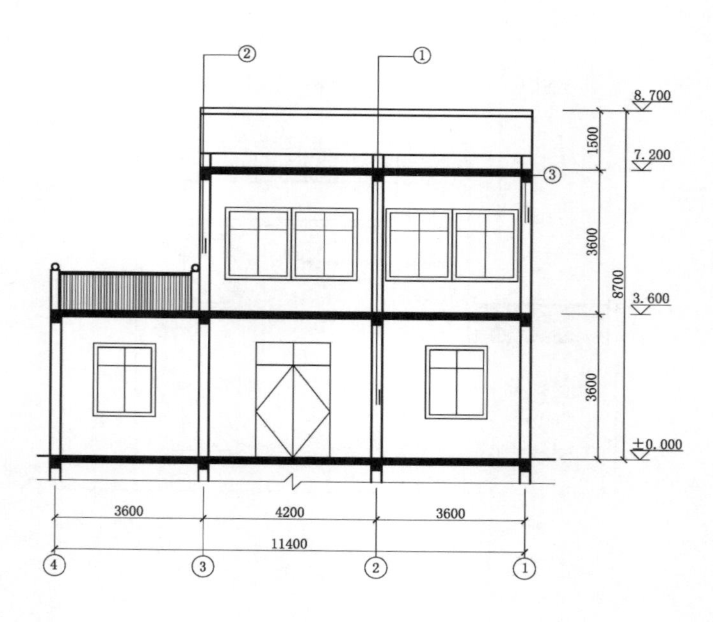

1-1剖面图

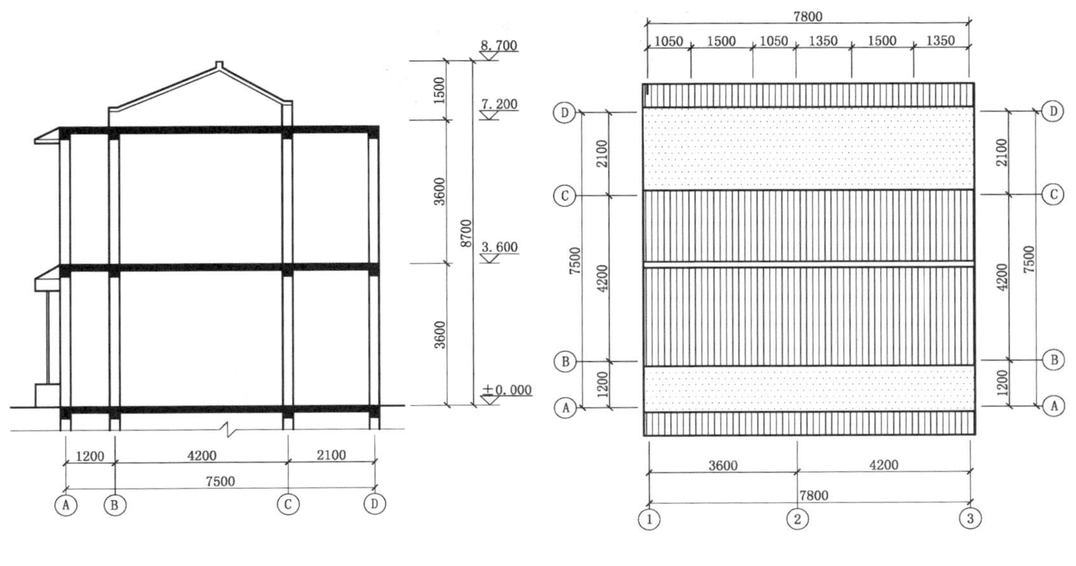

2-2剖面图

屋顶平面布置图

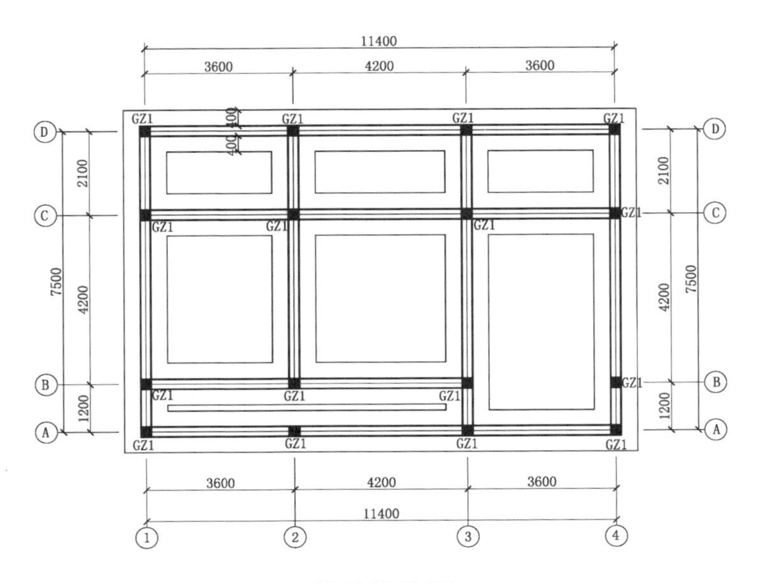

基础结构图

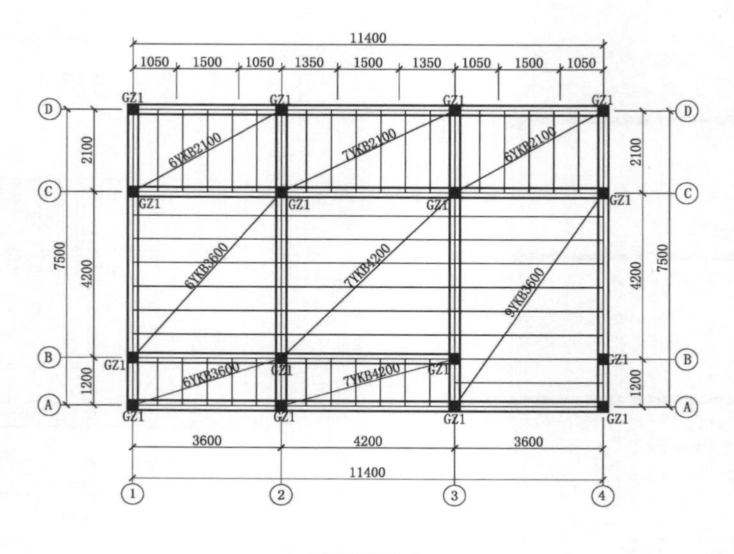

一层结构图

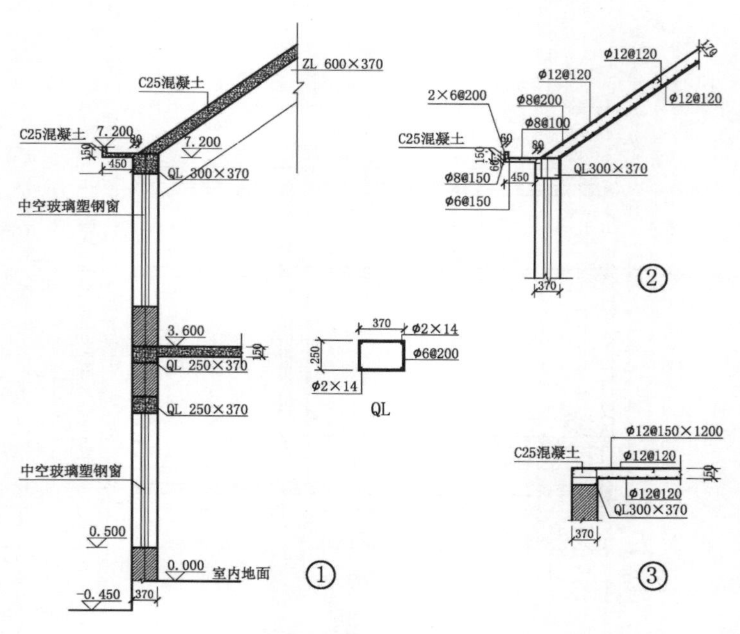

屋顶坡面节点大样图

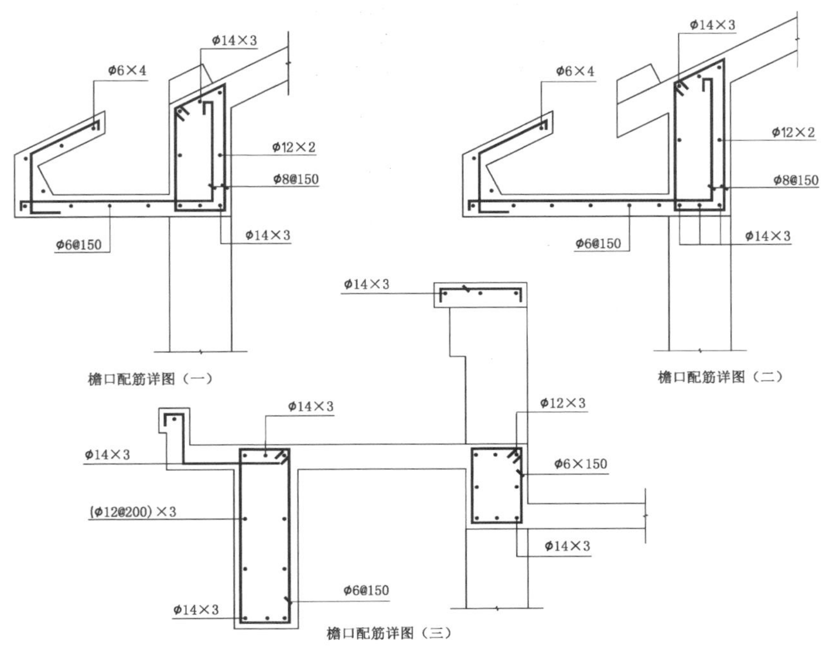

阳台及雨棚配筋详图

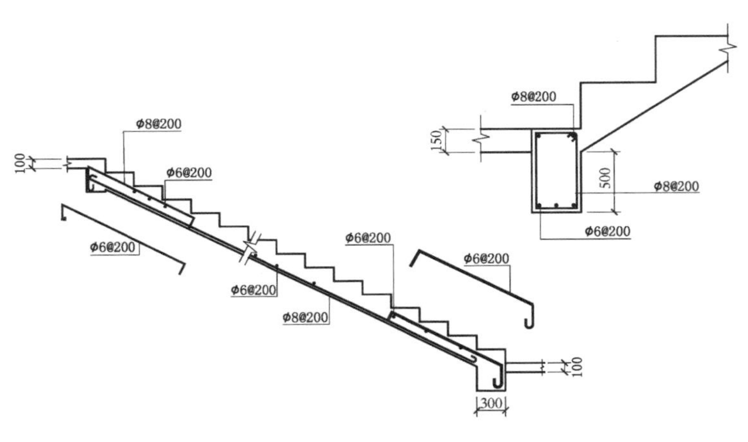

楼梯配筋图

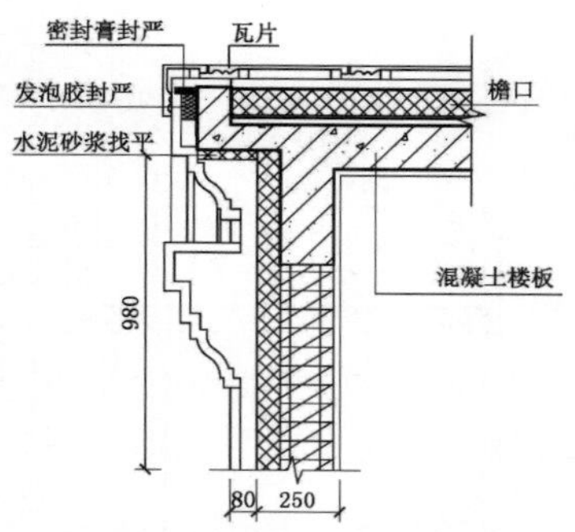

顶面檐口断面做法（一）

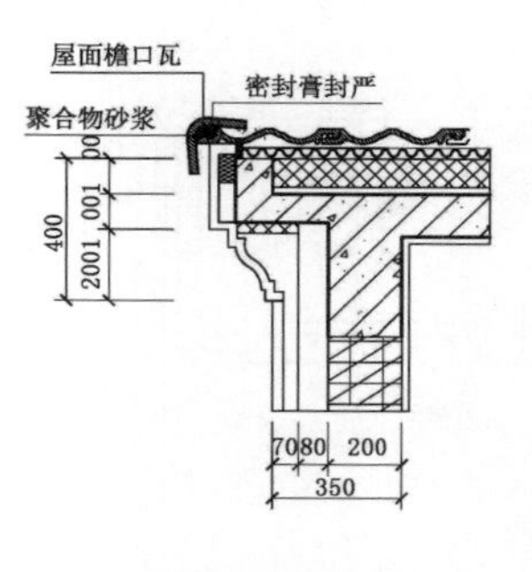

顶面檐口断面做法（二）

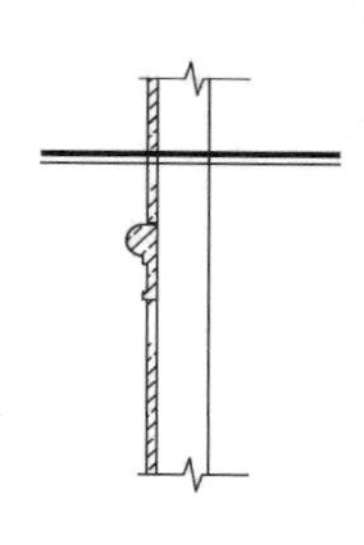

壁柱详图

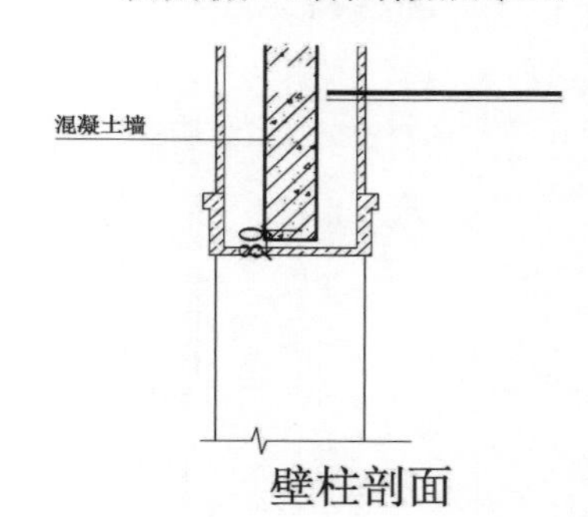

壁柱剖面

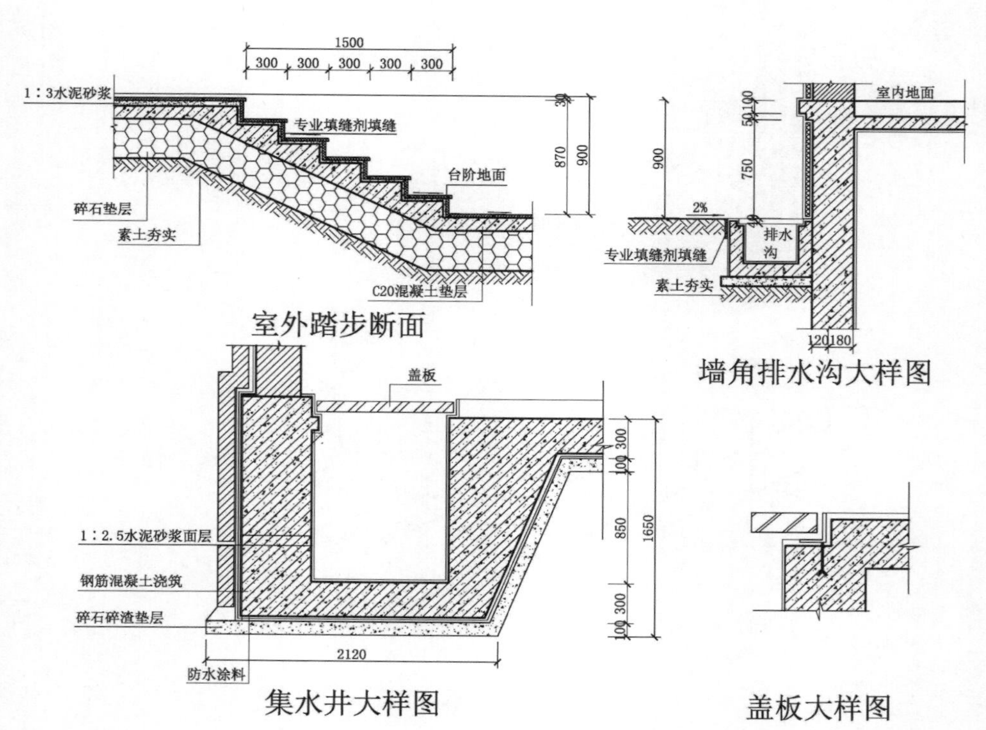

室外踏步断面

墙角排水沟大样图

集水井大样图

盖板大样图

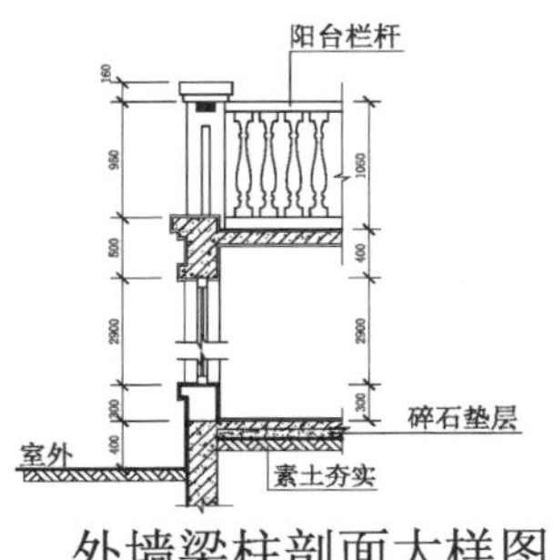

外墙梁柱剖面大样图

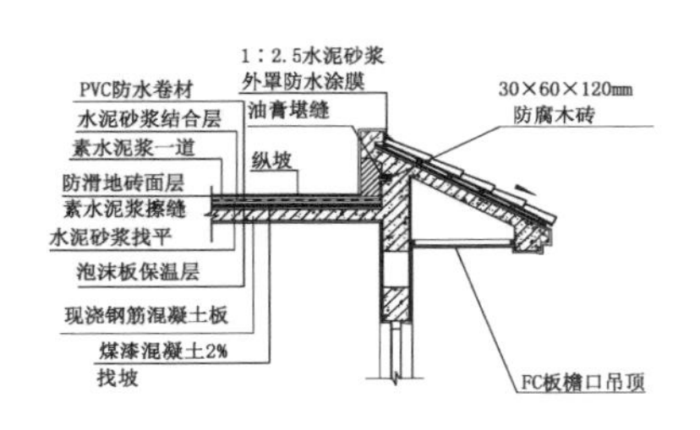

屋坡面做法节点大样图

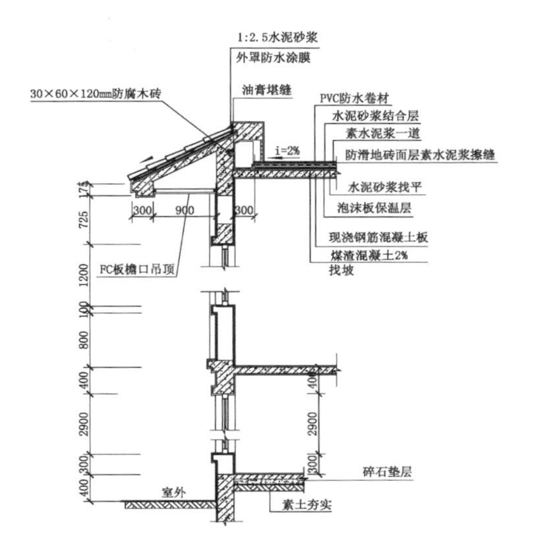

外墙与室内剖面大样图

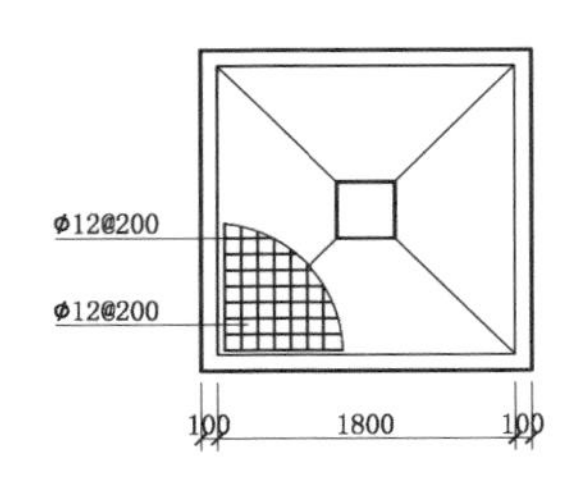

基础图

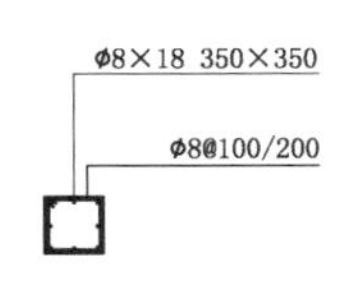

2-2剖面图

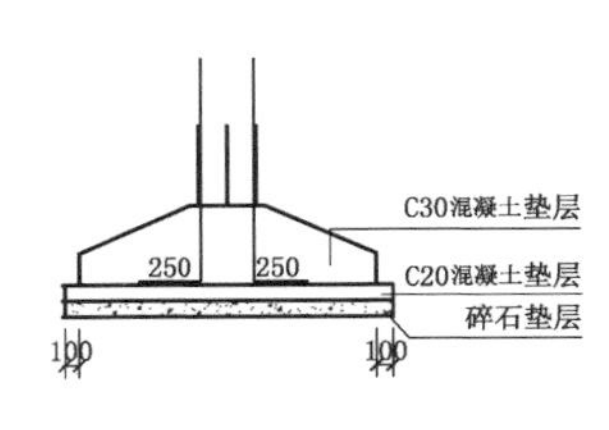

1-1剖面图

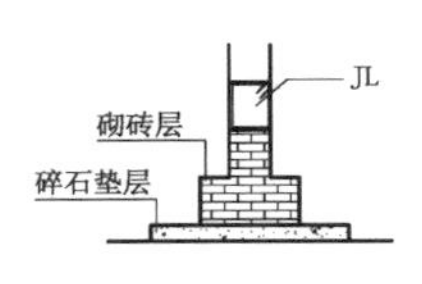

基础节点大样图

基础地面节点大样图

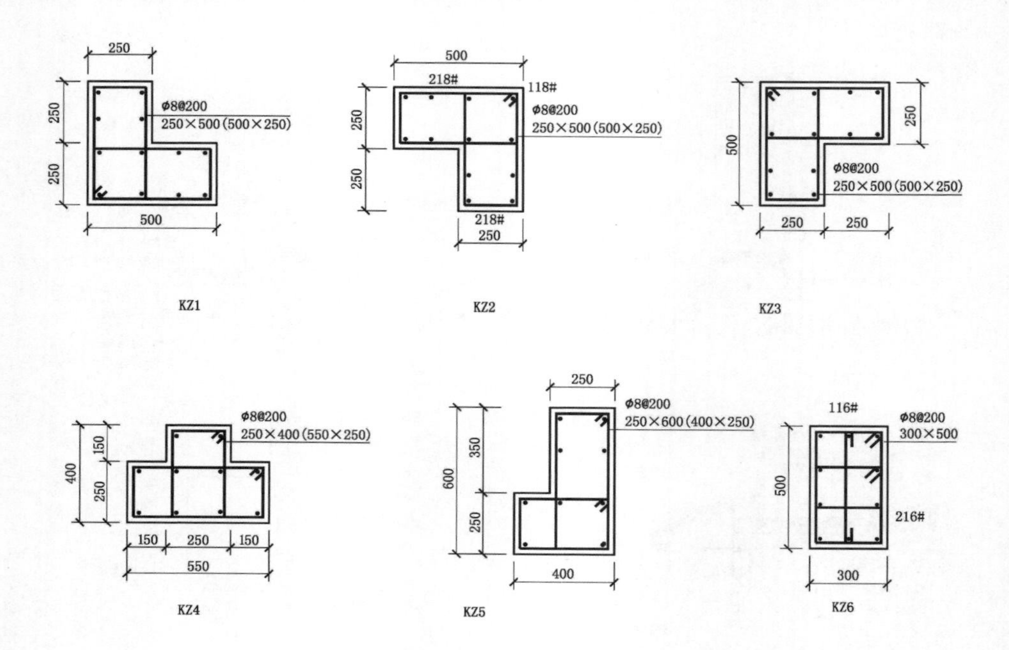
250
250
250
φ8@200
250×500(500×250)
500
KZ1
500
218#
118#
φ8@200
250×500(500×250)
250
250
218#
250
KZ2
500
250
φ8@200
250×500(500×250)
250
250
KZ3
φ8@200
250×400(550×250)
150
400
250
150
250
150
550
KZ4
250
φ8@200
250×600(400×250)
350
600
250
400
KZ5
116#
φ8@200
300×500
500
216#
300
KZ6

立柱钢筋节点大样图

No.3 中式现代住宅

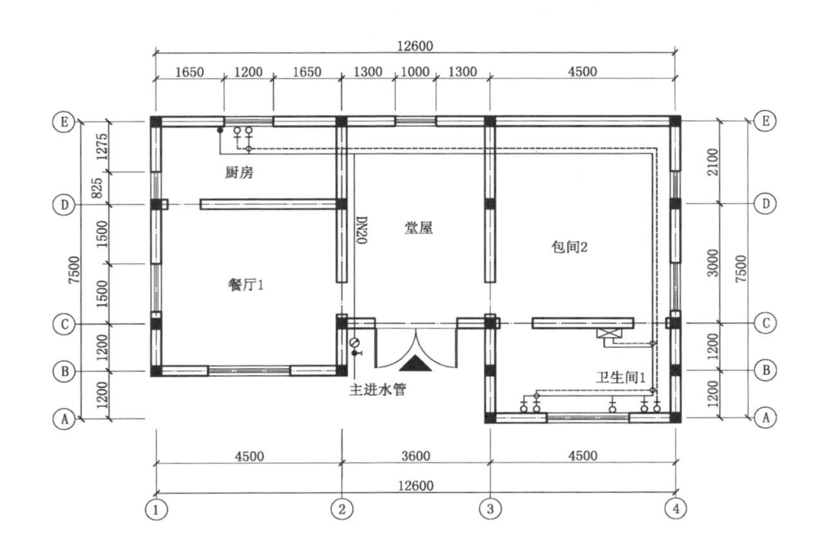

一层给水布置图

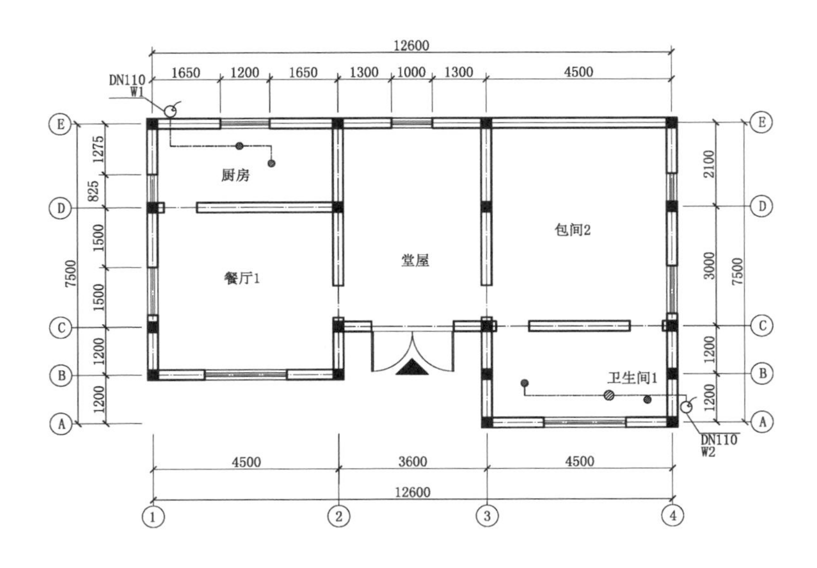

一层排水布置图

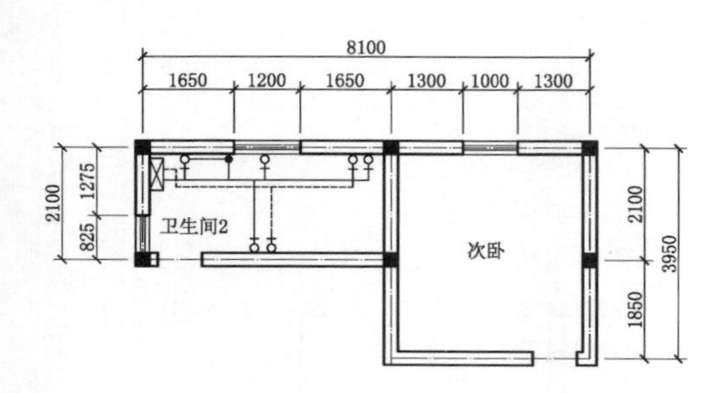

二层给水布置图

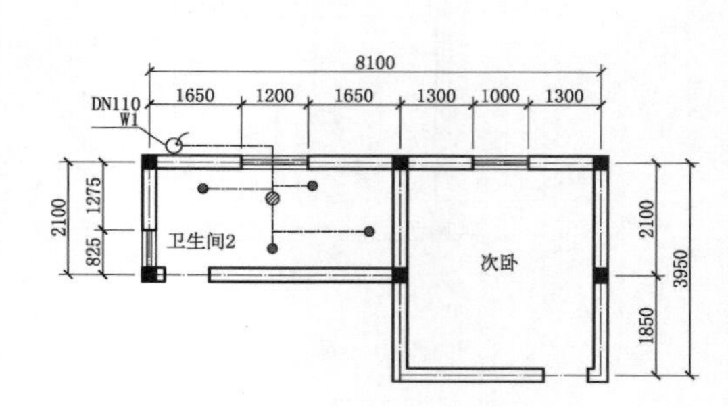

二层排水布置图

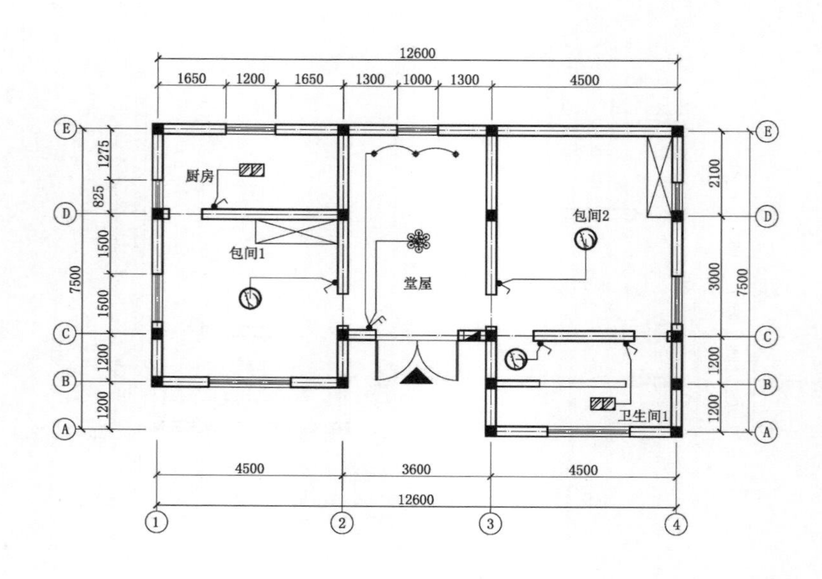

一层灯具开关布置图

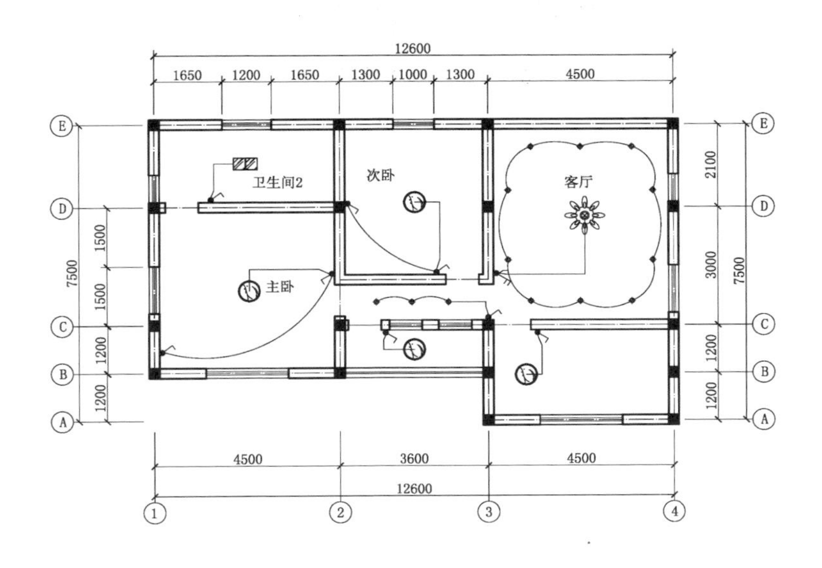

二层灯具开关布置图

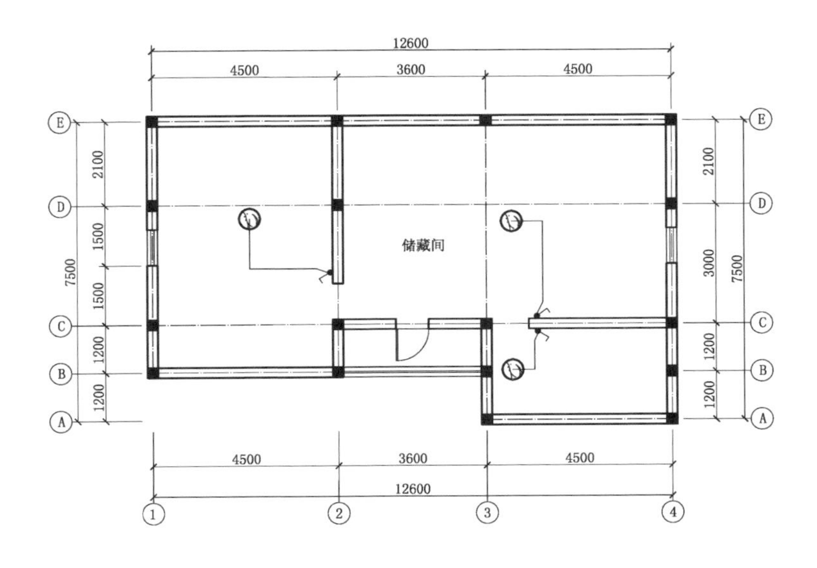

三层灯具开关布置图

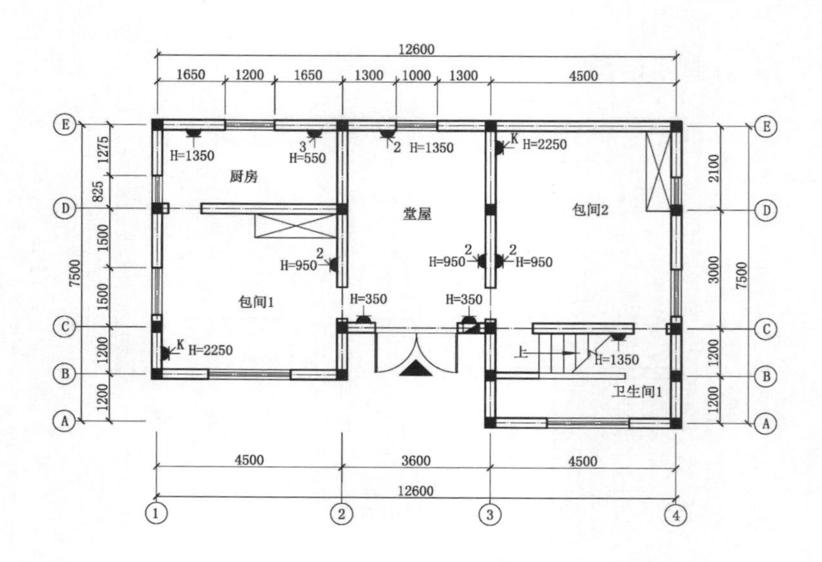

一层插座布置图

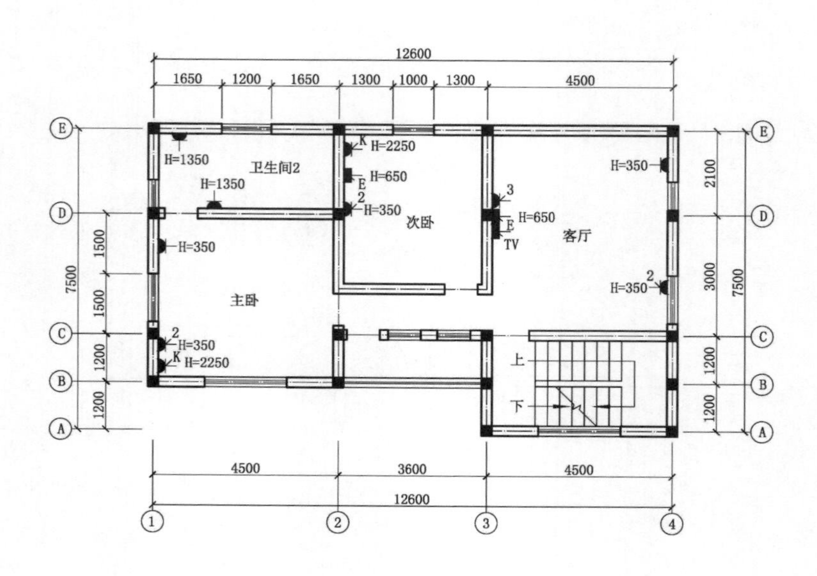

二层插座布置图

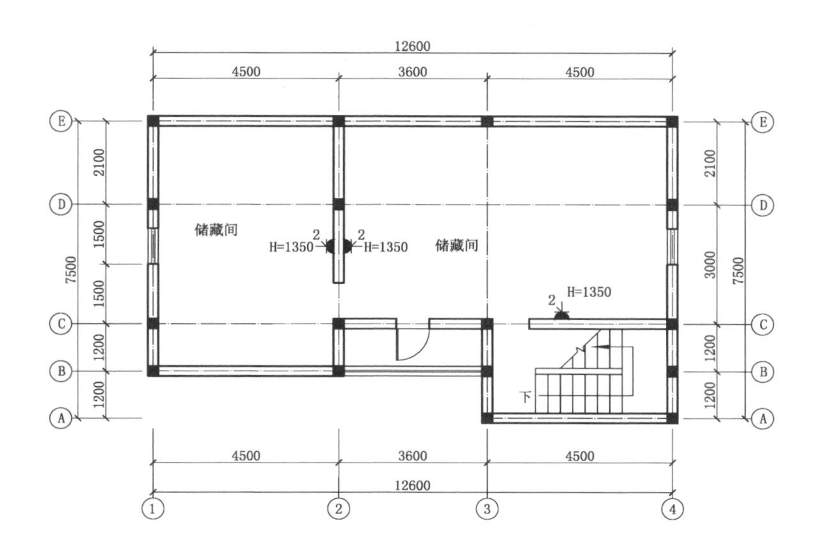

三层插座布置图

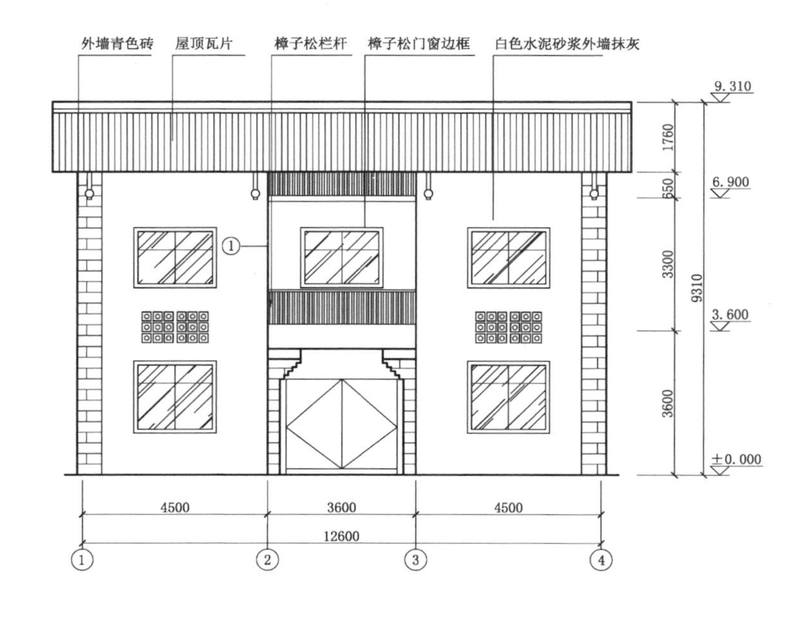

东立面图

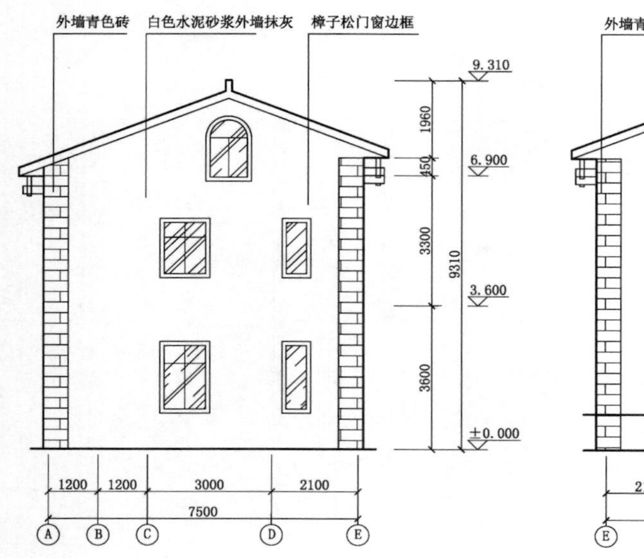

北立面图

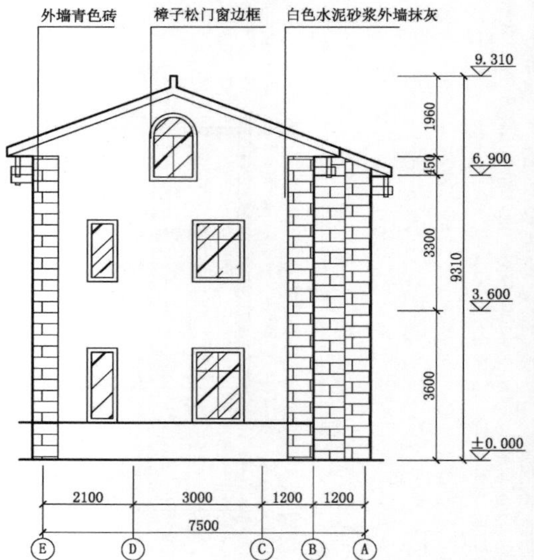

南立面图

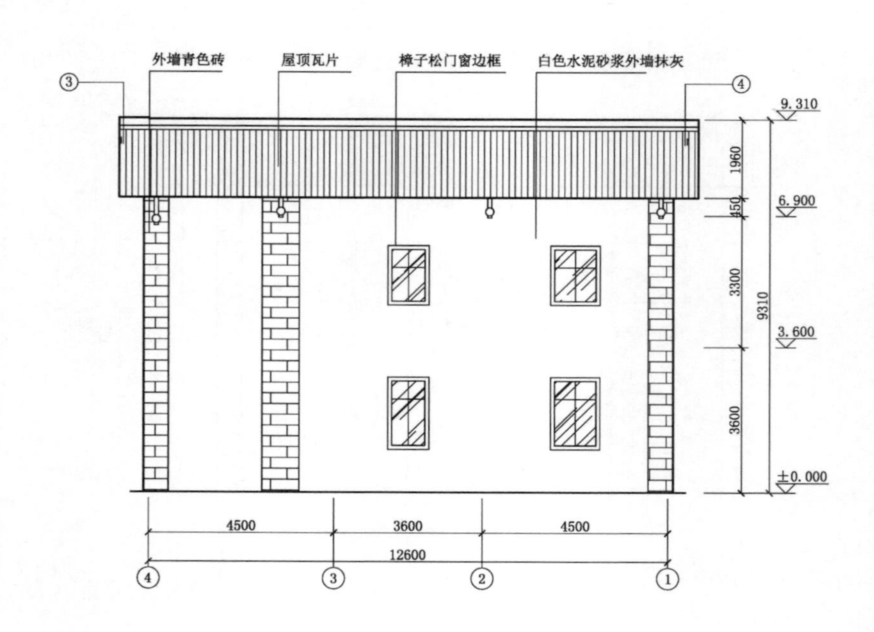

西立面图

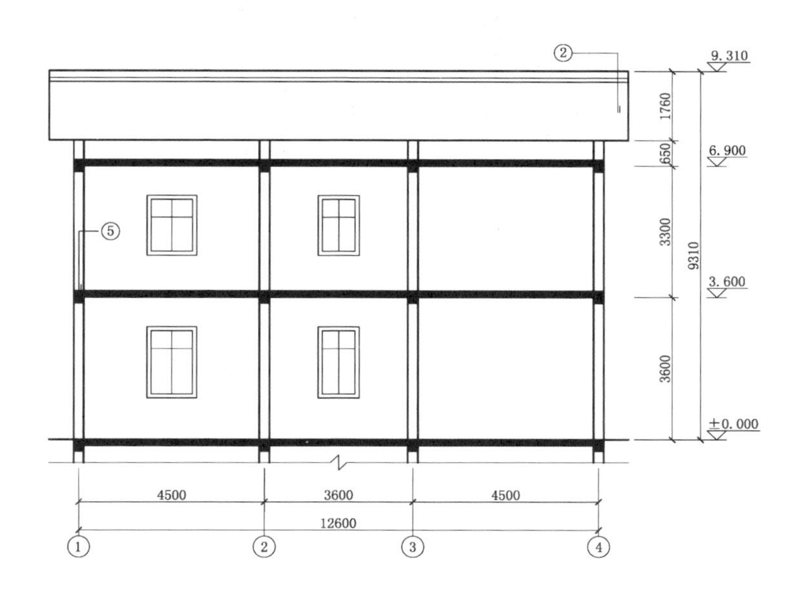
9.310
6.900
3.600
±0.000
1760
650
3300
3600
9310
4500
3600
4500
12600
1
2
3
4
5

1-1剖面图

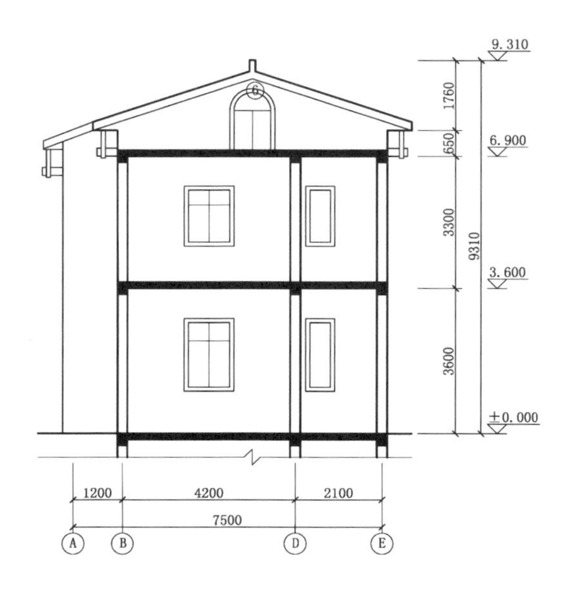
9.310
6.900
3.600
±0.000
1760
650
3300
3600
9310
1200
4200
2100
7500
A
B
D
E
6

2-2剖面图

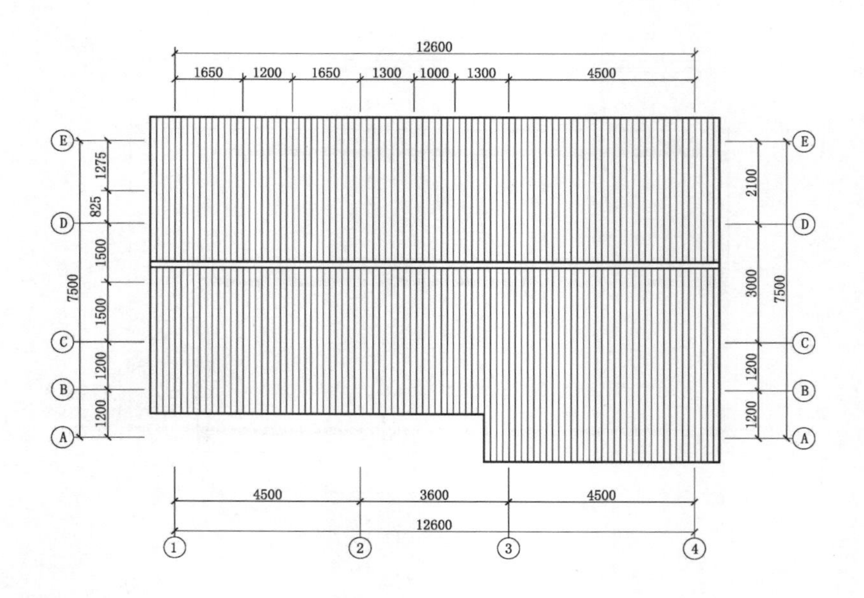

屋顶平面布置图

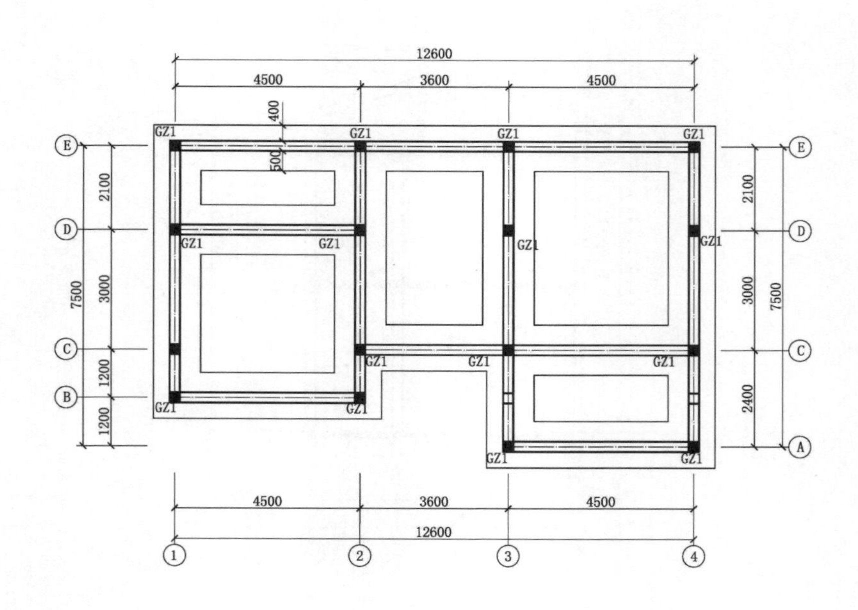

基础结构图

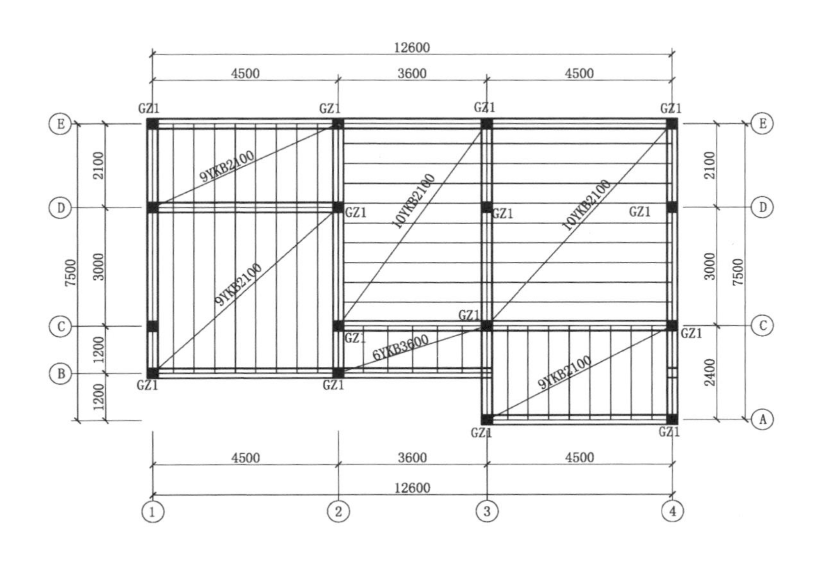

一层结构图

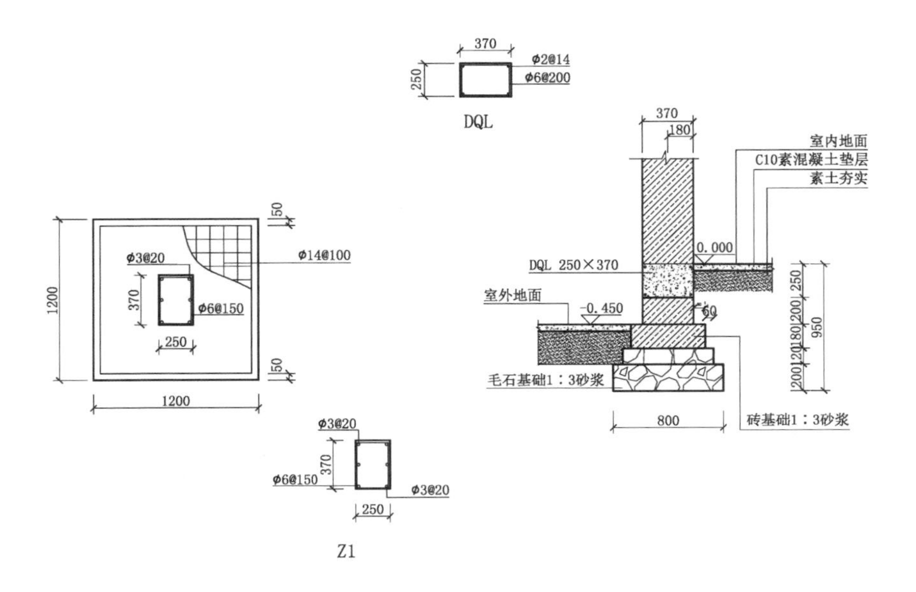

基础地面节点大样图

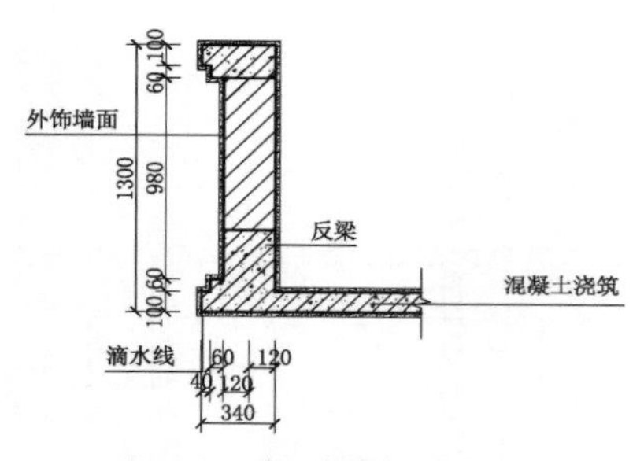

门厅雨棚大样图

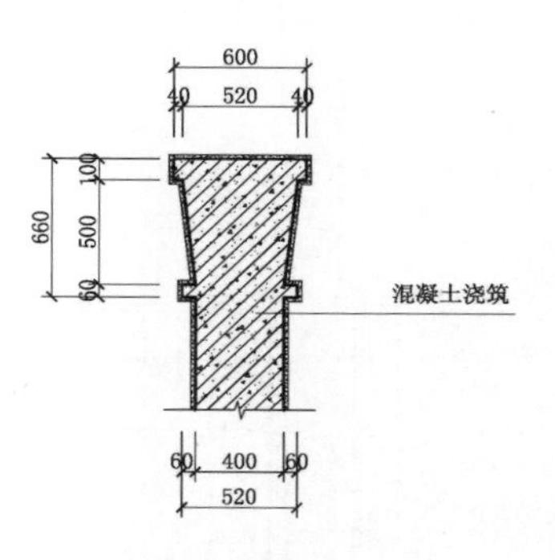

柱帽大样图

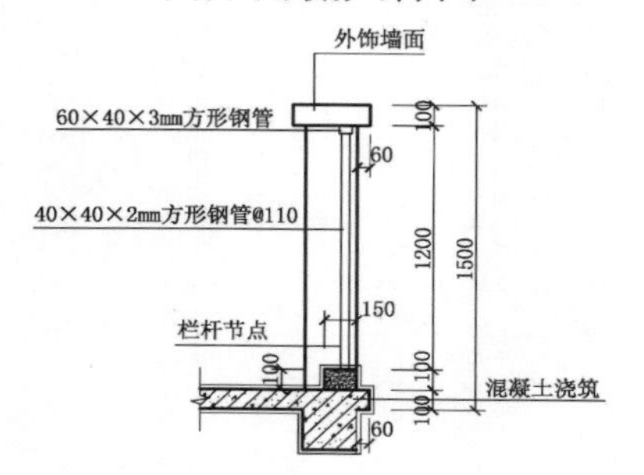

露台栏杆大样图

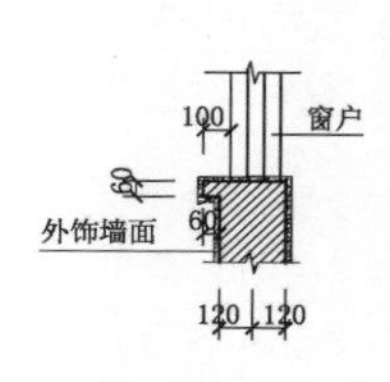

窗台线条大样图

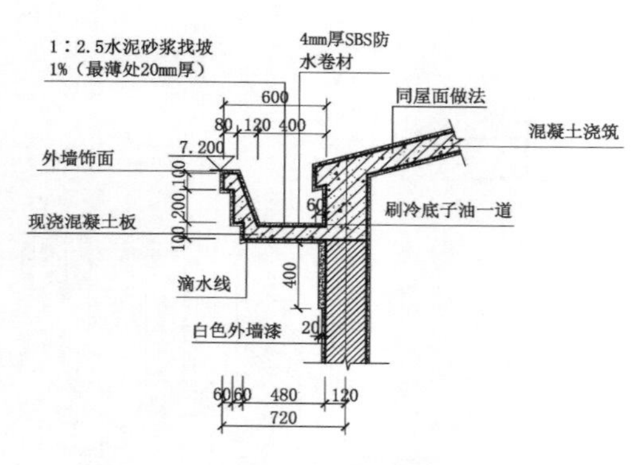

天沟大样详图

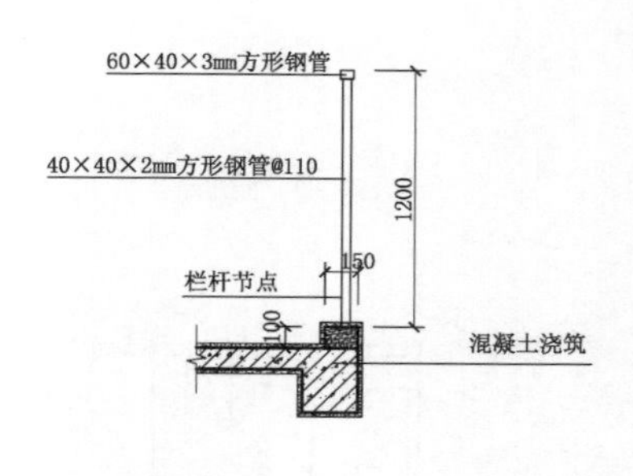

室内栏杆大样图

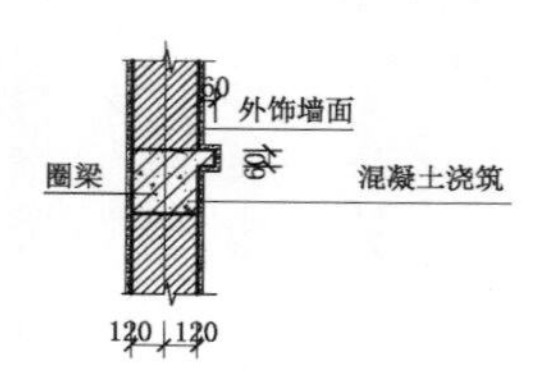

墙身线条大样图

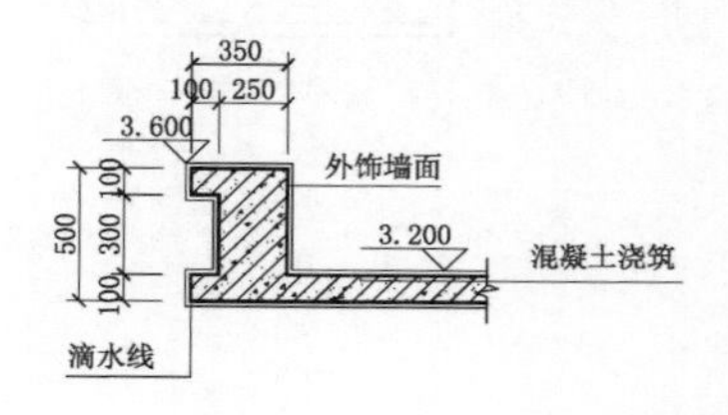

楼板外立面大样图

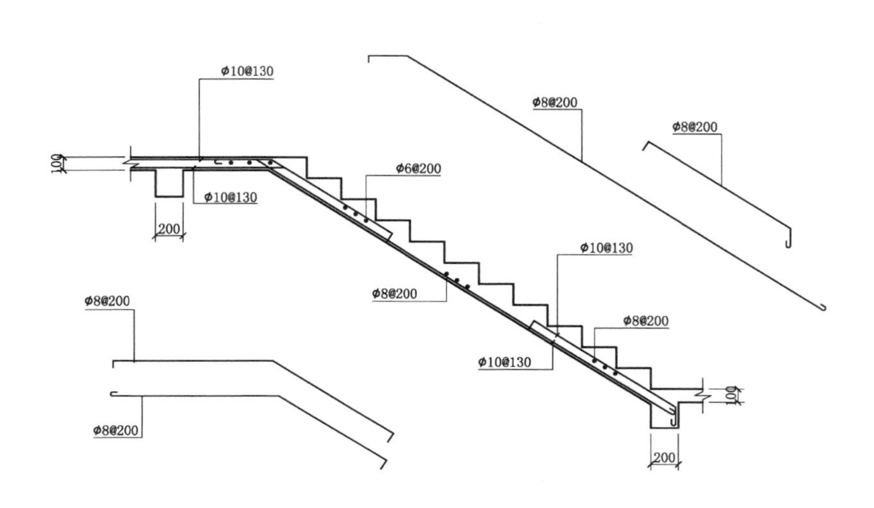

楼梯配筋图

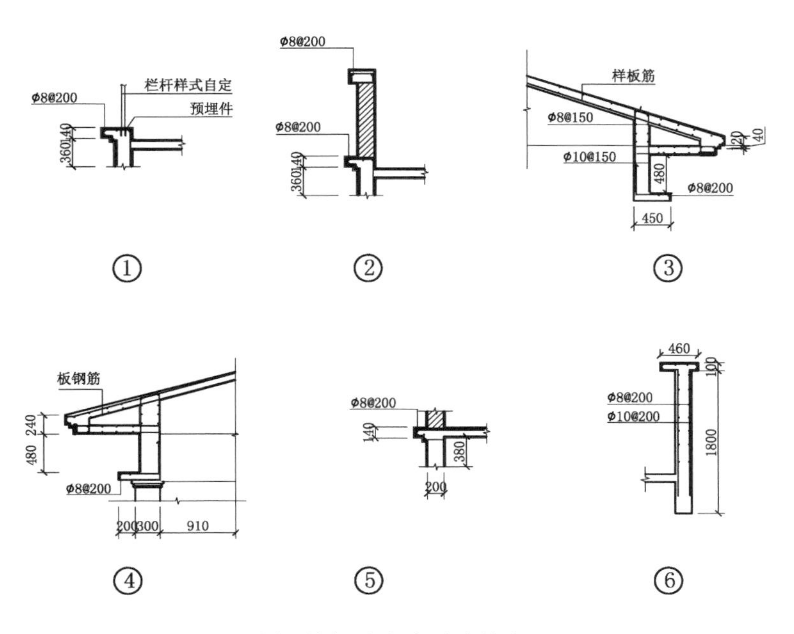

屋顶坡面节点大样图

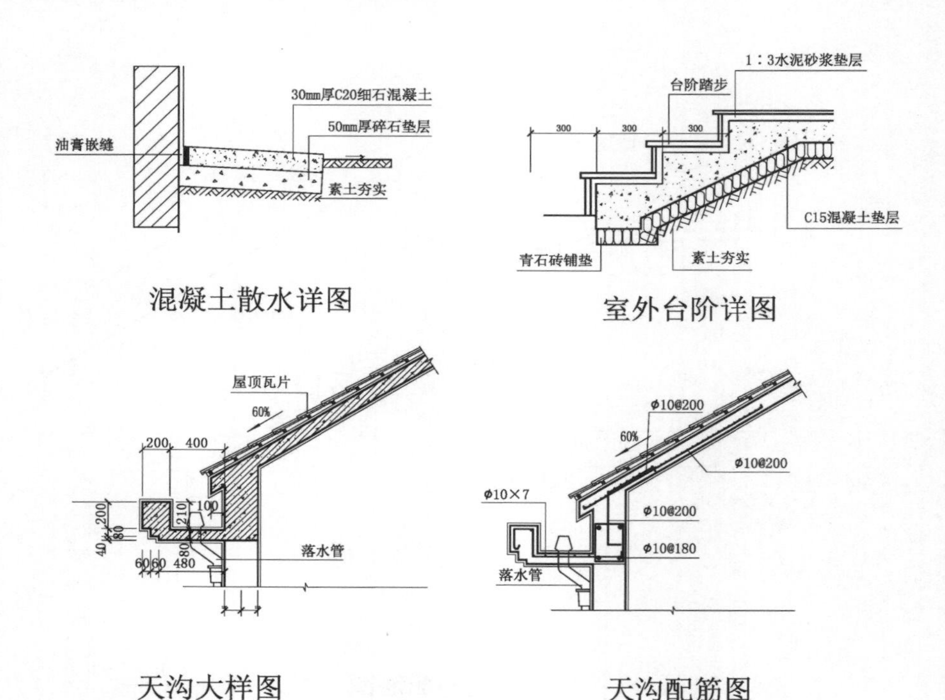

混凝土散水详图

室外台阶详图

天沟大样图

天沟配筋图

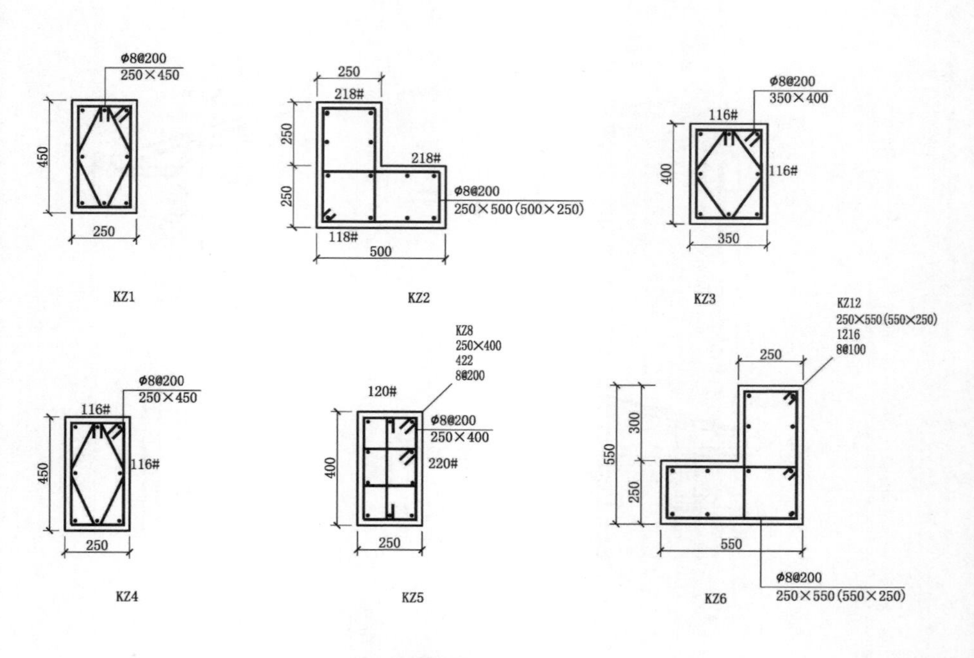

梁柱配筋图

No.4 古楚风农家乐住宅

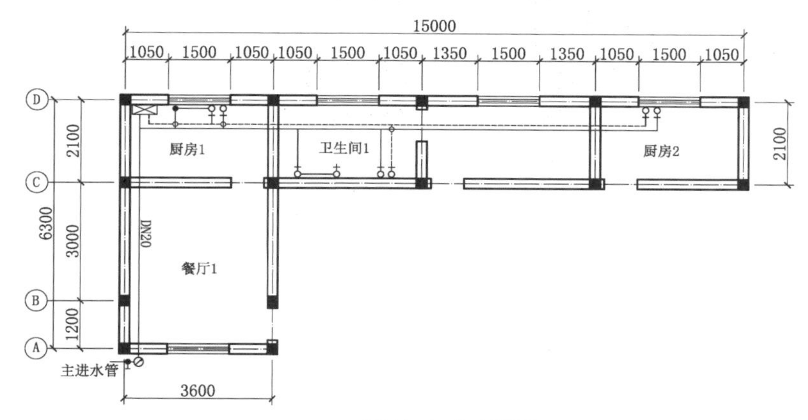

一层给水布置图

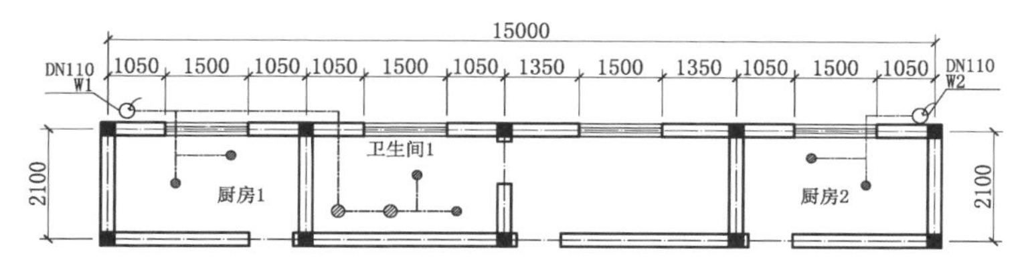

一层排水布置图

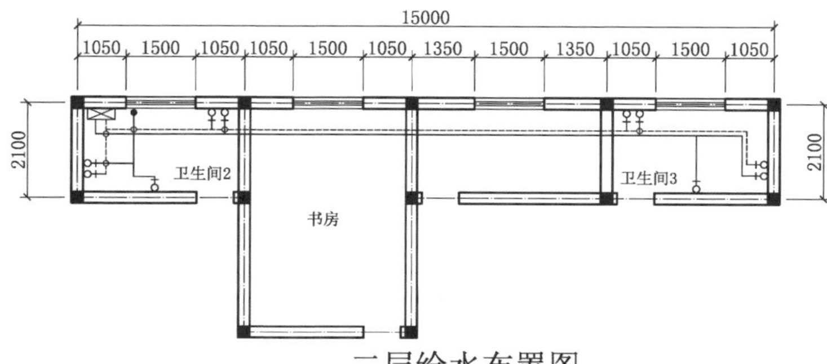

二层给水布置图

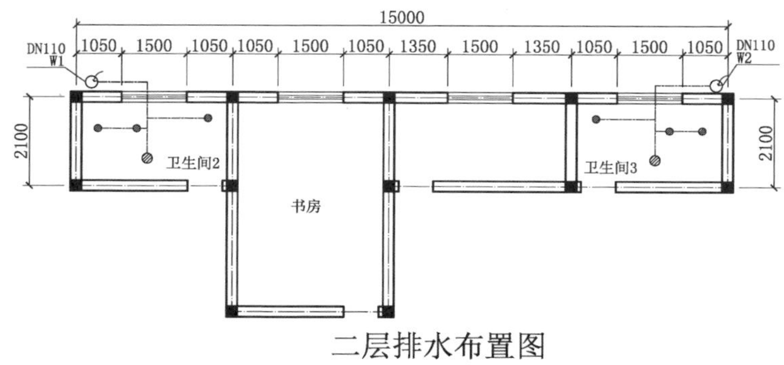

二层排水布置图

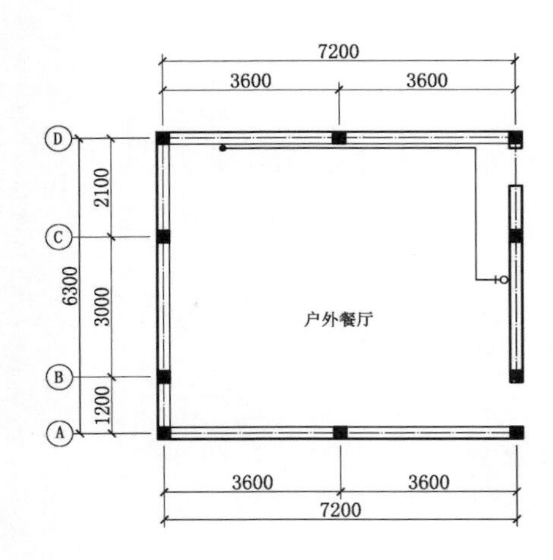

三层给水布置图

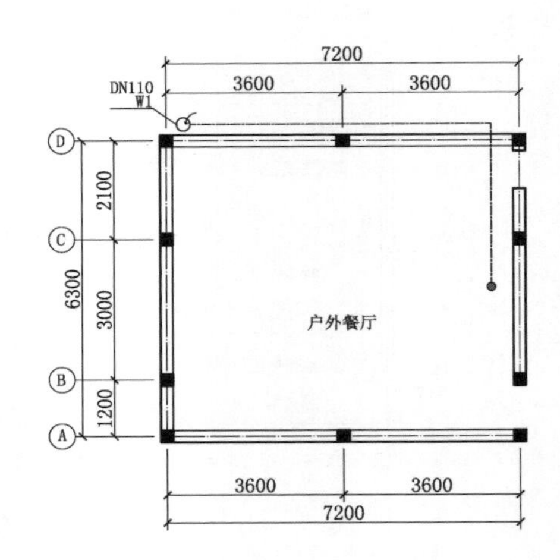

三层排水布置图

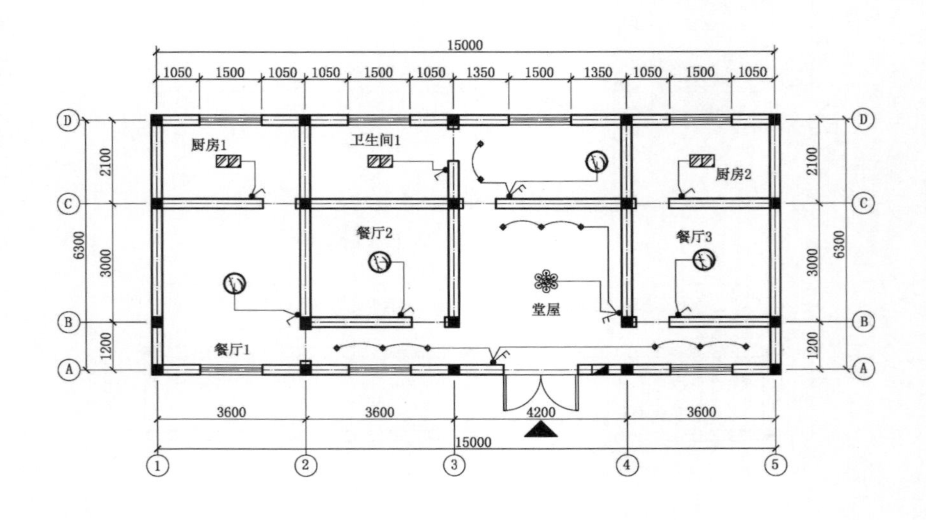

一层灯具开关布置图

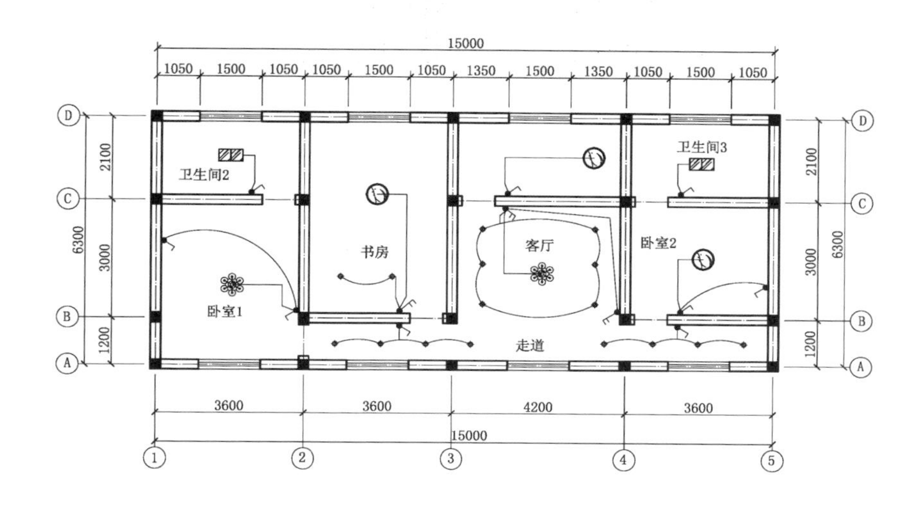

二层灯具开关布置图

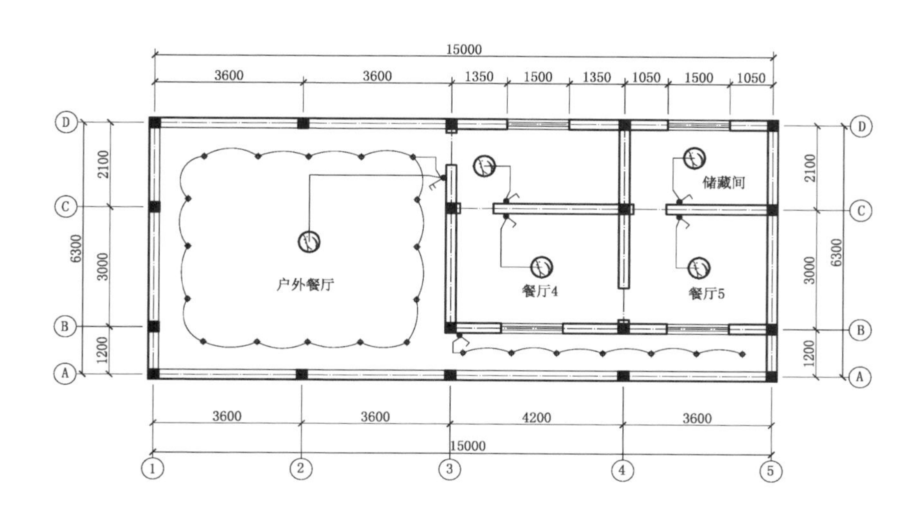

三层灯具开关布置图

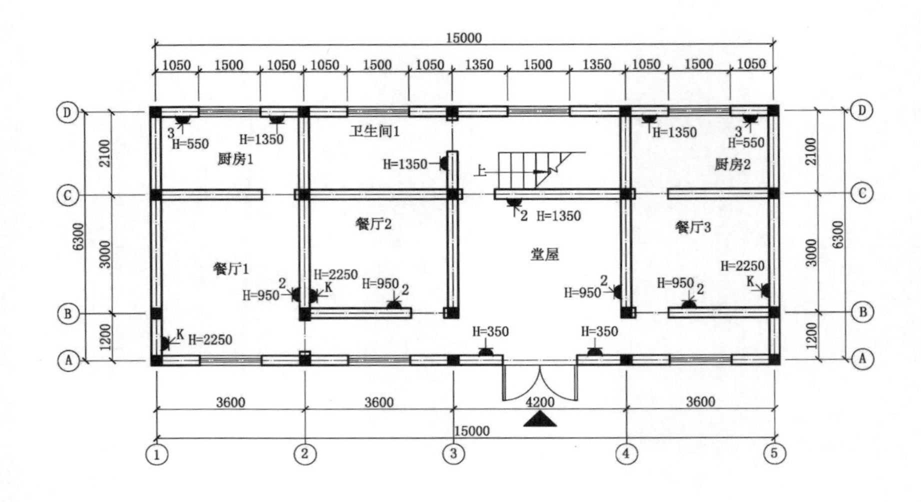

一层插座布置图

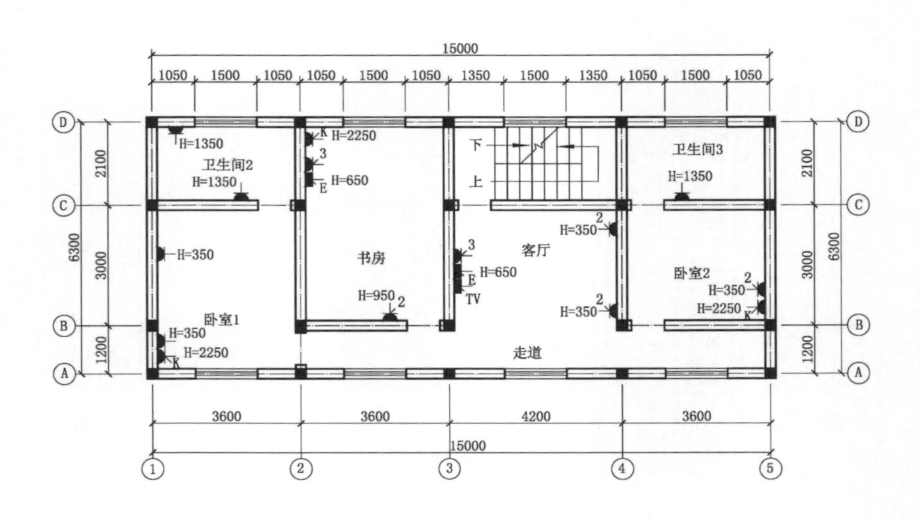

二层插座布置图

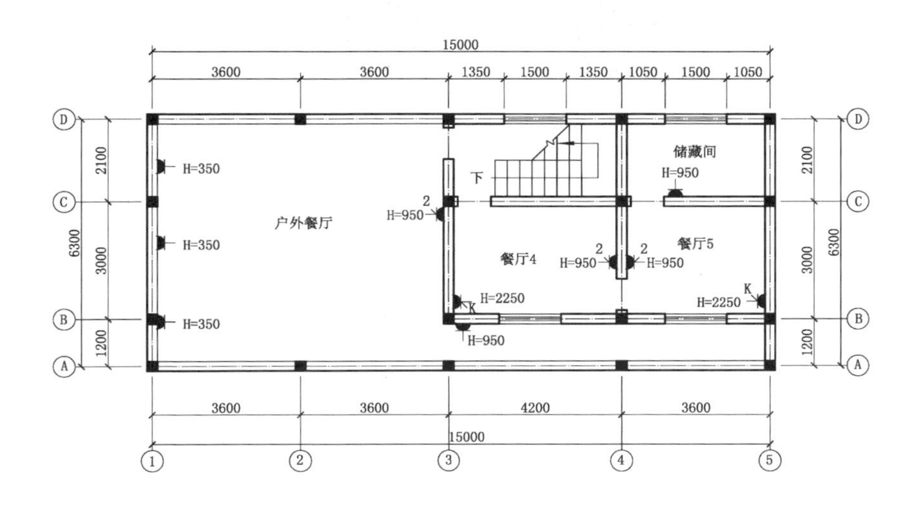

三层插座布置图

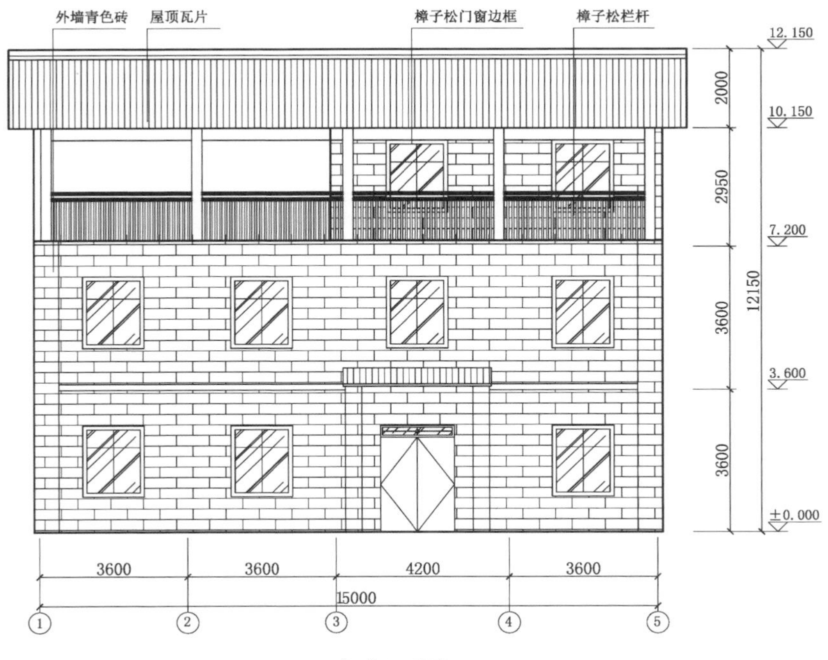

东立面图

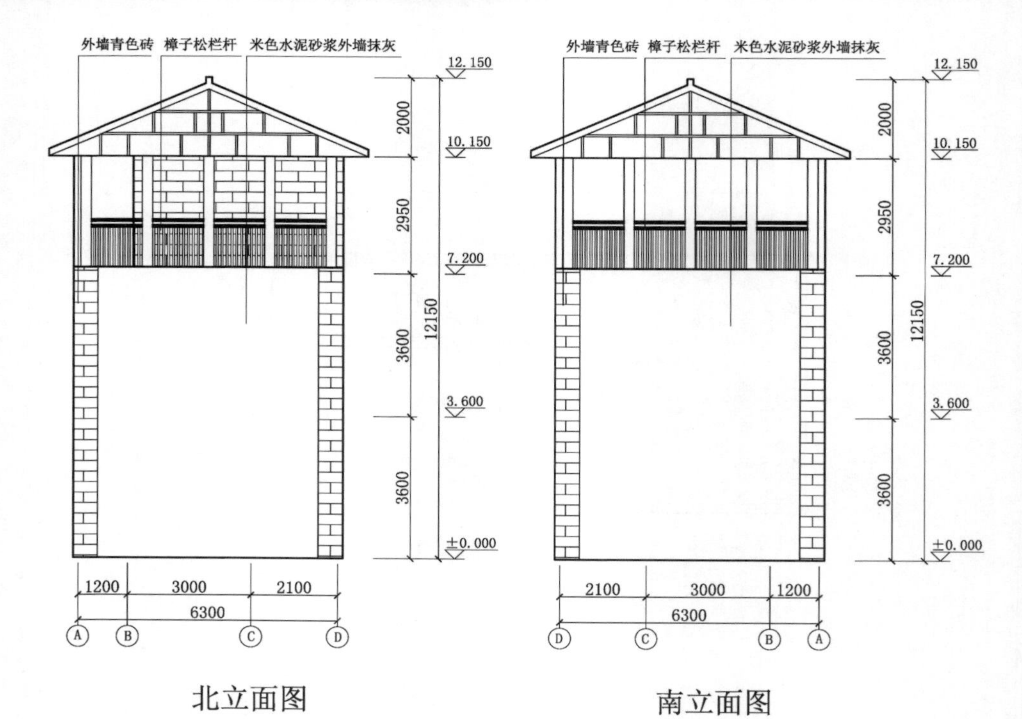

北立面图

南立面图

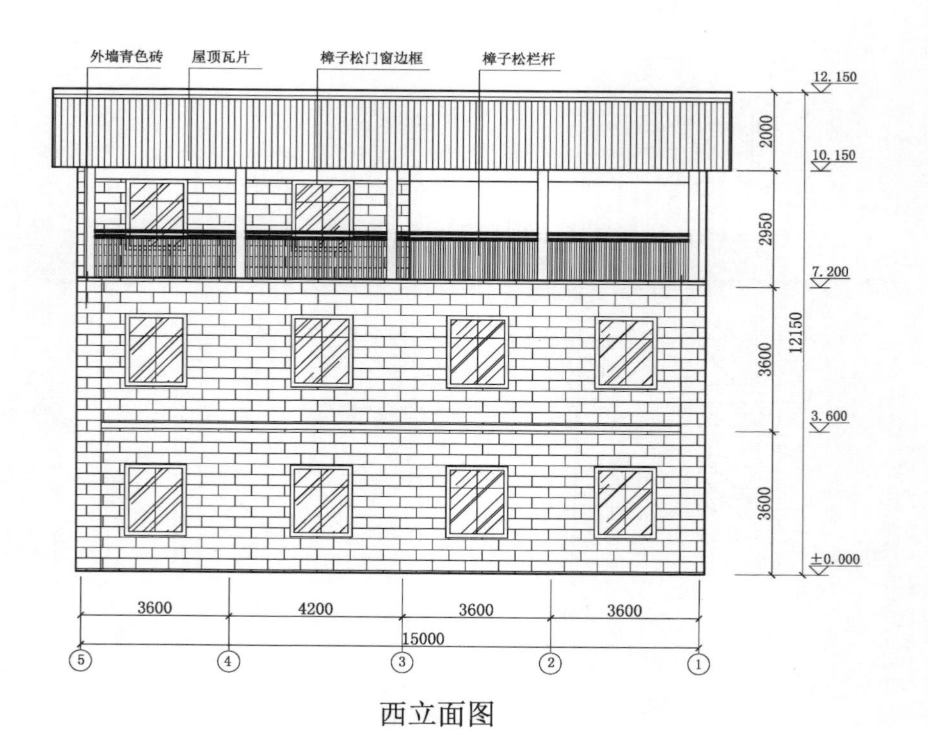

西立面图

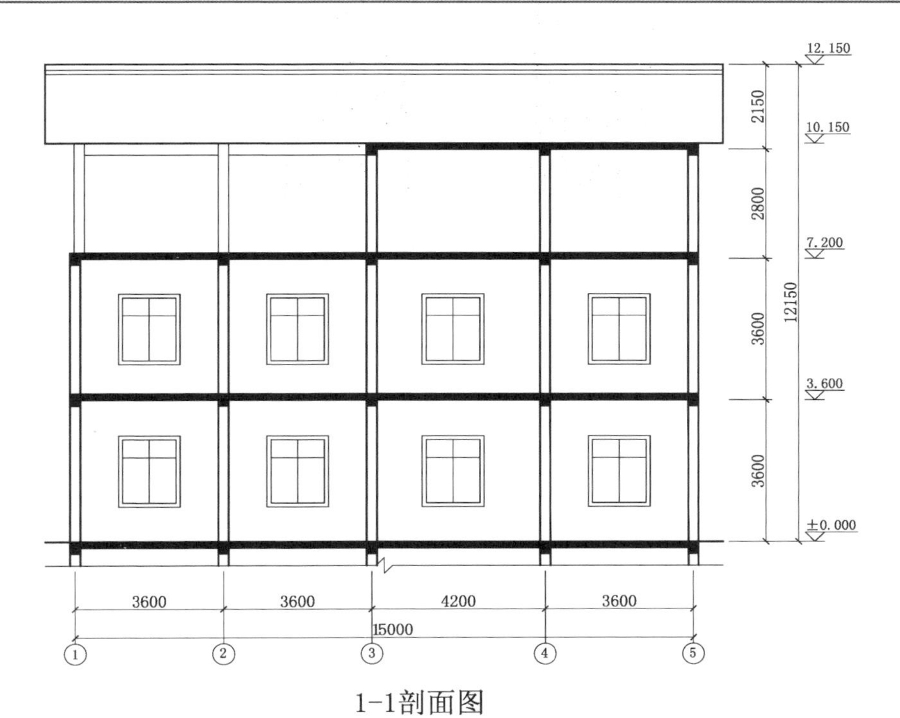
12.150
10.150
7.200
3.600
±0.000
2150
2800
3600
3600
12150
3600
3600
4200
3600
15000
1
2
3
4
5

1-1剖面图

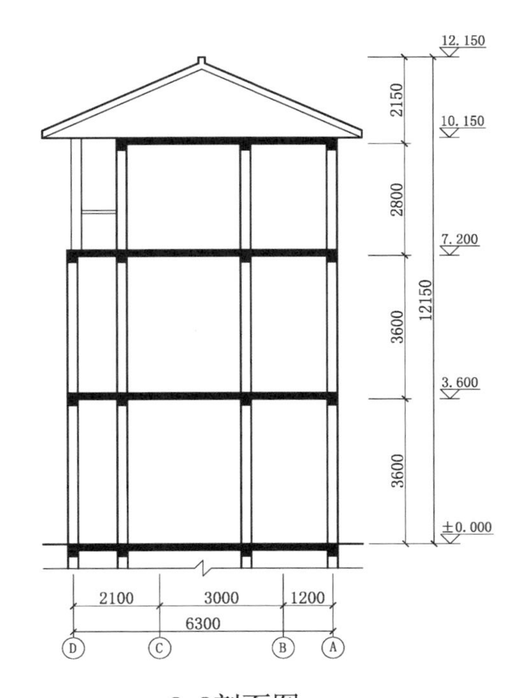
12.150
10.150
7.200
3.600
±0.000
2150
2800
3600
3600
12150
2100
3000
1200
6300
D
C
B
A

2-2剖面图

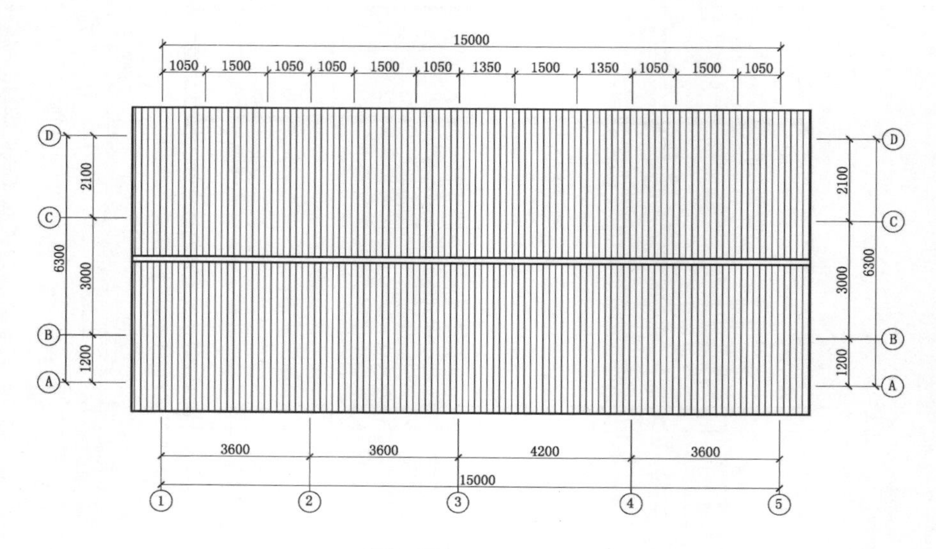

屋顶平面布置图

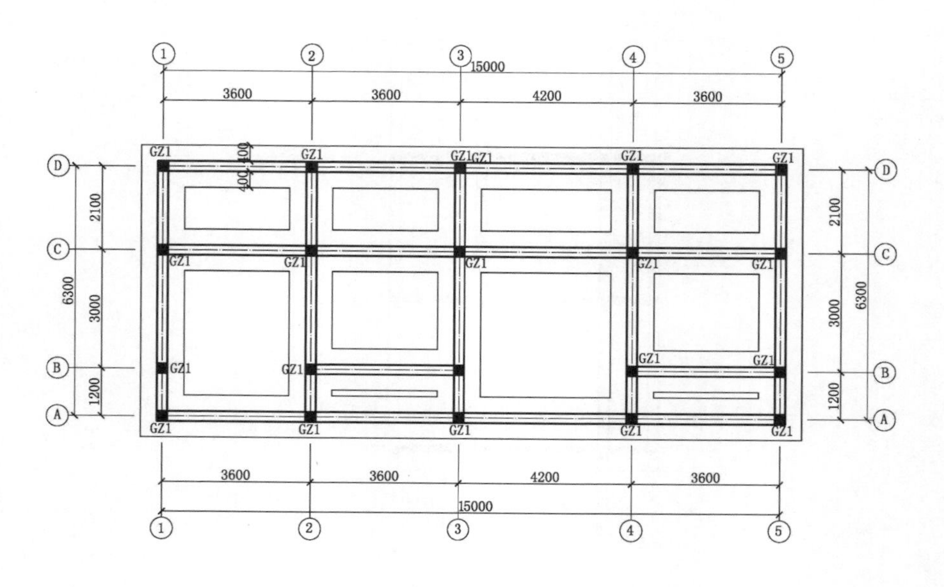

基础结构图

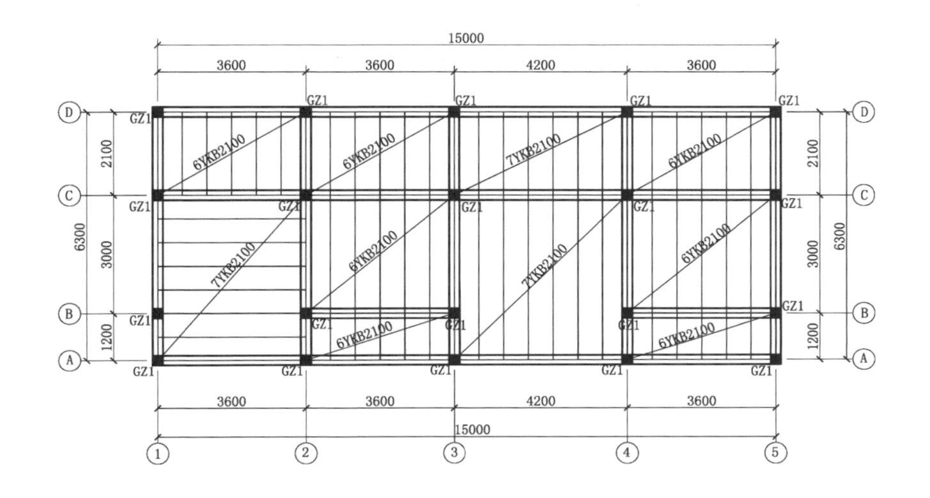
15000
3600
3600
4200
3600
GZ1
6YKB2100
7YKB2100
6300
2100
3000
1200
A
B
C
D
1
2
3
4
5

一层结构图

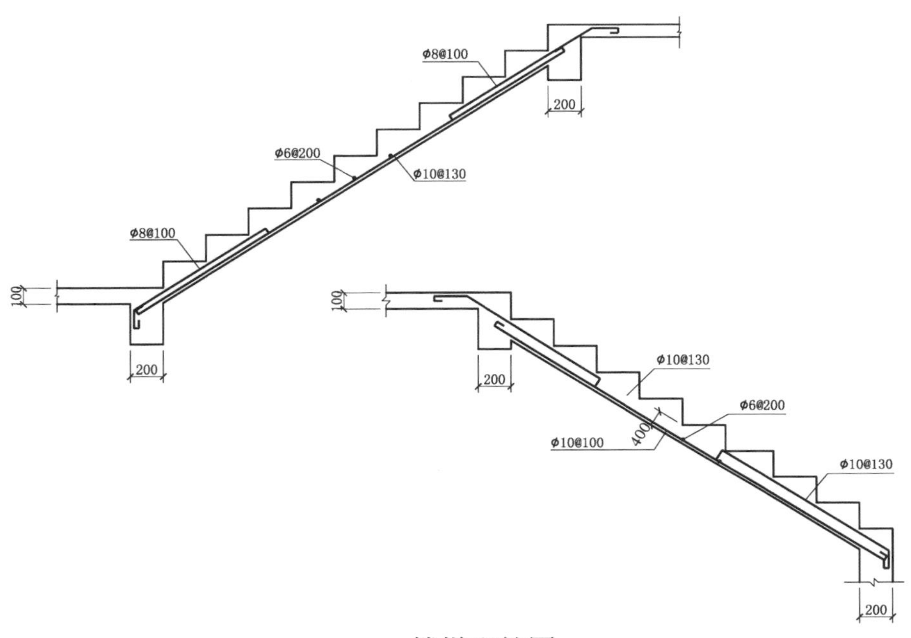
φ8@100
200
φ6@200
φ10@130
100
φ10@100
400
200

楼梯配筋图

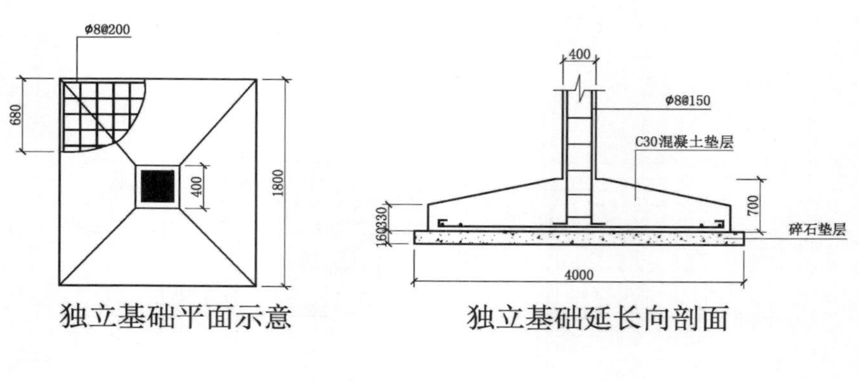

独立基础平面示意　　独立基础延长向剖面

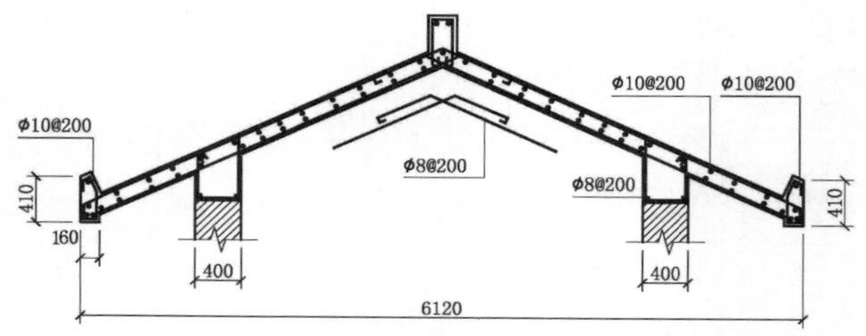

屋顶坡面节点图

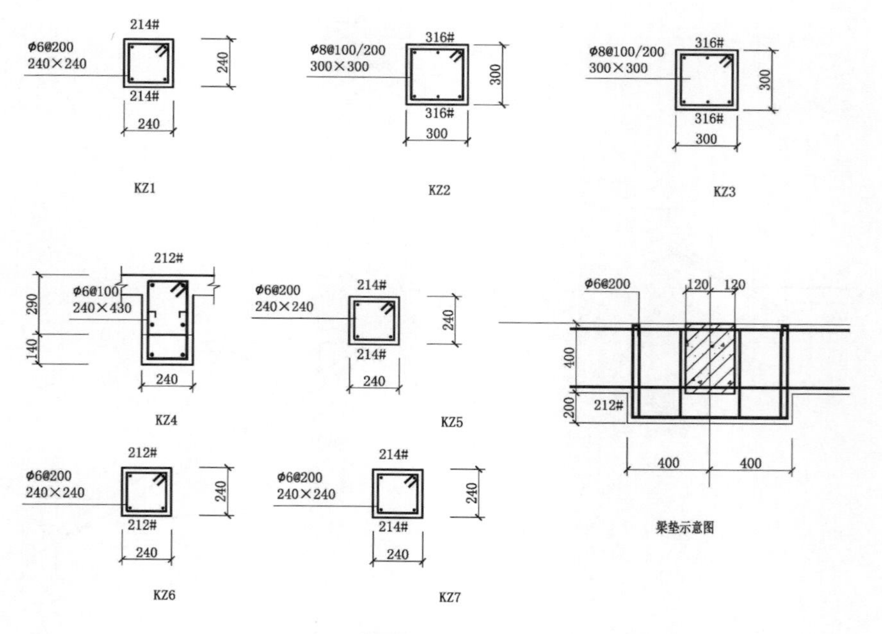

梁柱配筋图

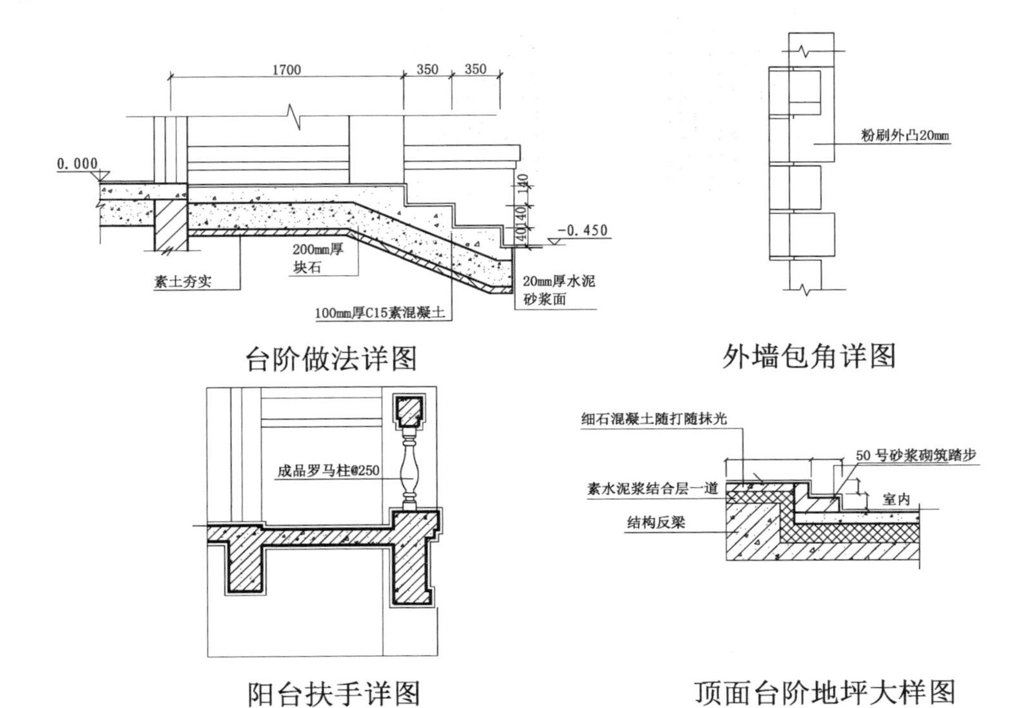

台阶做法详图

外墙包角详图

阳台扶手详图

顶面台阶地坪大样图

No.5 徽派雅致住宅

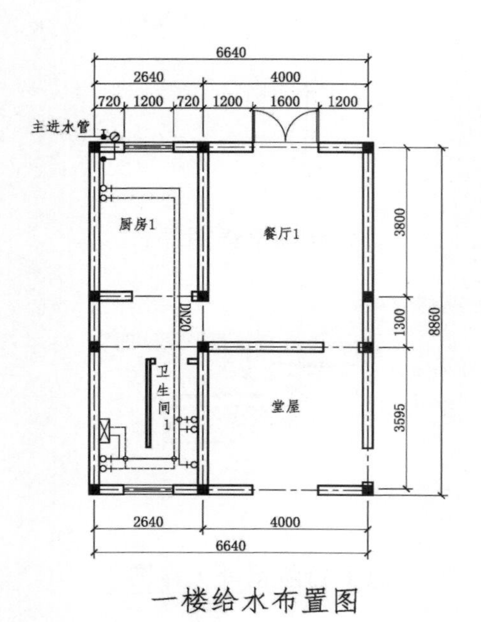

一楼给水布置图

一楼排水布置图

二楼给水布置图

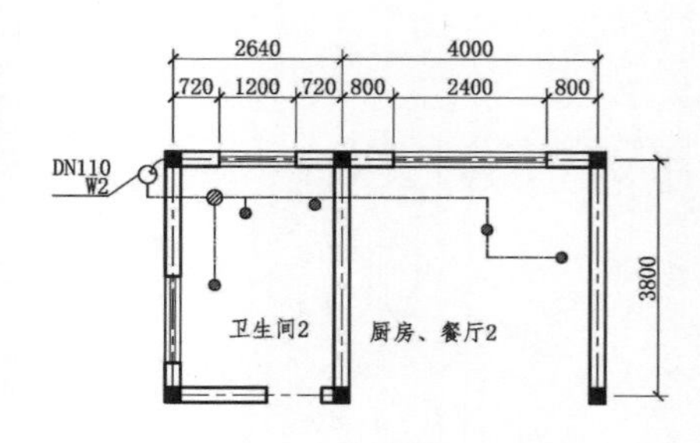

二楼排水布置图

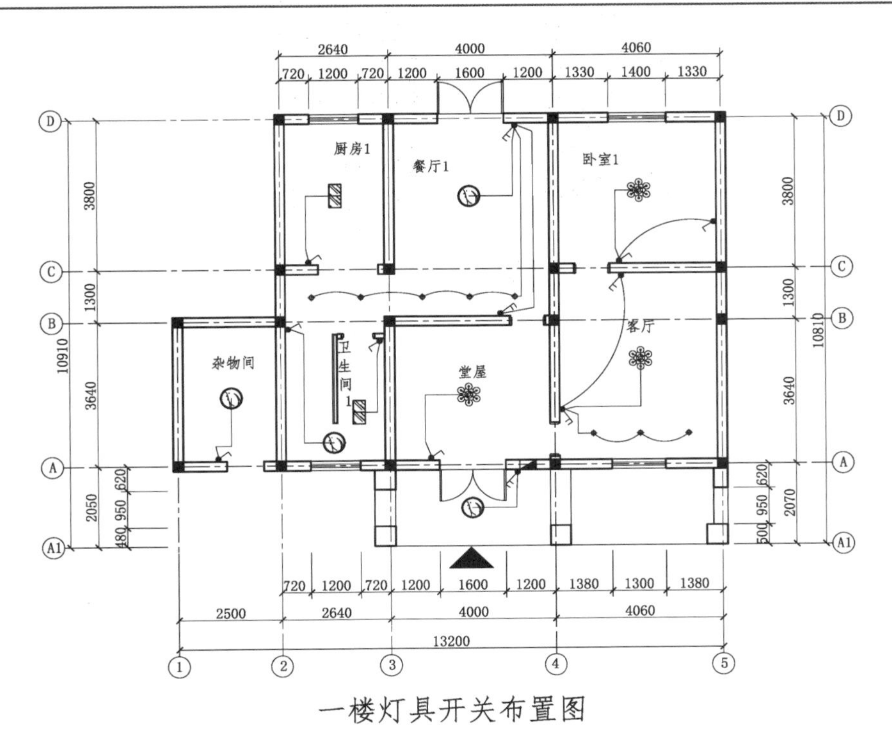

一楼灯具开关布置图

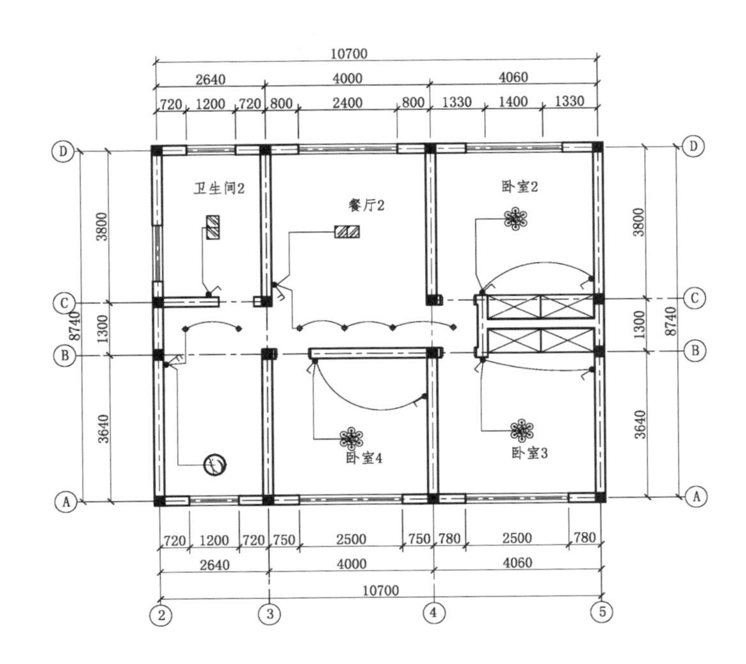

二楼灯具开关布置图

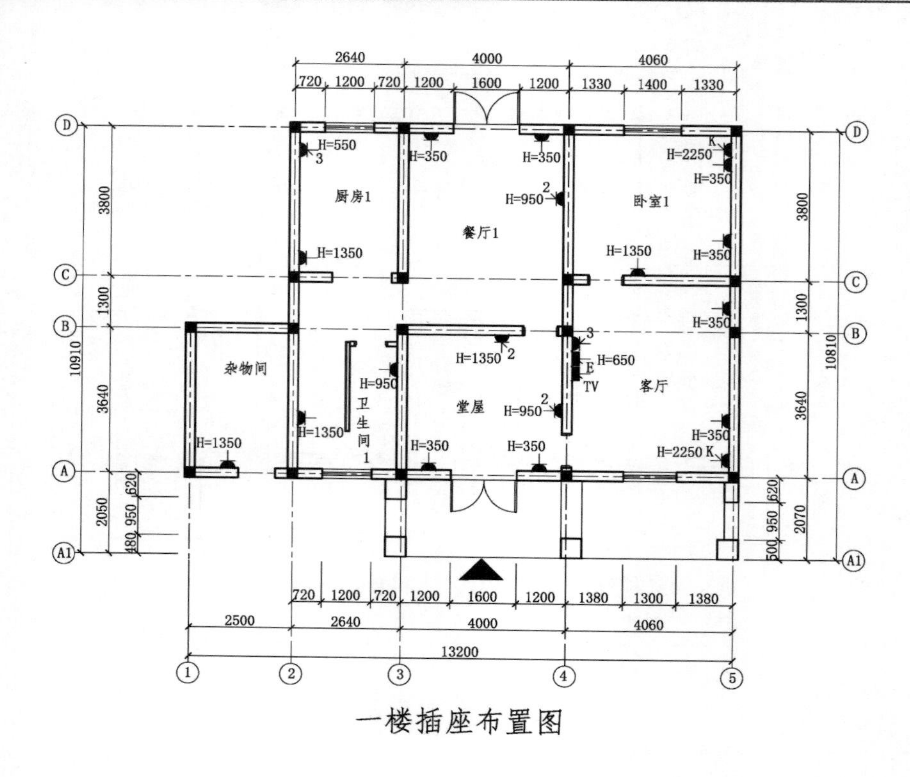

一楼插座布置图

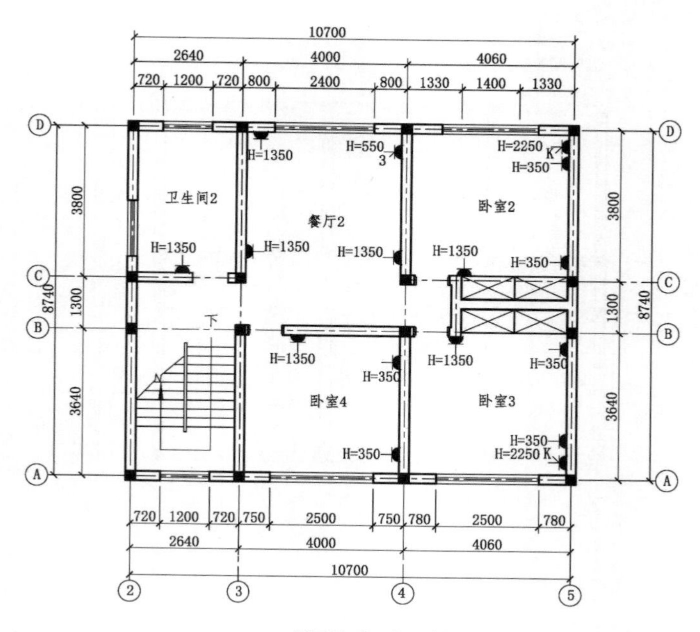

二楼插座布置图

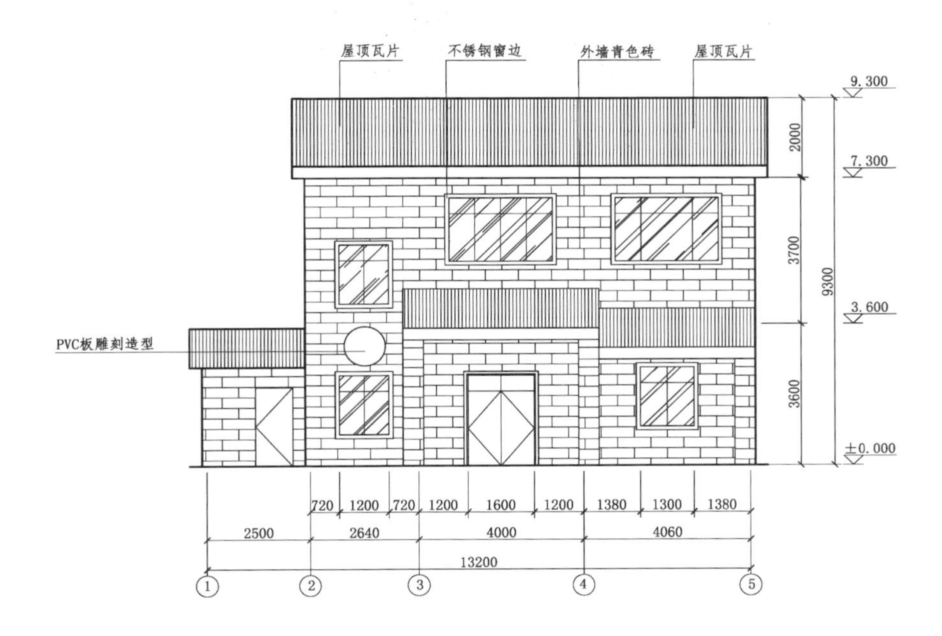
屋顶瓦片
不锈钢窗边
外墙青色砖
屋顶瓦片
PVC板雕刻造型
9.300
7.300
3.600
±0.000
2000
3700
3600
9300
720
1200
720
1200
1600
1200
1380
1300
1380
2500
2640
4000
4060
13200
1
2
3
4
5

西立面图

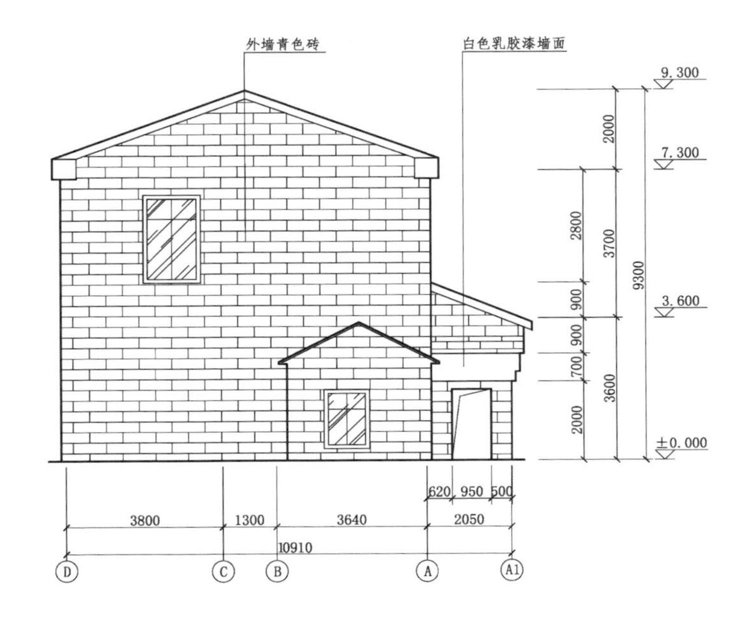
外墙青色砖
白色乳胶漆墙面
9.300
7.300
3.600
±0.000
2000
2800
900
900
700
2000
3700
3600
9300
620
950
500
3800
1300
3640
2050
10910
D
C
B
A
A1

北立面图

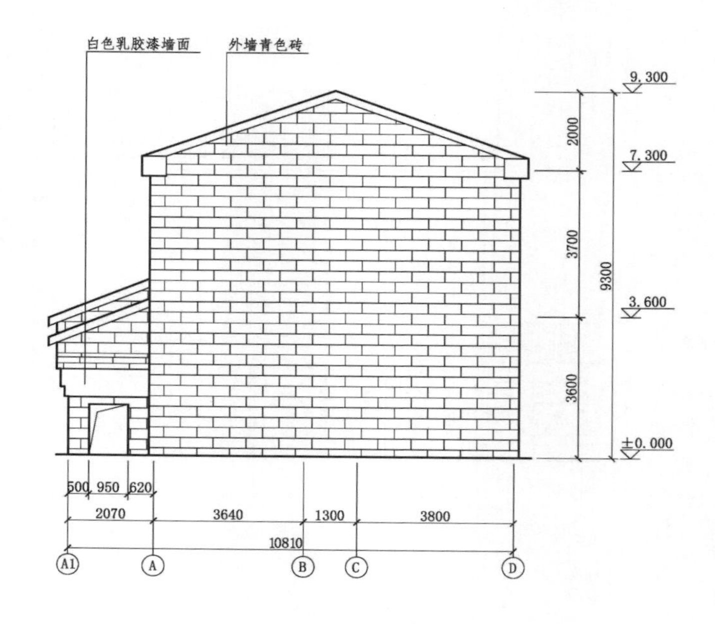
白色乳胶漆墙面
外墙青色砖
9.300
7.300
3.600
±0.000
2000
3700
3600
9300
500
950
620
2070
3640
1300
3800
10810
A1
A
B
C
D

南立面图

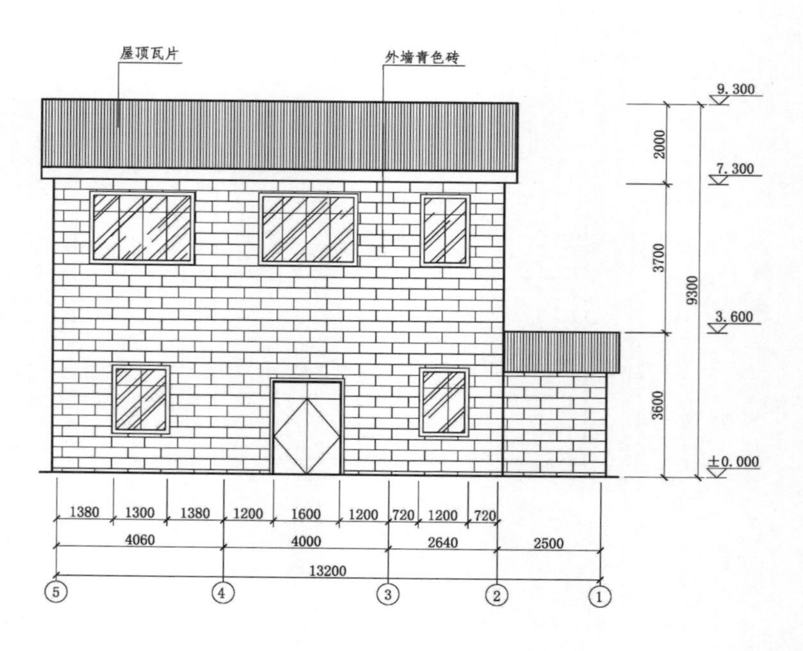
屋顶瓦片
外墙青色砖
9.300
7.300
3.600
±0.000
2000
3700
3600
9300
1380
1300
1380
1200
1600
1200
720
1200
720
4060
4000
2640
2500
13200
5
4
3
2
1

东立面图

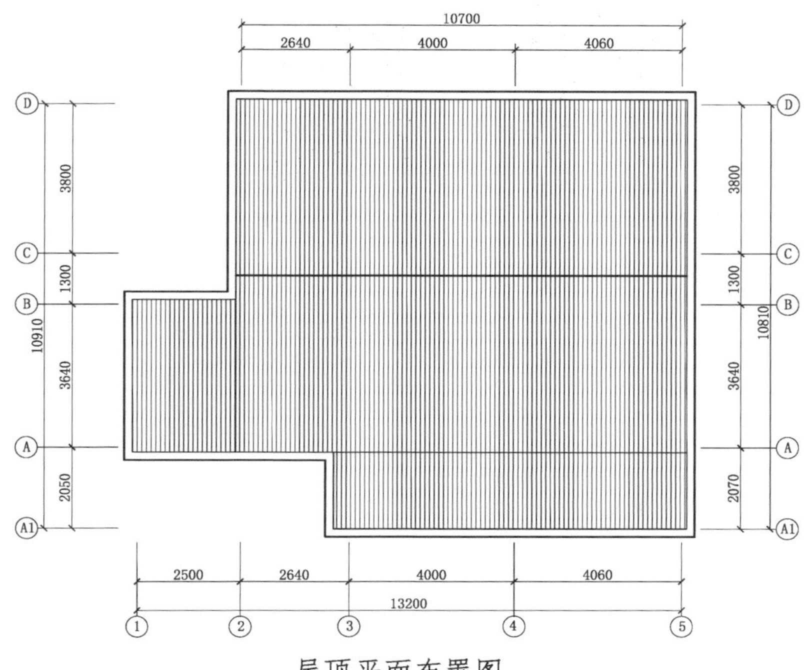

屋顶平面布置图

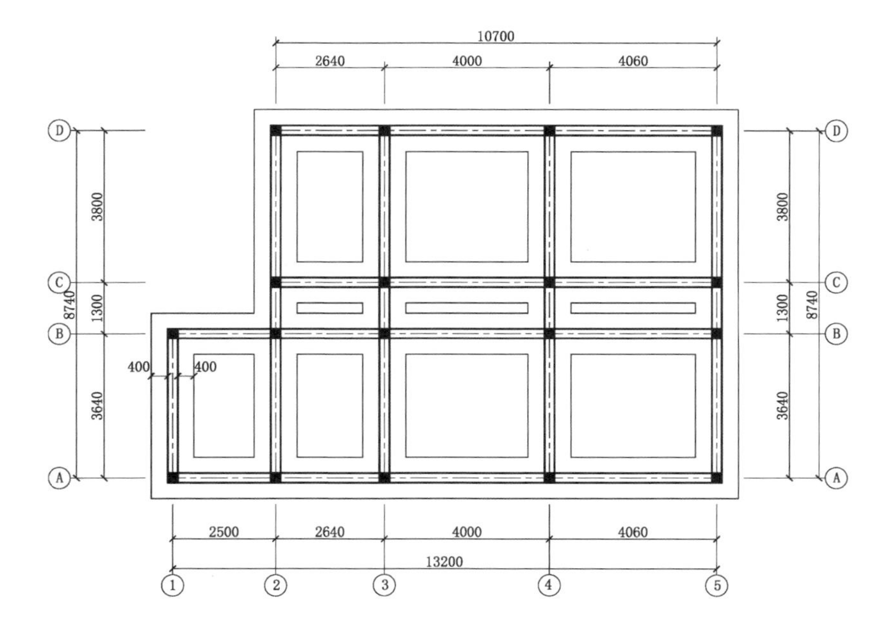

基础结构图

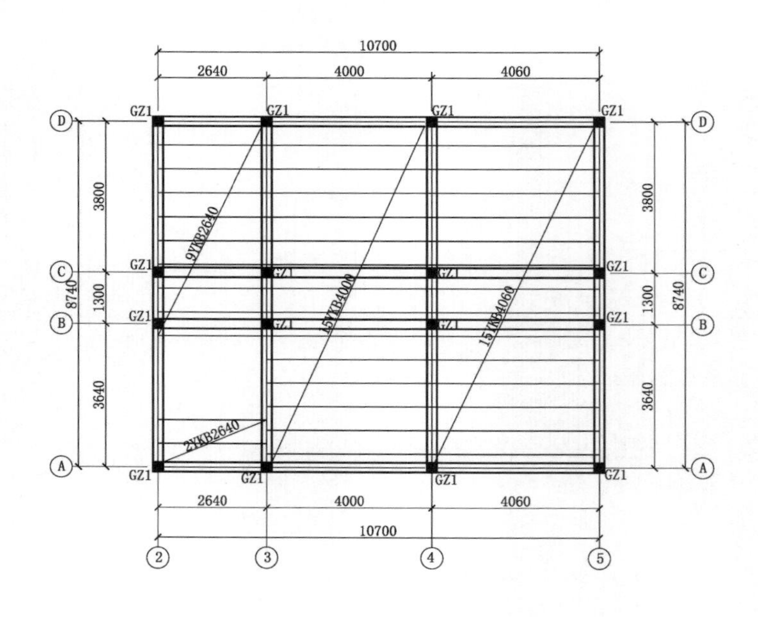
10700
2640
4000
4060
GZ1
D
C
B
A
3800
1300
3640
8740
9YKB2640
15YKB4000
15YKB4060
2YKB2640
2
3
4
5

一层结构图

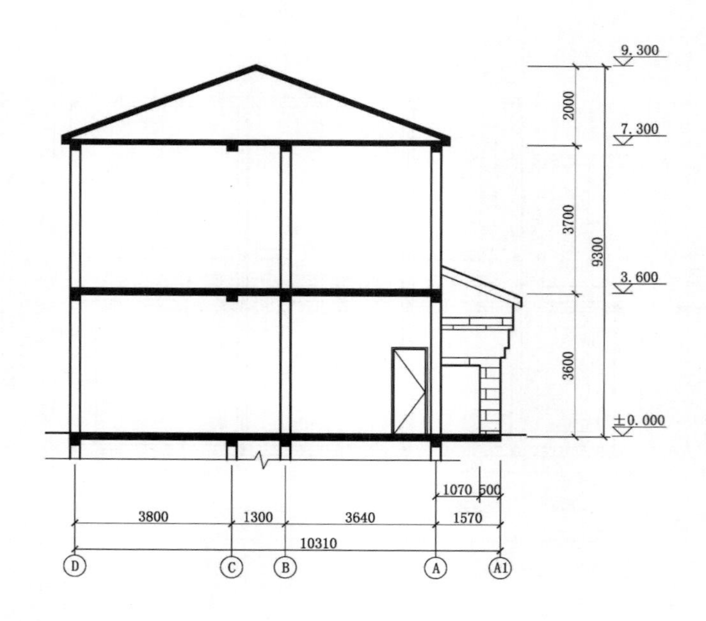
9.300
7.300
3.600
±0.000
2000
3700
3600
9300
1070
500
3800
1300
3640
1570
10310
D
C
B
A
A1

1-1剖面图

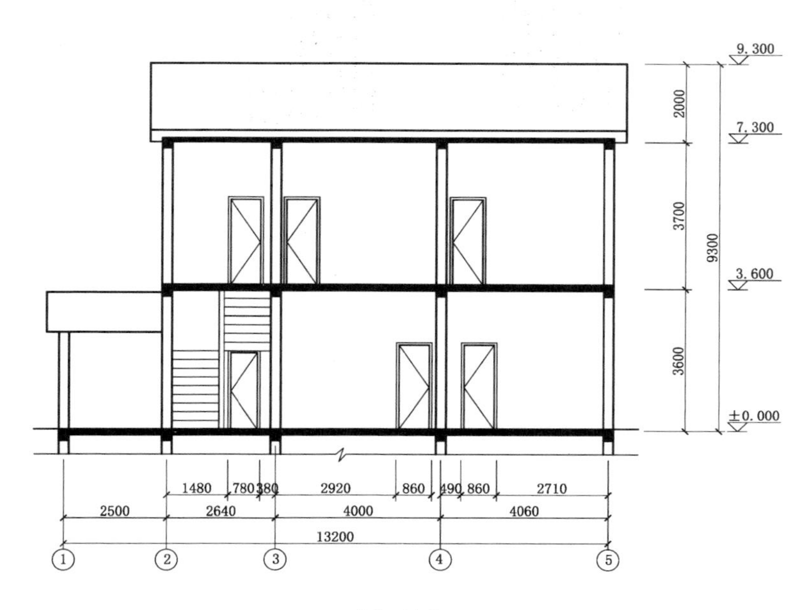

2-2剖面图

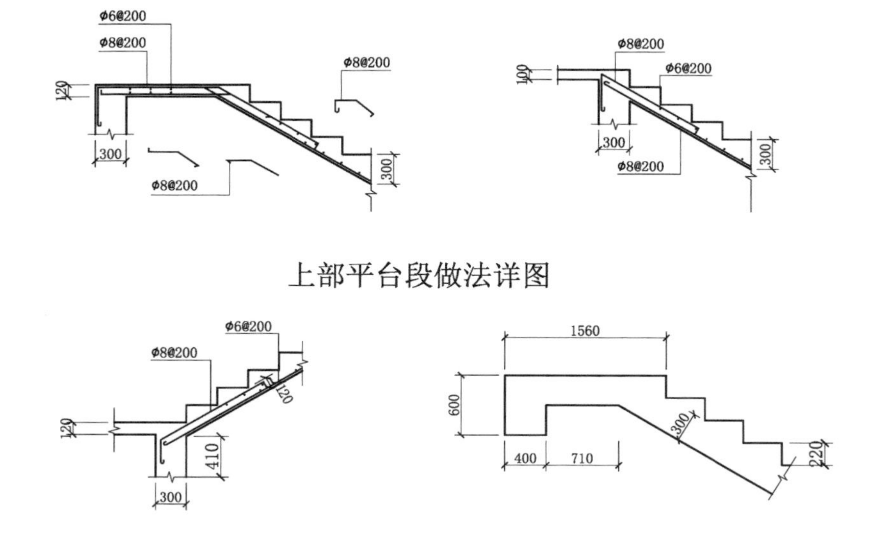

上部平台段做法详图

下部平台段做法详图

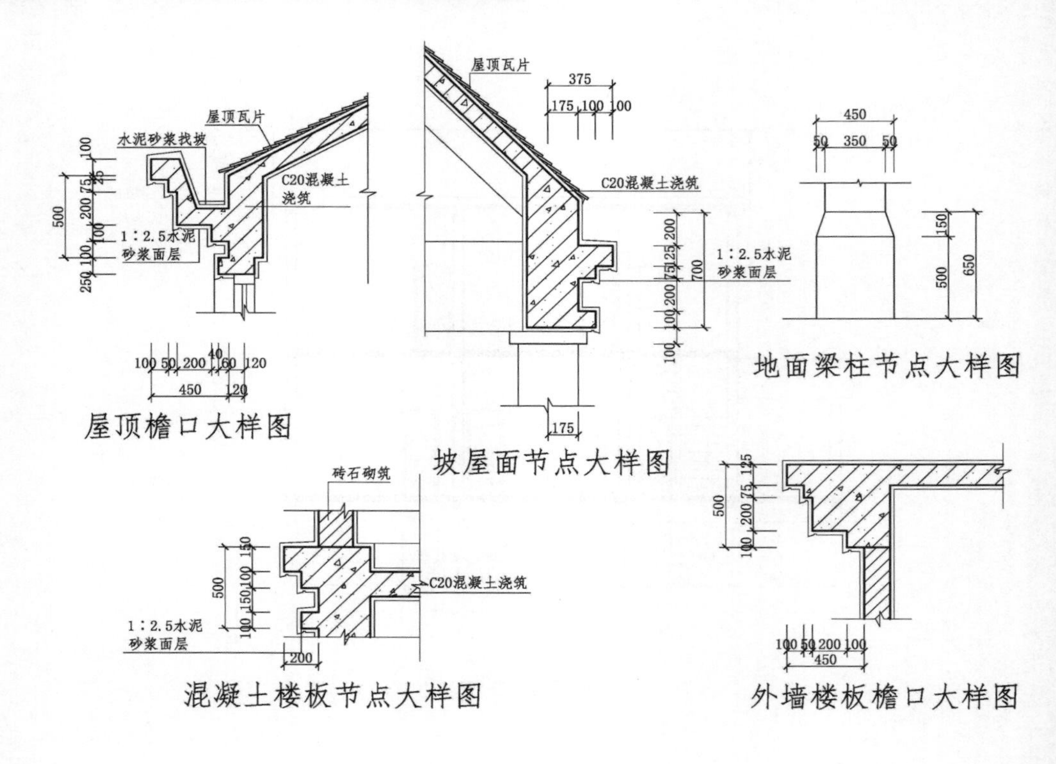

屋顶檐口大样图

坡屋面节点大样图

地面梁柱节点大样图

混凝土楼板节点大样图

外墙楼板檐口大样图

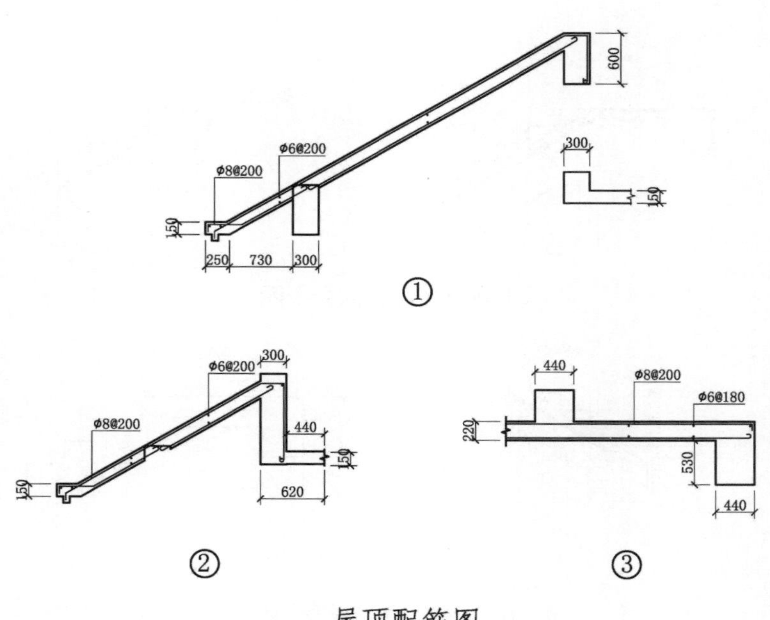

屋顶配筋图

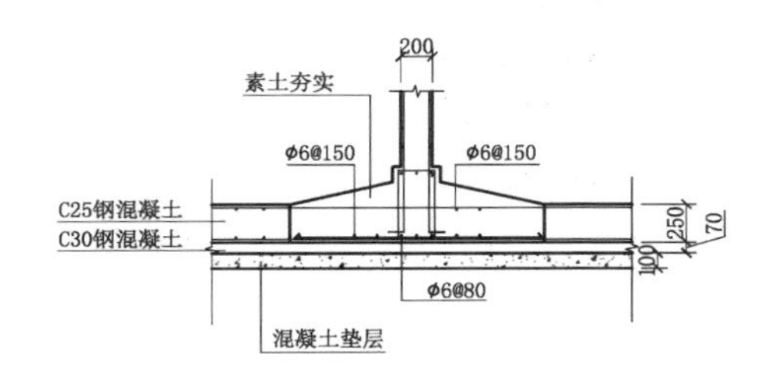

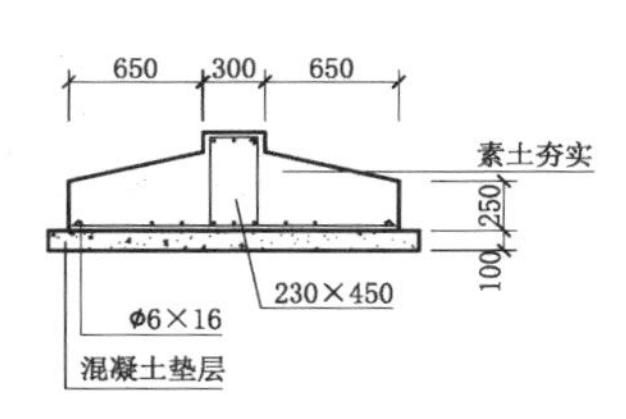

条形基础剖面图

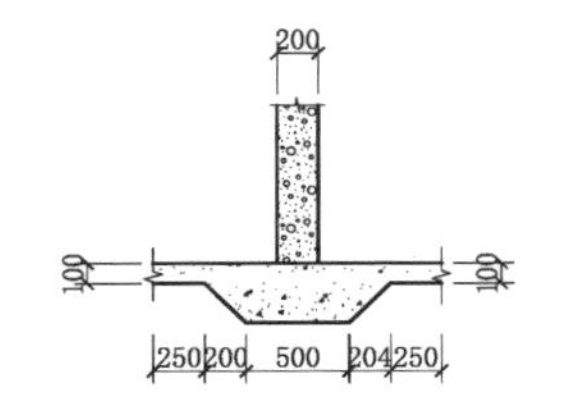

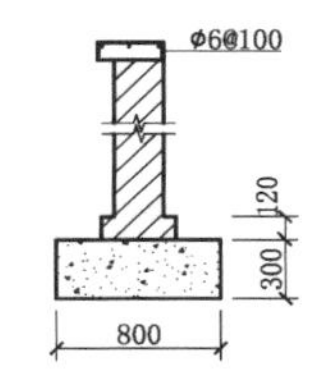

条形基础剖面图　　室外平台侧墙详图

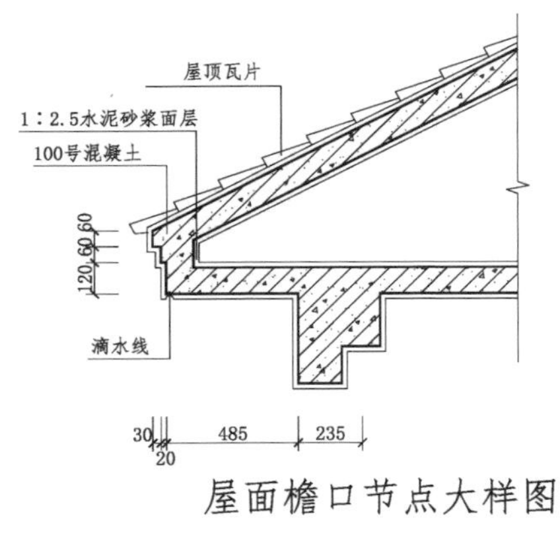

屋面檐口节点大样图

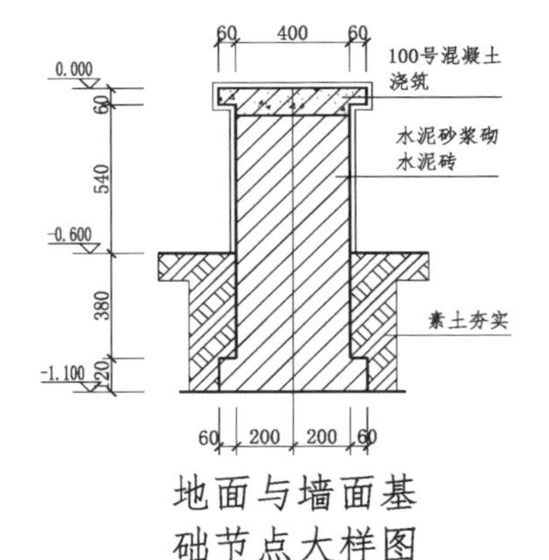

地面与墙面基础节点大样图

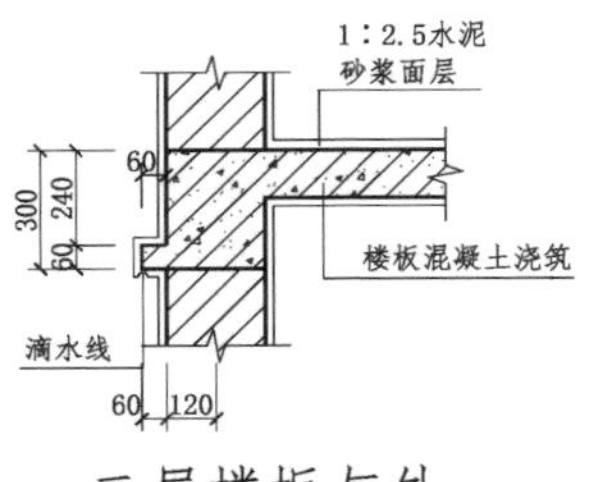

二层楼板与外墙节点大样图

三层楼板与外墙节点大样图

阳台与外墙节点大样图

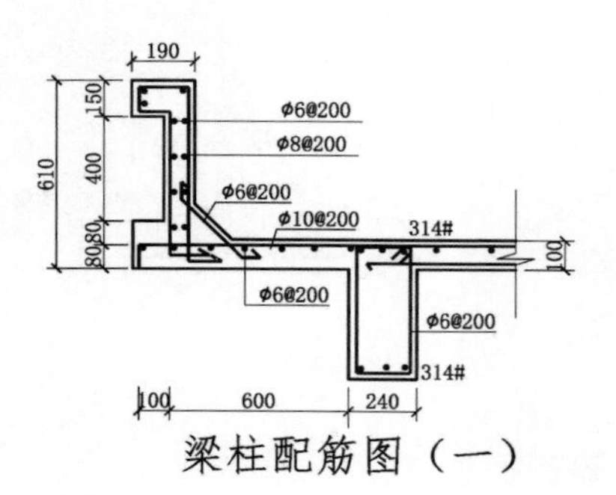

梁柱配筋图（一）

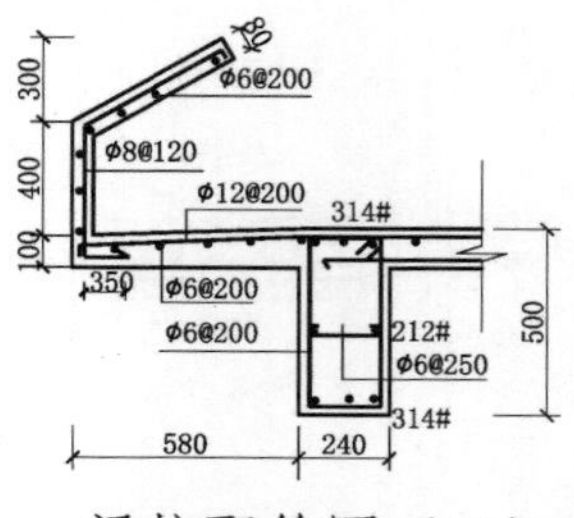

梁柱配筋图（二）

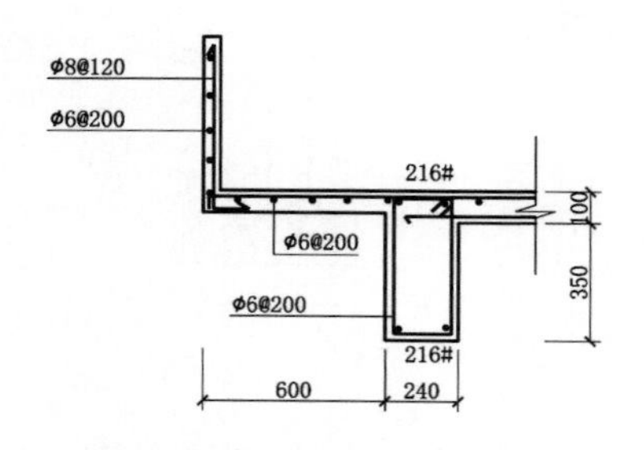

梁柱配筋图（三）

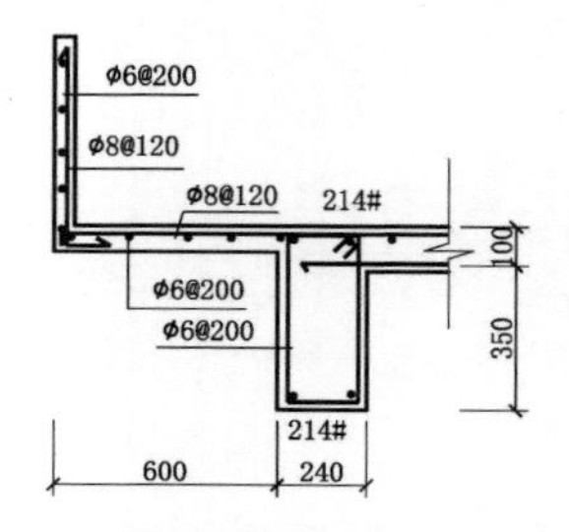

梁柱配筋图（四）

No.6 湖畔农家小别墅

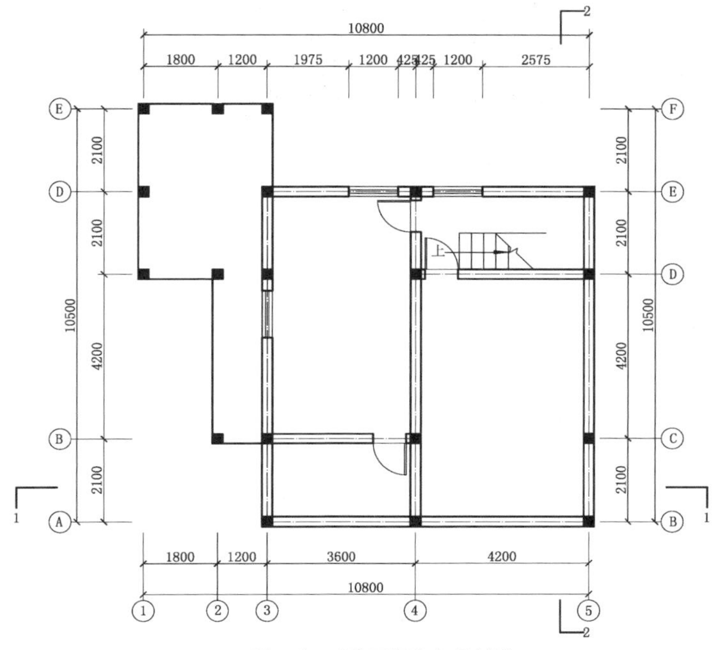

地下一层平面布置图

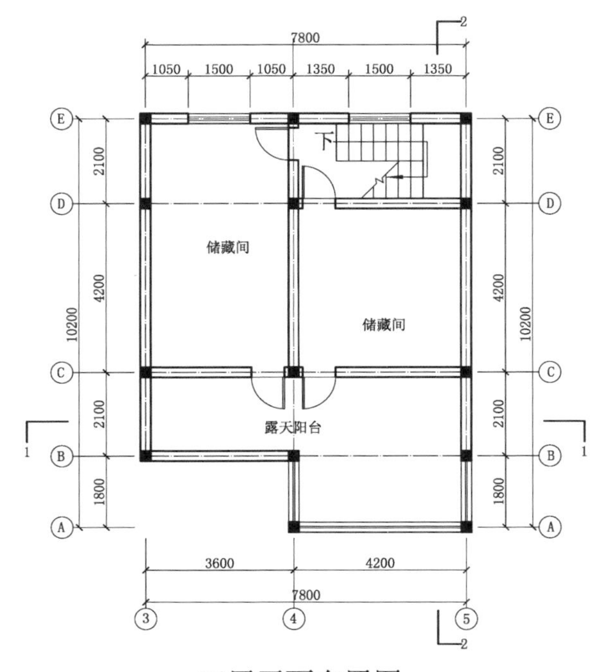

三层平面布置图

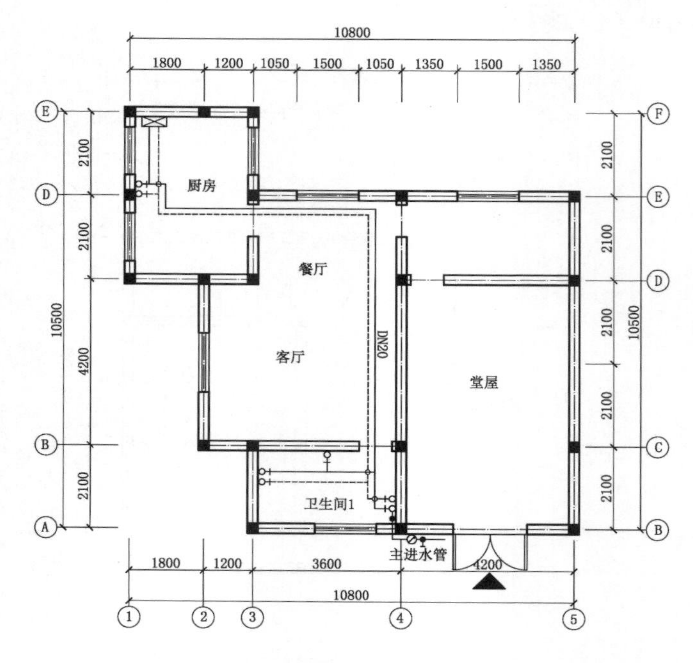

一层给水布置图

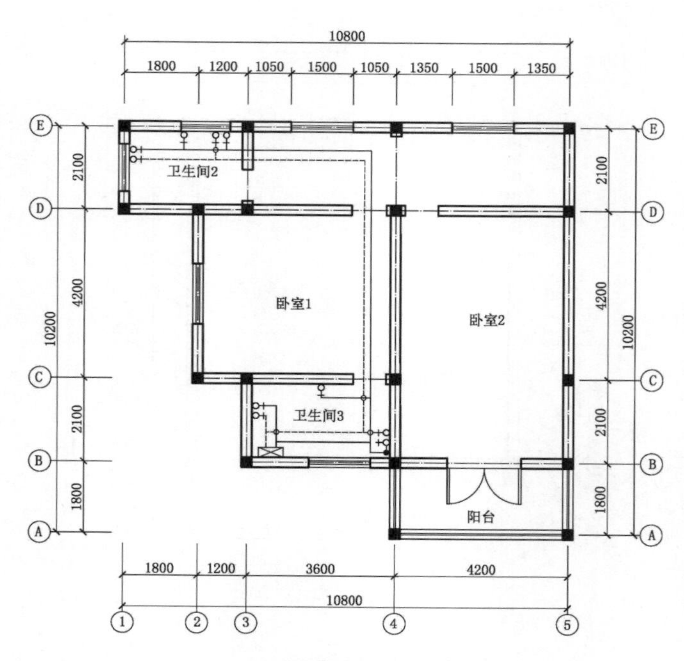

二层给水布置图

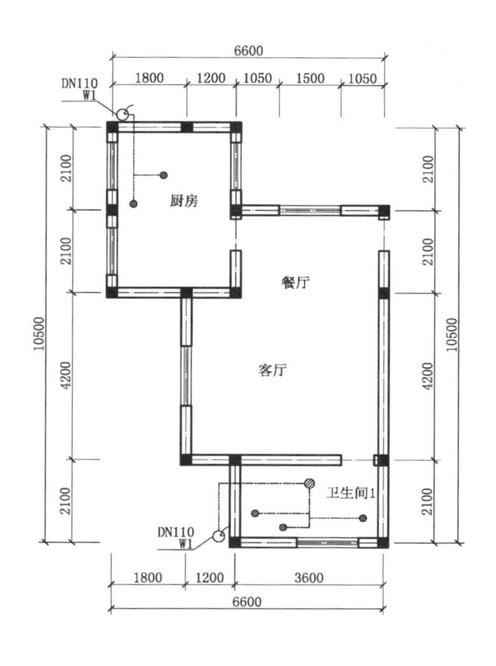

一层排水布置图

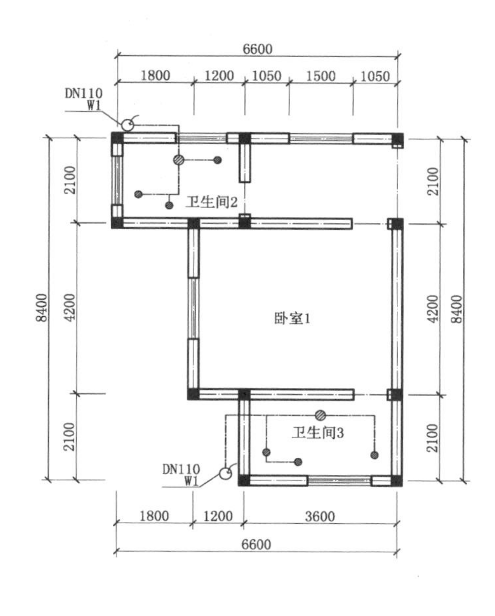

二层排水布置图

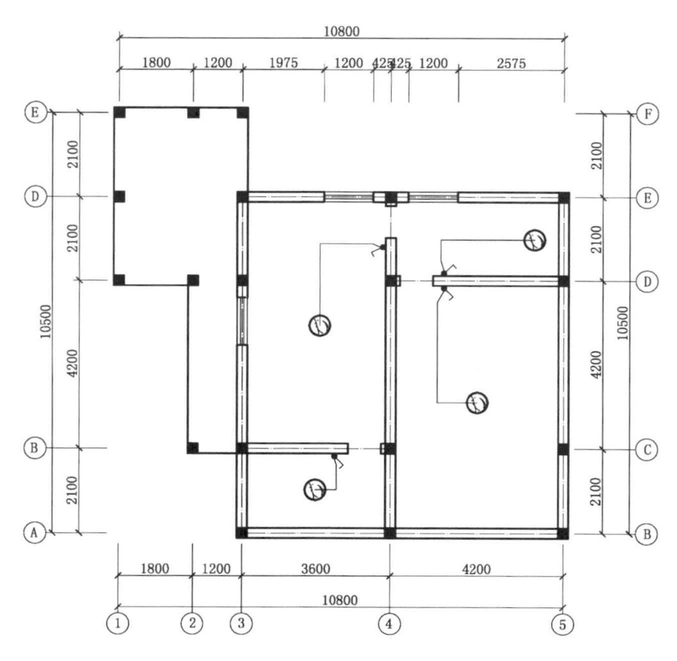

地下一层灯具开关布置图

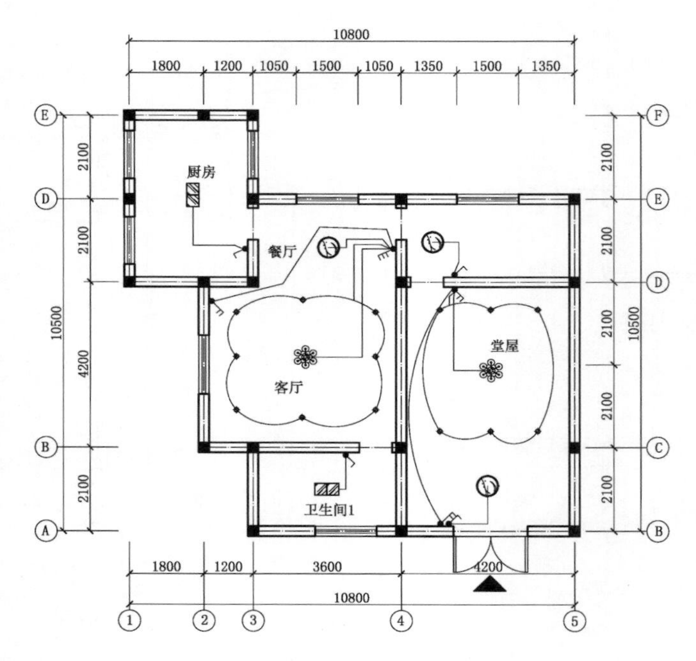

一层灯具开关布置图

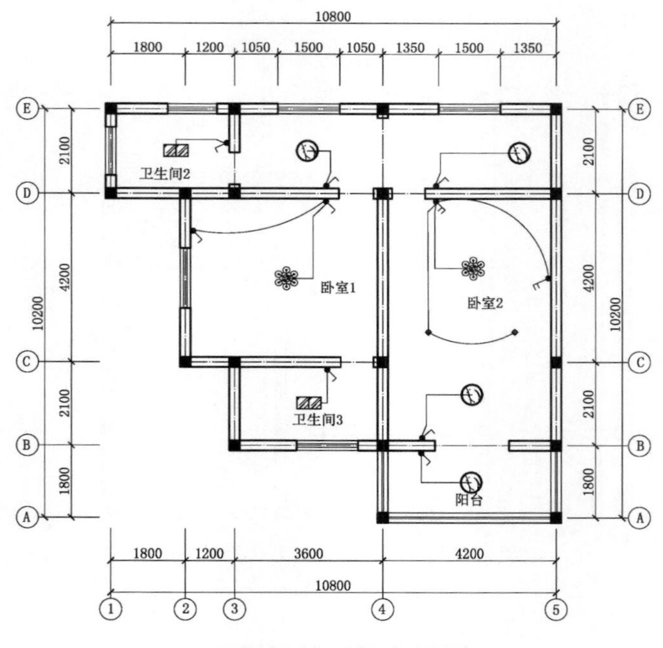

二层灯具开关布置图

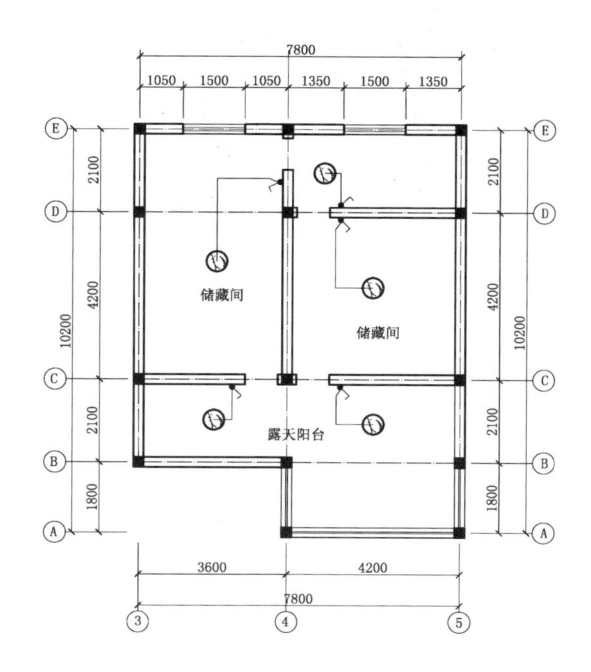

三层灯具开关布置图

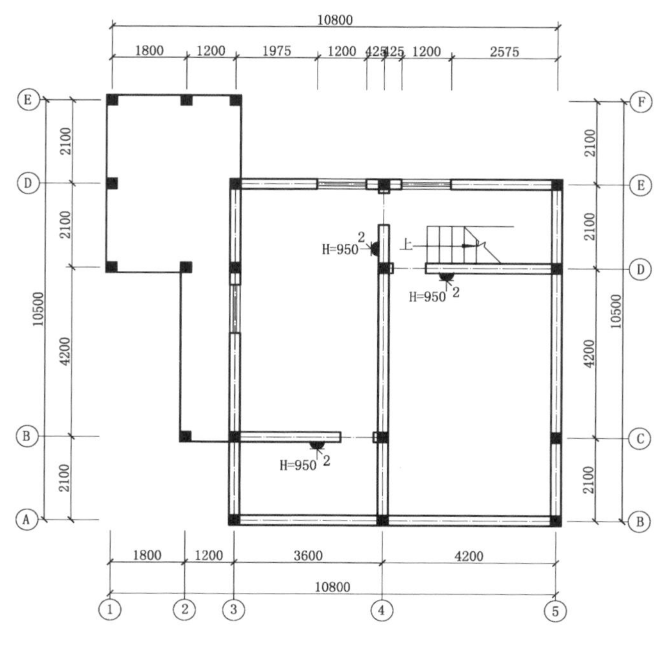

地下一层插座布置图

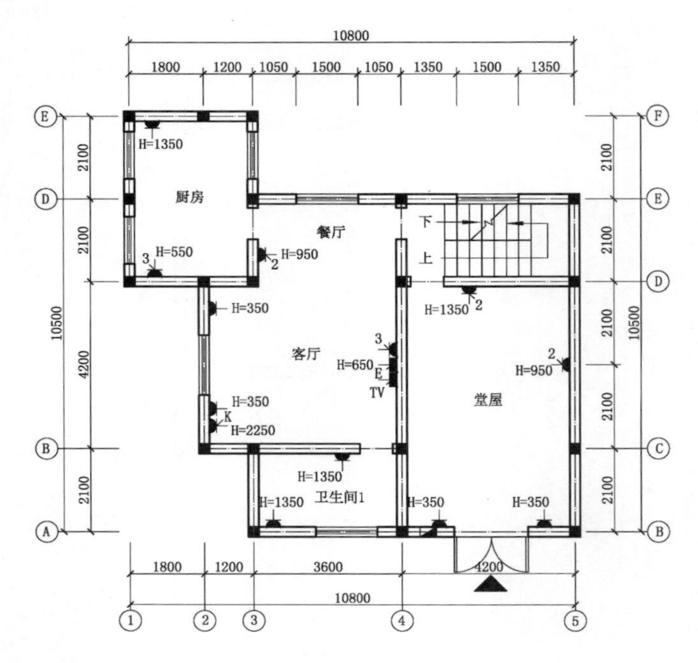

一层插座布置图

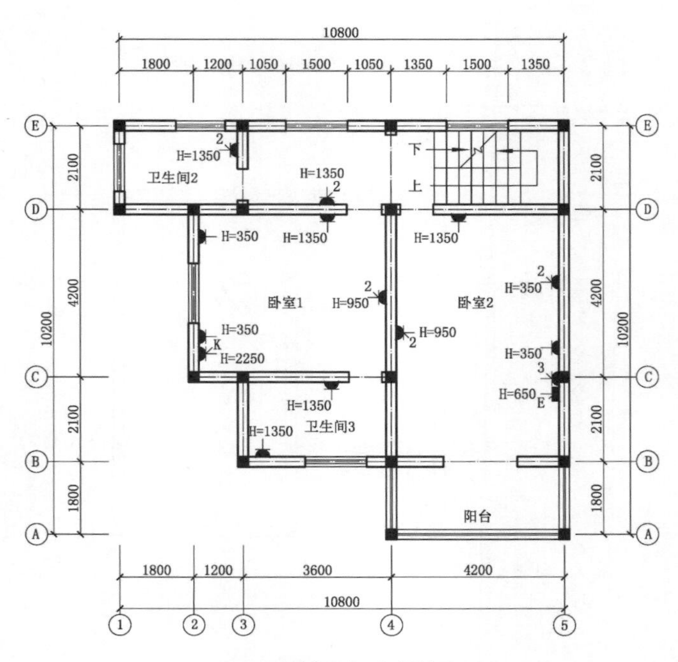

二层插座布置图

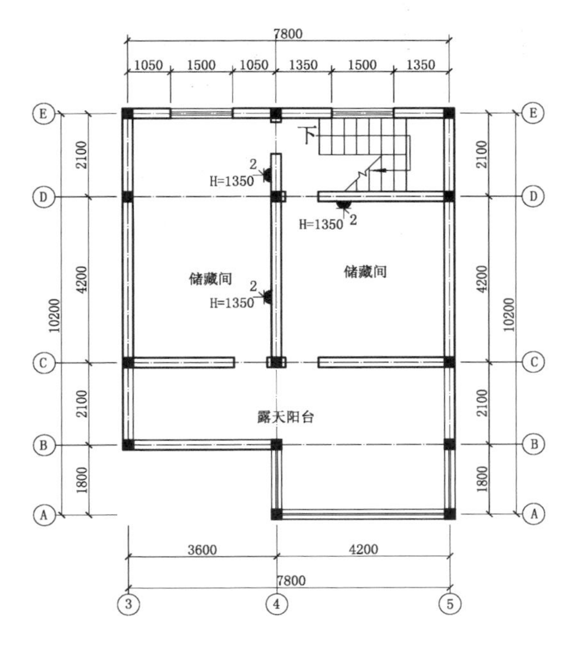

三层插座布置图

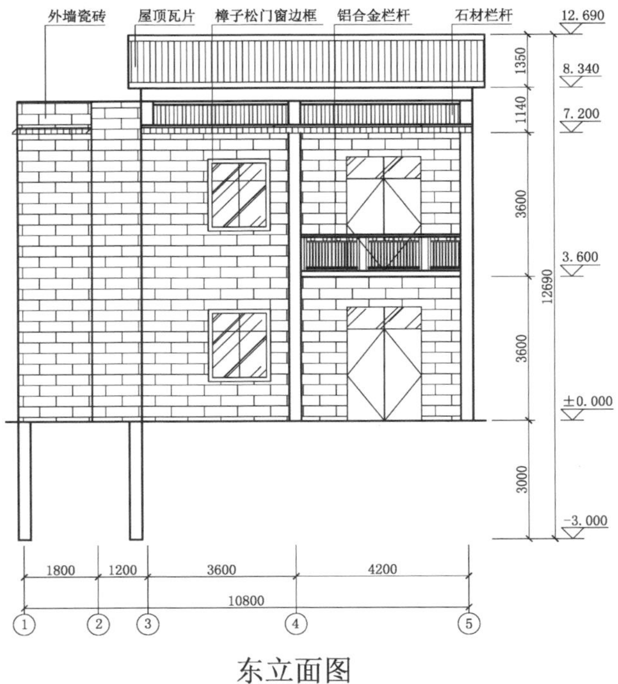

东立面图

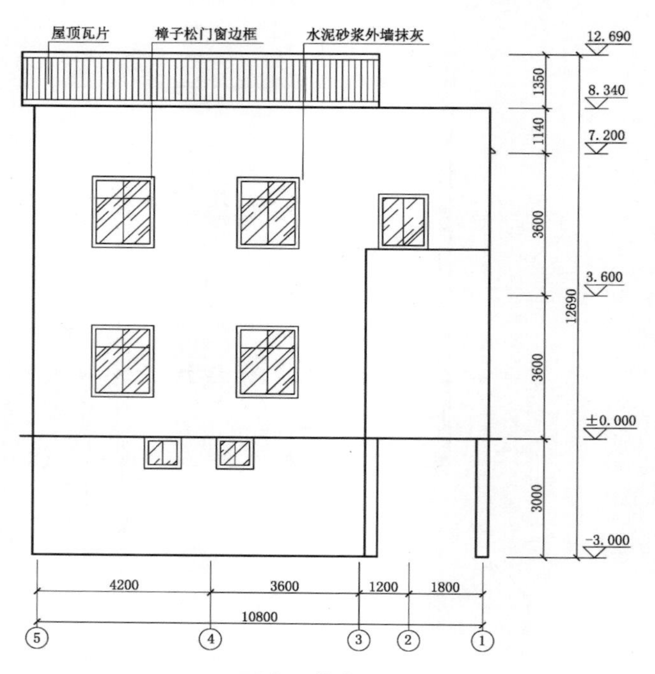
屋顶瓦片
樟子松门窗边框
水泥砂浆外墙抹灰
12.690
8.340
7.200
3.600
±0.000
-3.000
1350
1140
3600
3600
3000
12690
4200
3600
1200
1800
10800
5
4
3
2
1

西立面图

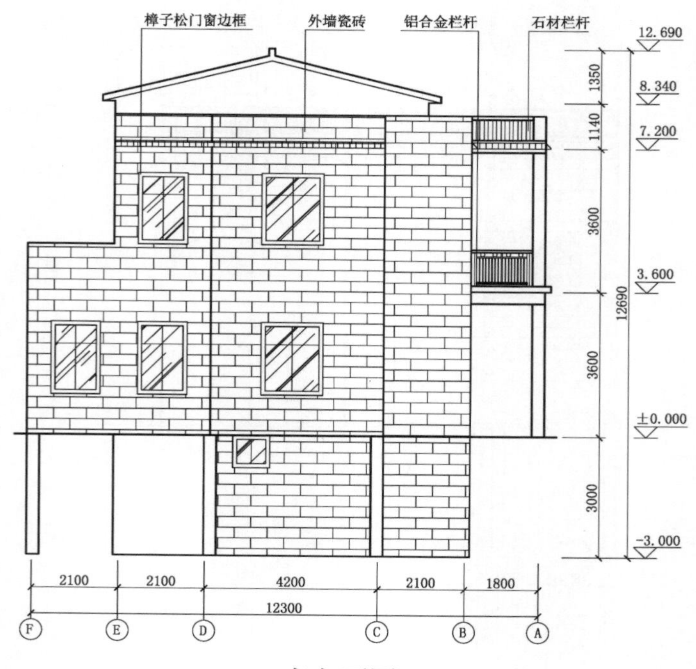
樟子松门窗边框
外墙瓷砖
铝合金栏杆
石材栏杆
12.690
8.340
7.200
3.600
±0.000
-3.000
1350
1140
3600
3600
3000
12690
2100
2100
4200
2100
1800
12300
F
E
D
C
B
A

南立面图

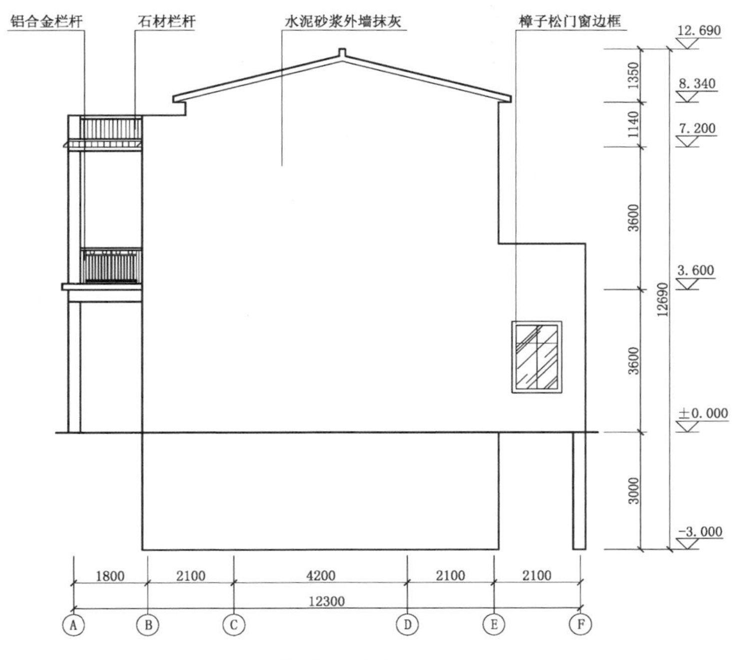
铝合金栏杆
石材栏杆
水泥砂浆外墙抹灰
樟子松门窗边框
12.690
8.340
7.200
3.600
±0.000
-3.000
1350
1140
3600
3600
3000
12690
1800
2100
4200
2100
2100
12300
A
B
C
D
E
F

北立面图

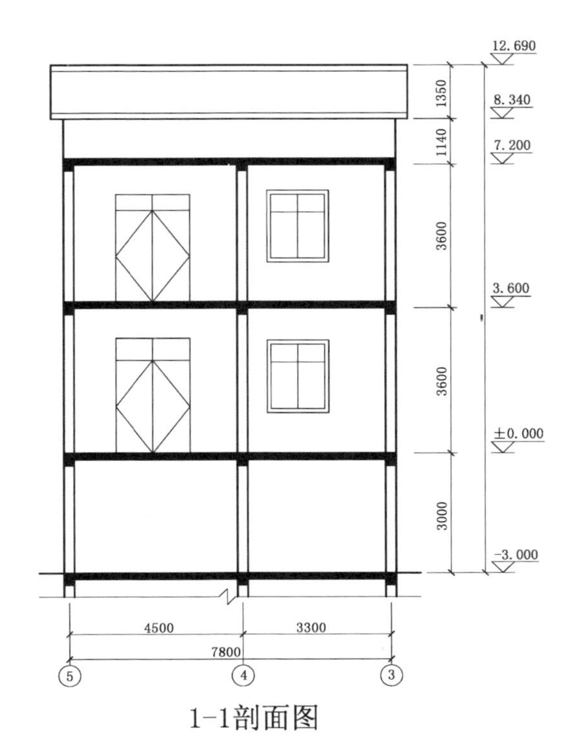
12.690
8.340
7.200
3.600
±0.000
-3.000
1350
1140
3600
3600
3000
4500
3300
7800
5
4
3

1-1剖面图

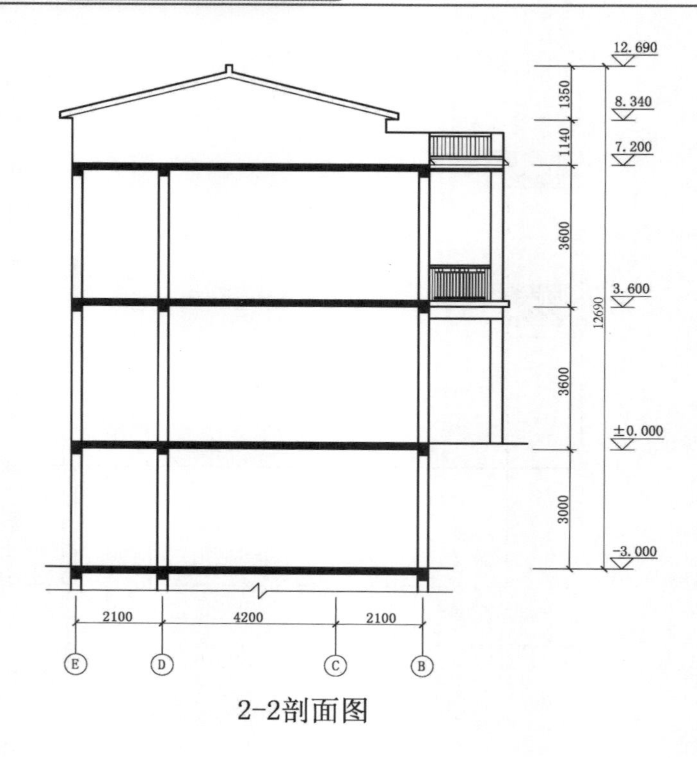

2-2剖面图

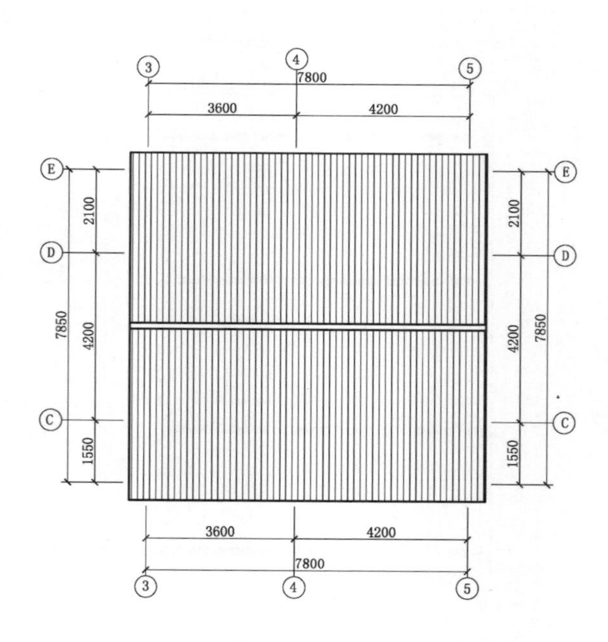

屋顶平面布置图

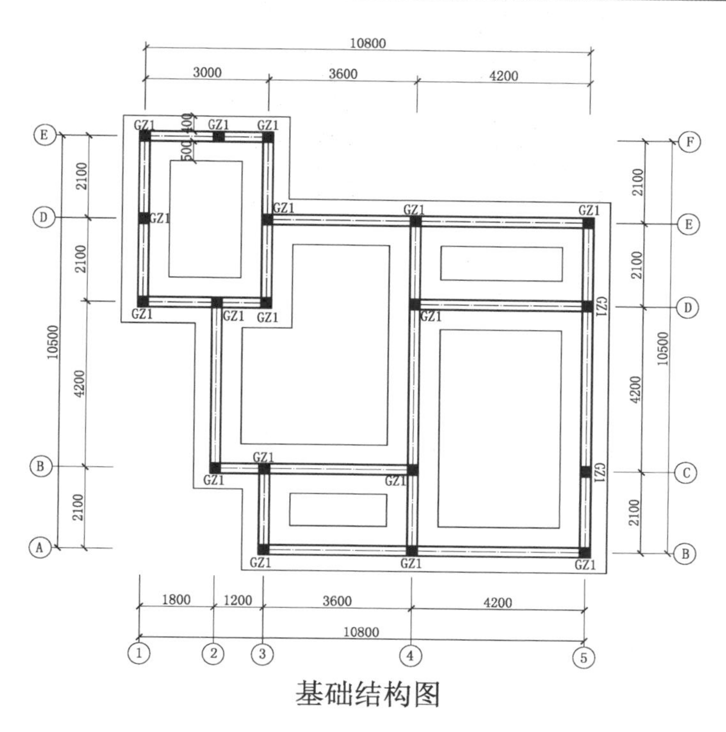

基础结构图

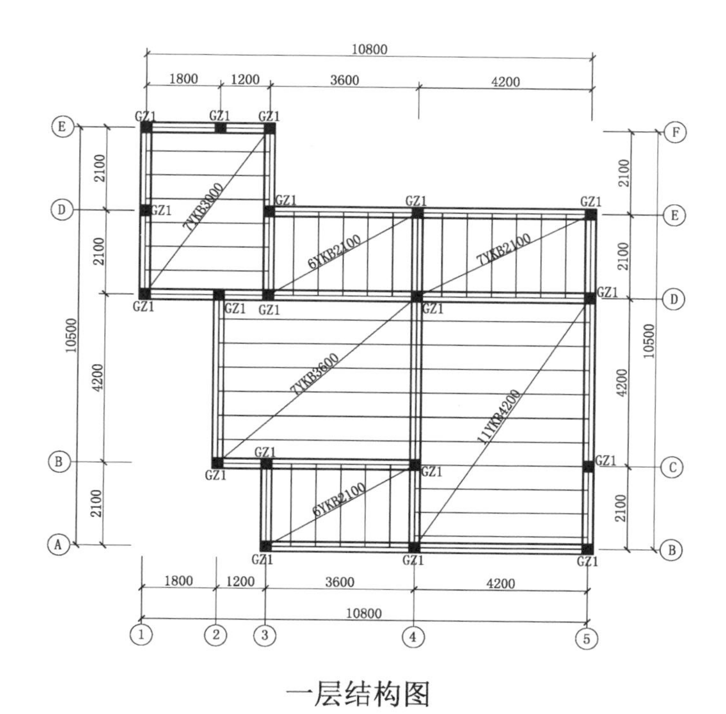

一层结构图

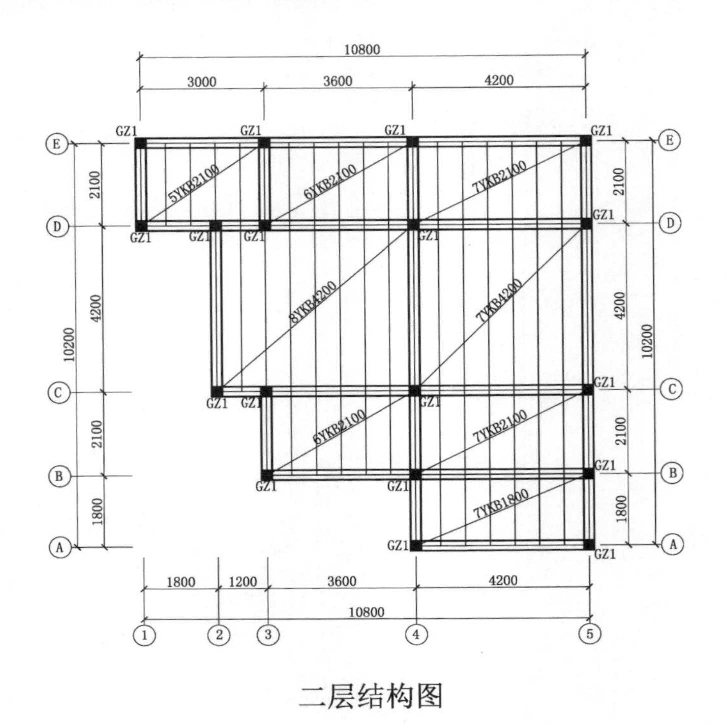

二层结构图

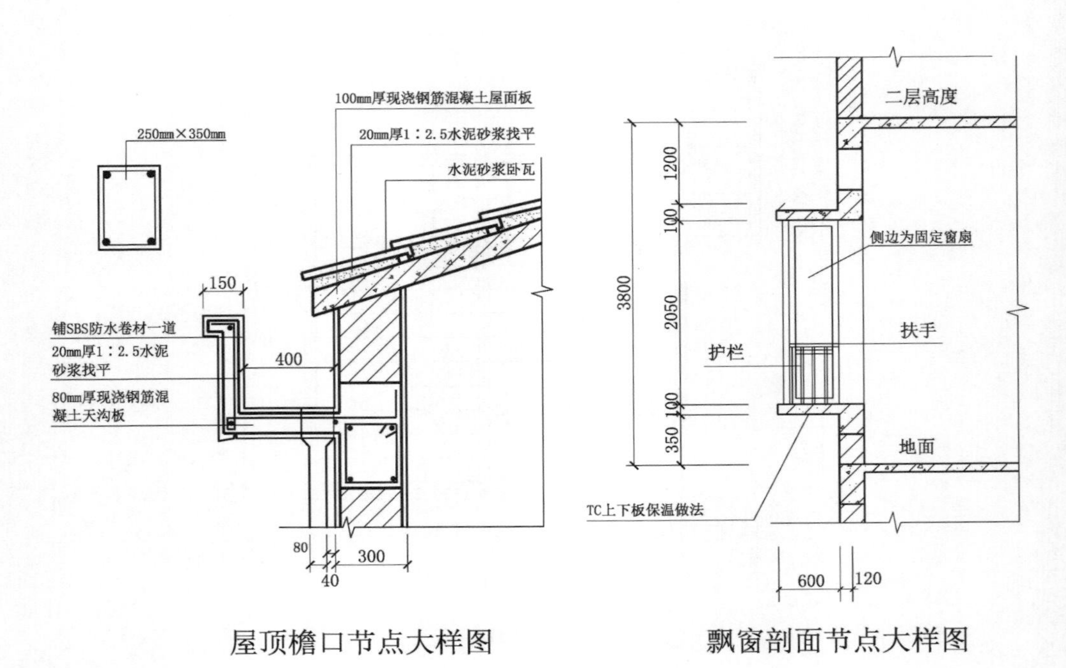

屋顶檐口节点大样图

飘窗剖面节点大样图

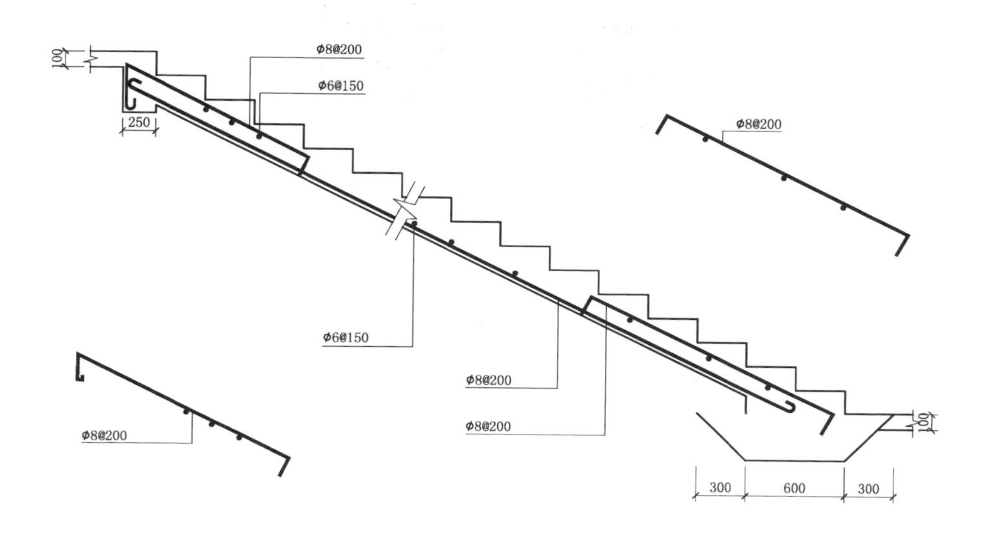

楼梯配筋图

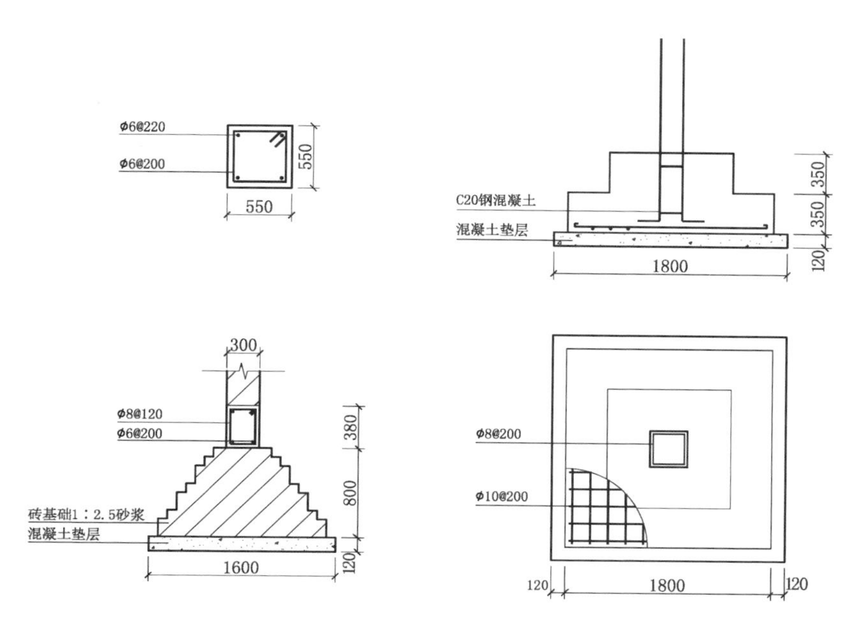

地面基础节点大样图

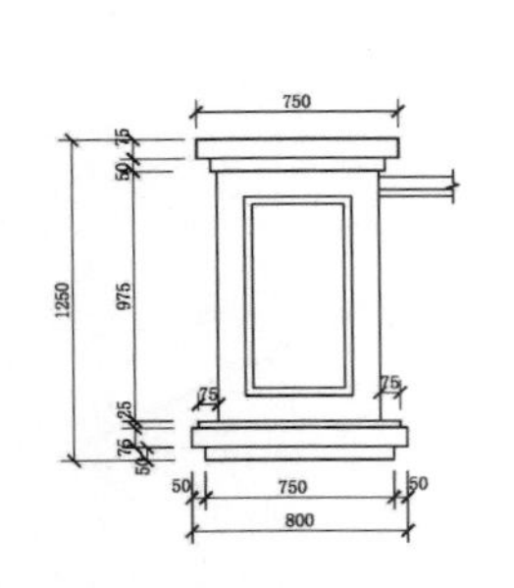

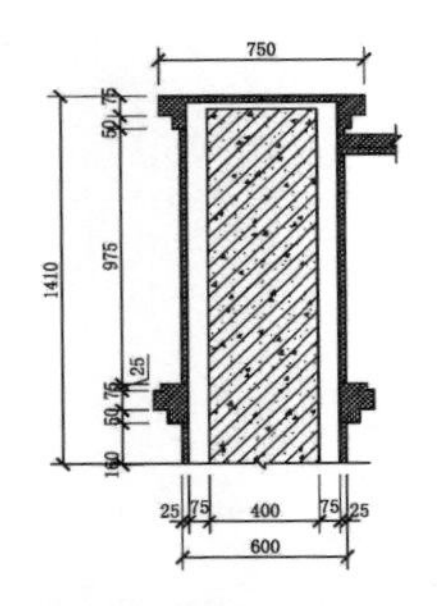

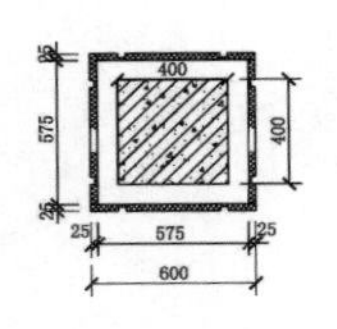

露台柱立面大样图　露台柱剖面大样图　露台柱平面大样图

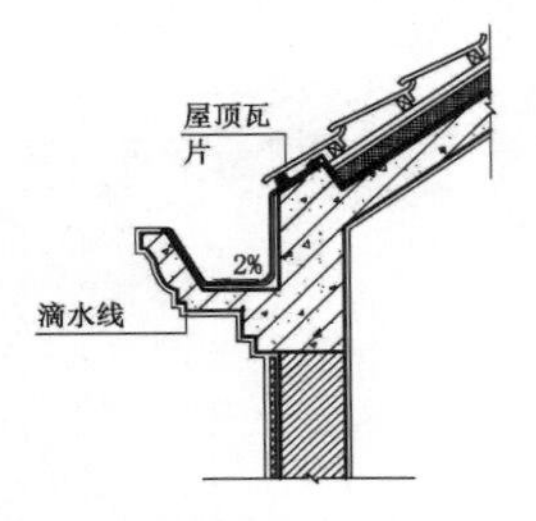

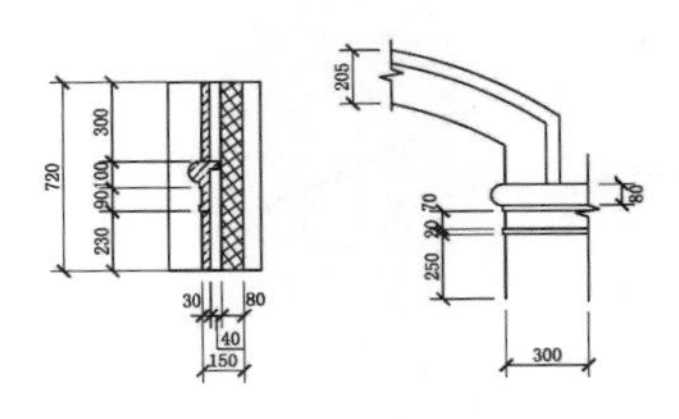

屋顶檐口大样图　　　　室内壁柱详图

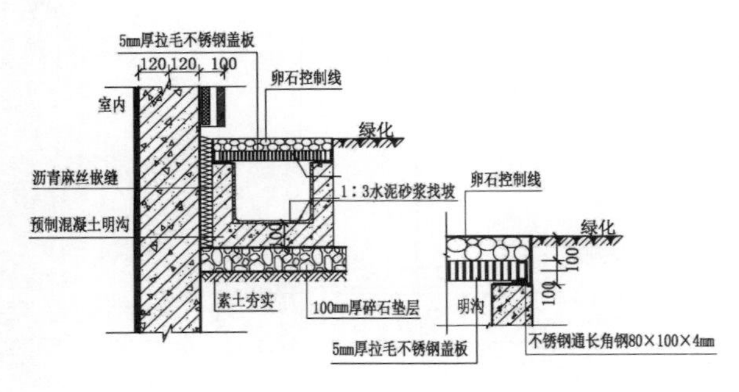

散水明沟大样图

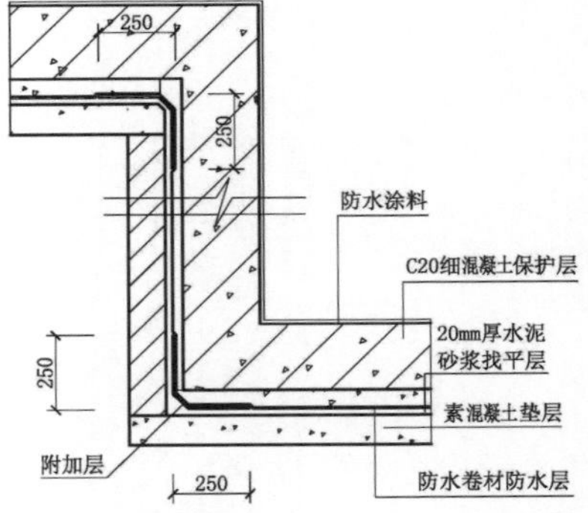

底板防水节点大样图

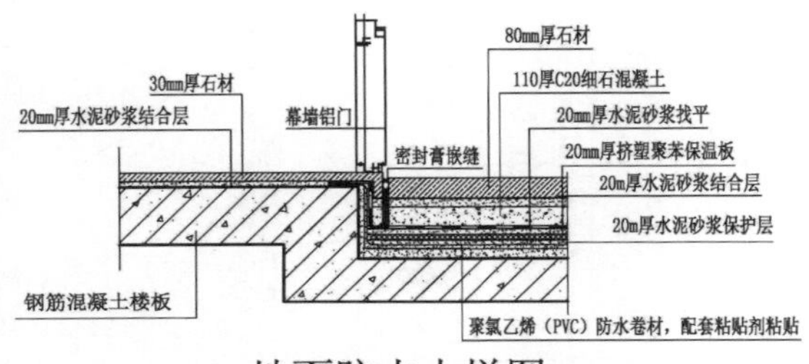

地面防水大样图

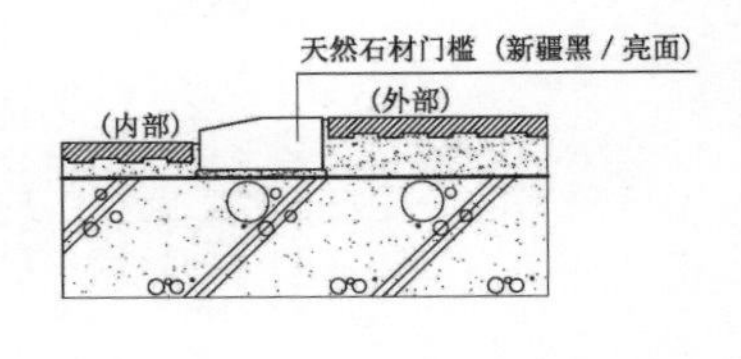

厕所石材门槛大样图

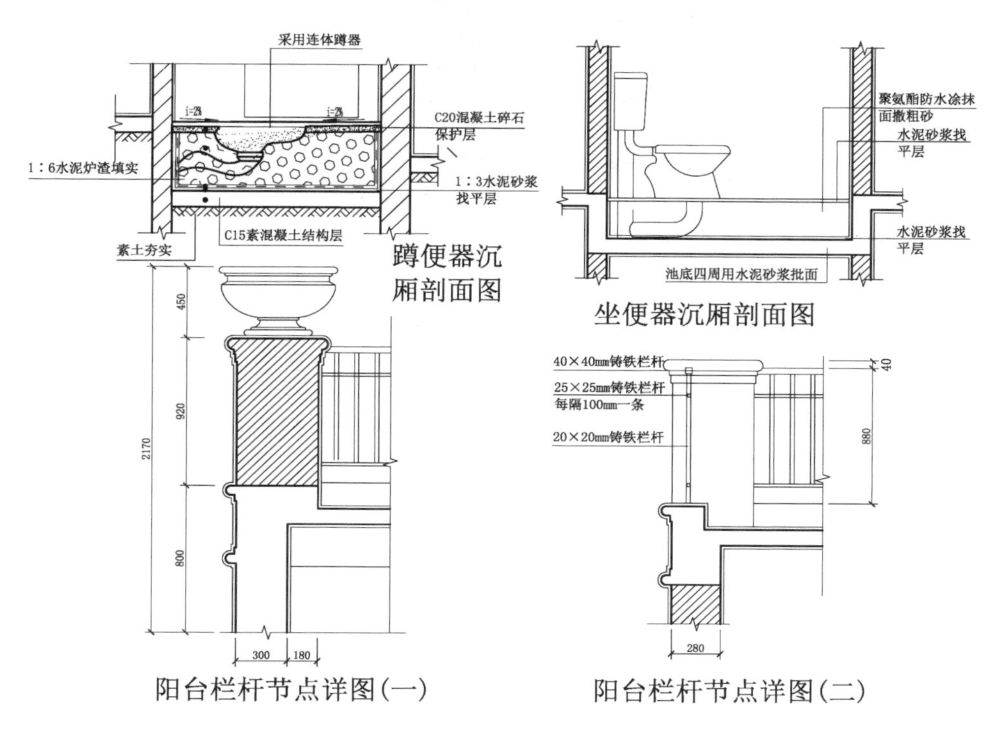

蹲便器沉厢剖面图

坐便器沉厢剖面图

阳台栏杆节点详图(一)

阳台栏杆节点详图(二)

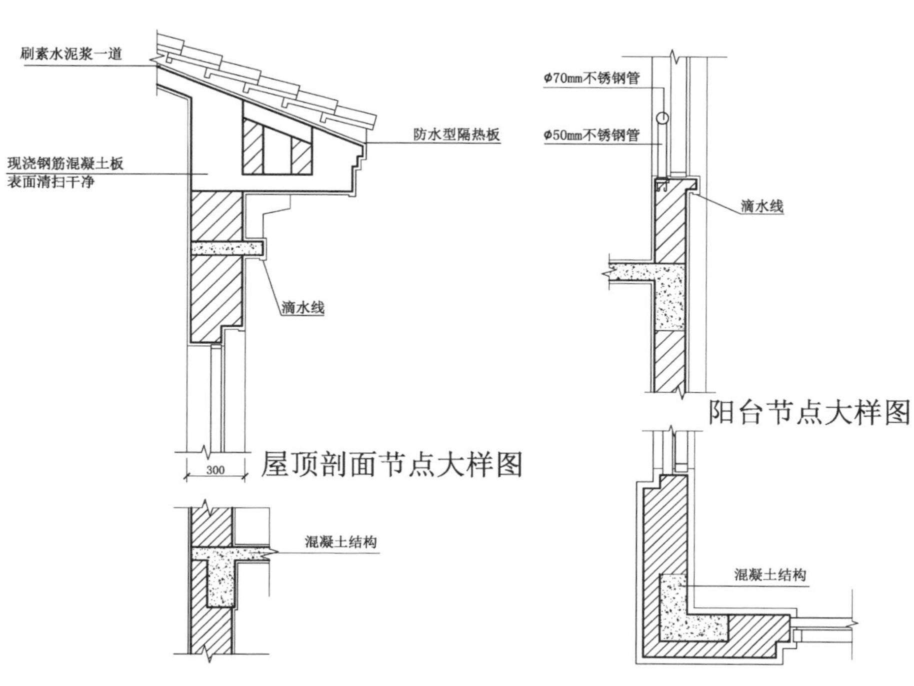

屋顶剖面节点大样图

阳台节点大样图

楼板外墙剖面节点大样图

墙面挑檐节点大样图

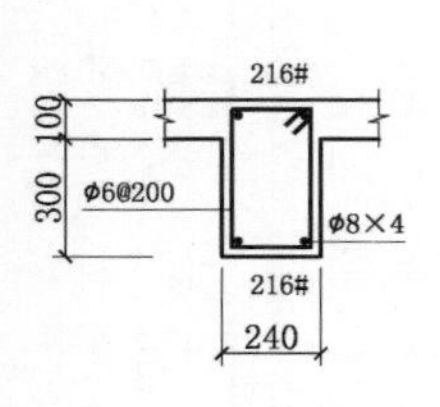

KZ1

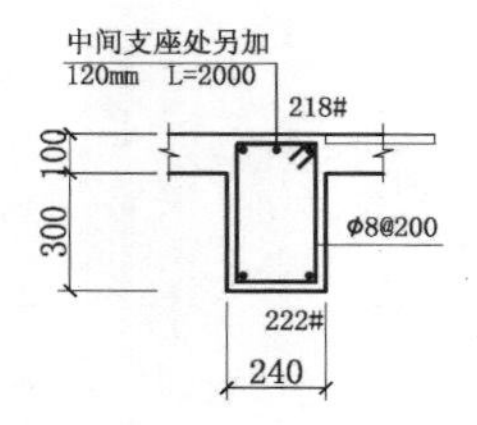

KZ2

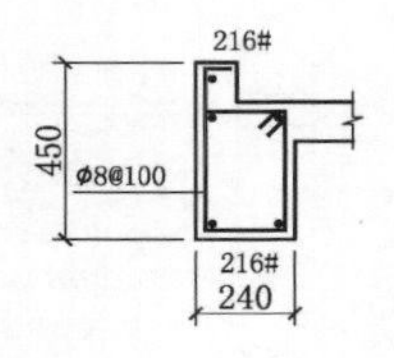

KZ3

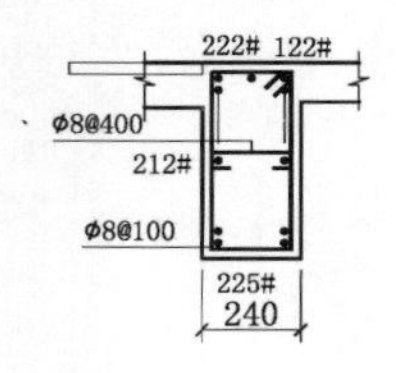

KZ4

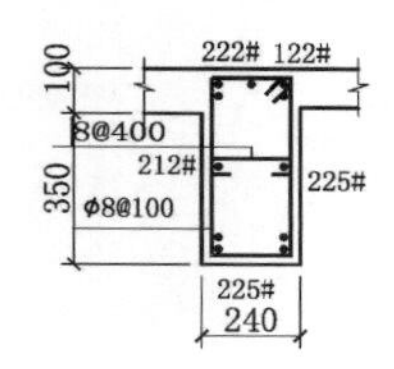

KZ5

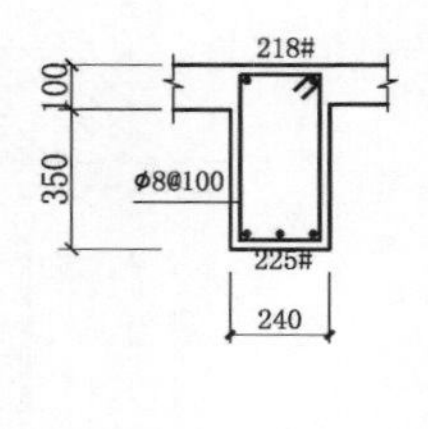

KZ6

梁柱配筋图

No.7 半封闭全功能住宅

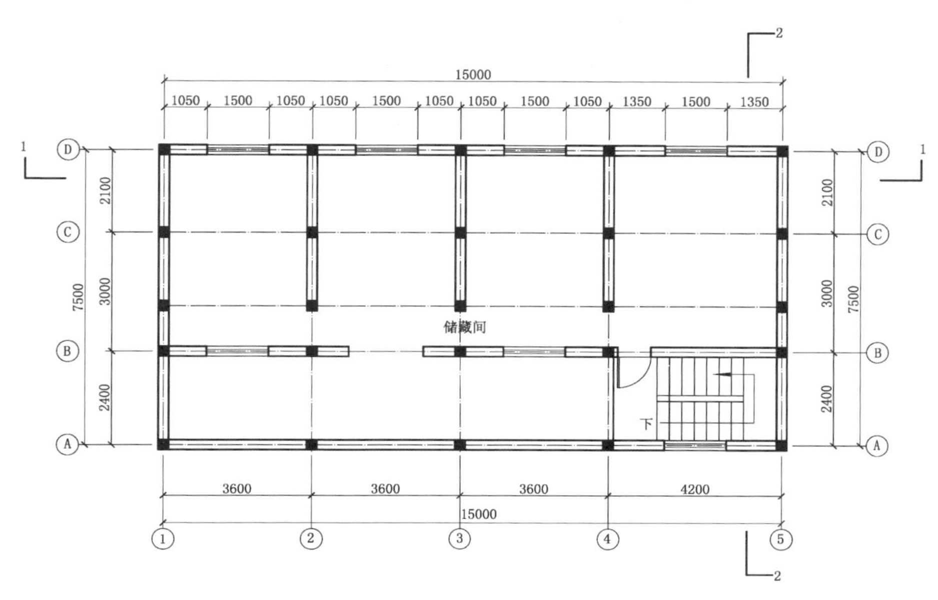

三层平面布置图

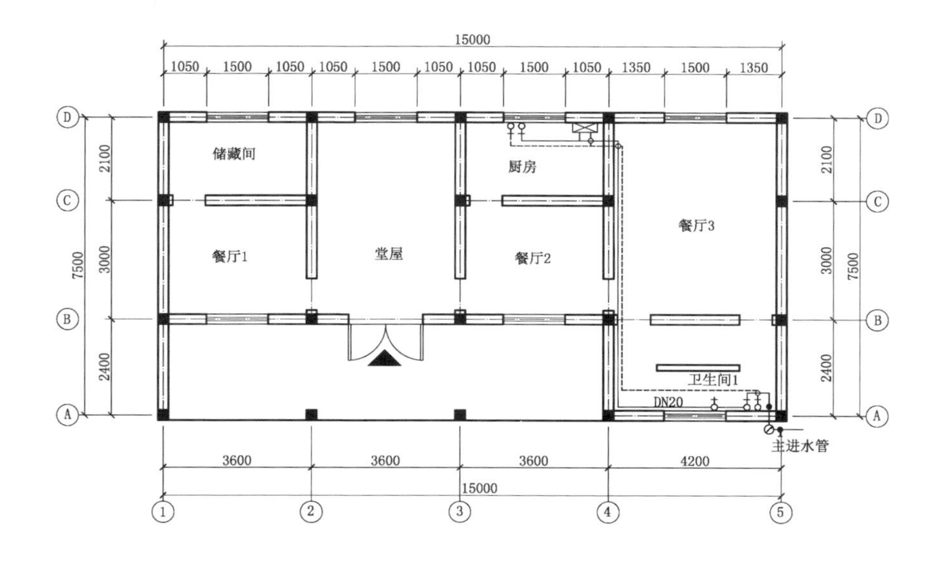

一层给水布置图

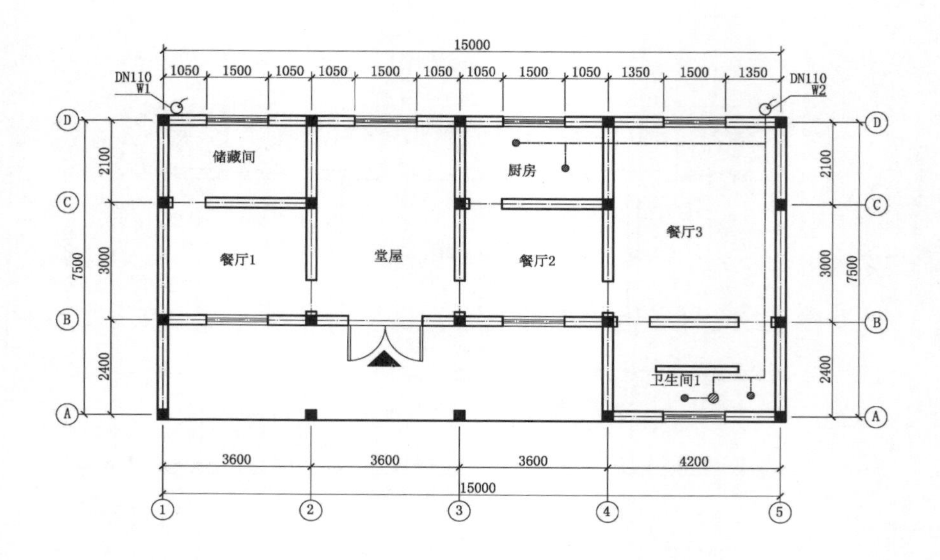

一层排水布置图

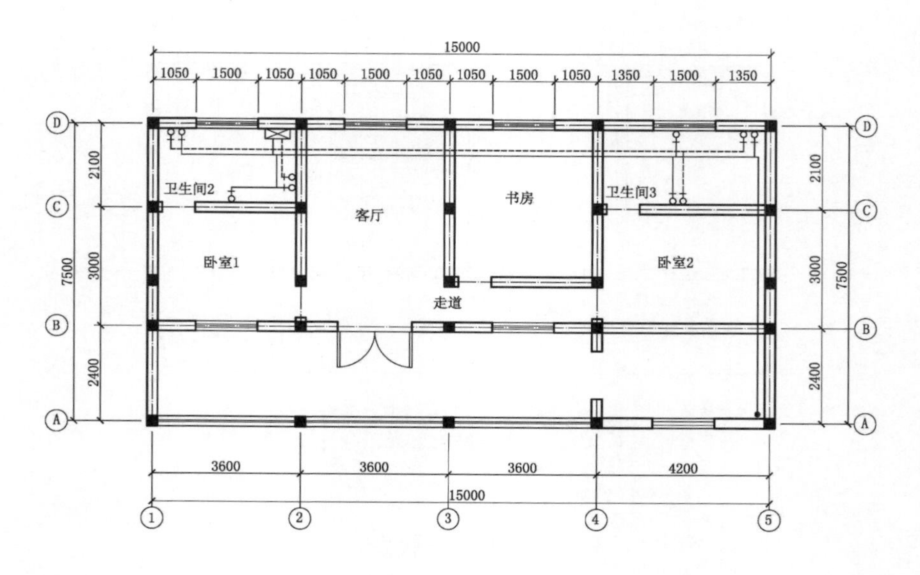

二层给水布置图

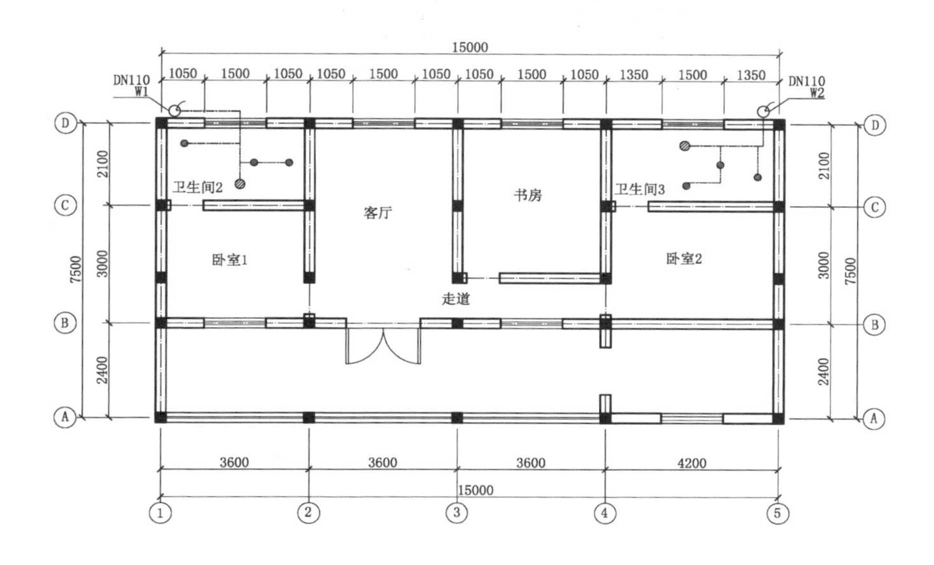

二层排水布置图

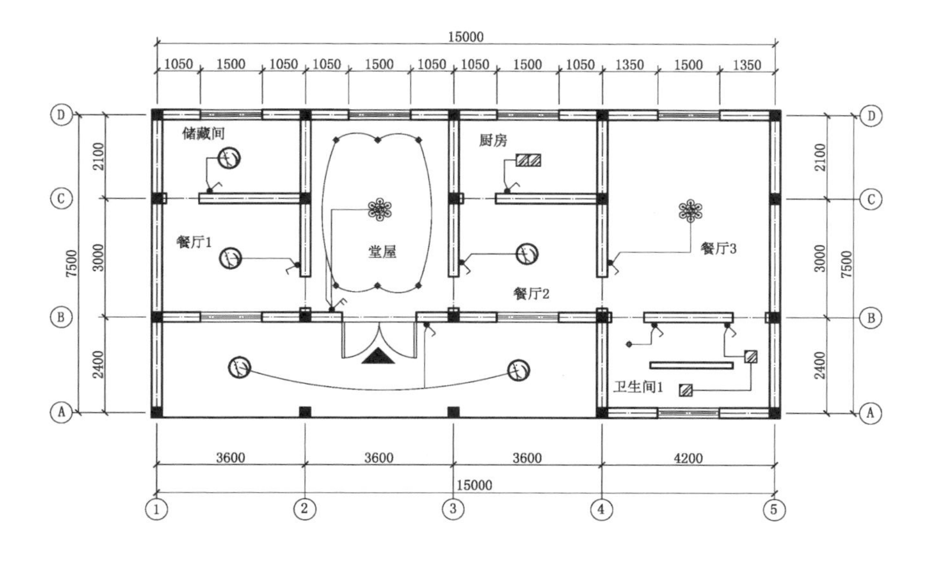

一层灯具开关布置图

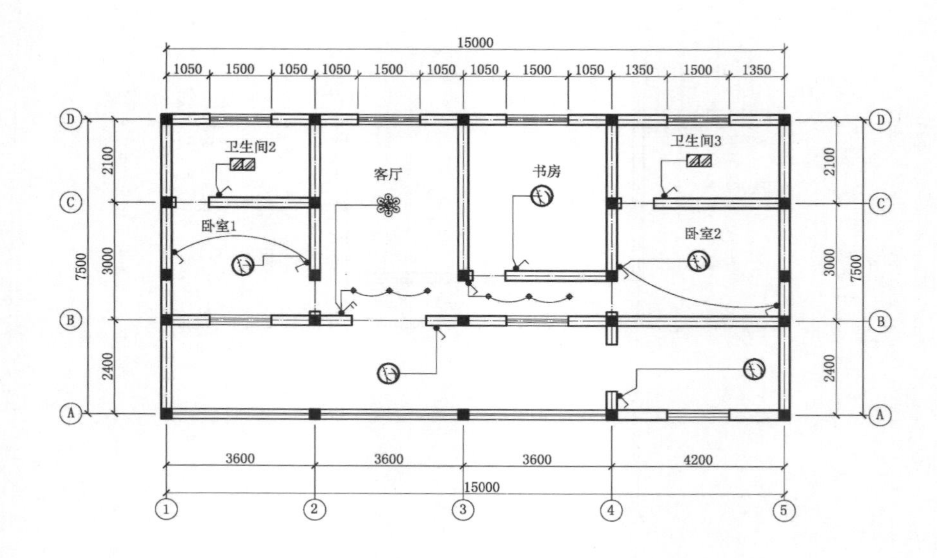

二层灯具开关布置图

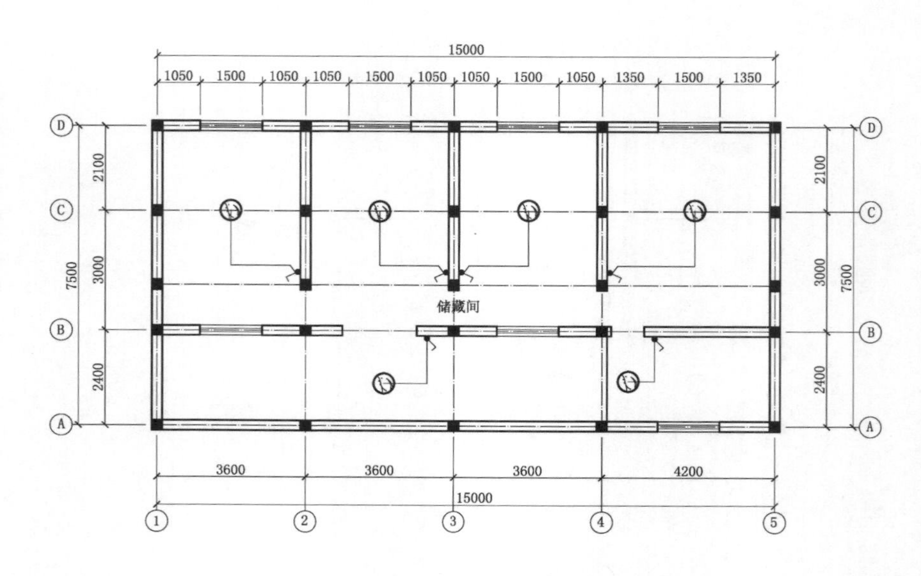

三层灯具开关布置图

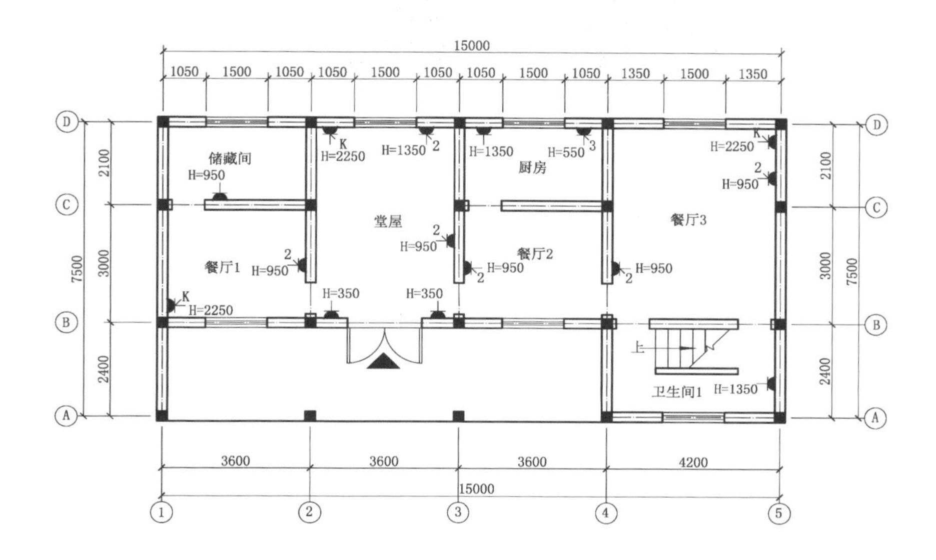

一层插座布置图

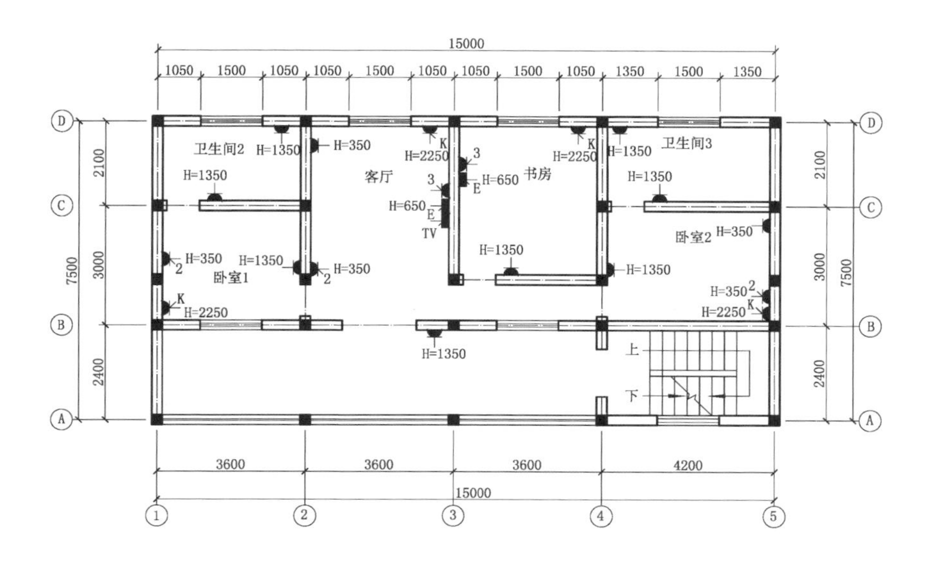

二层插座布置图

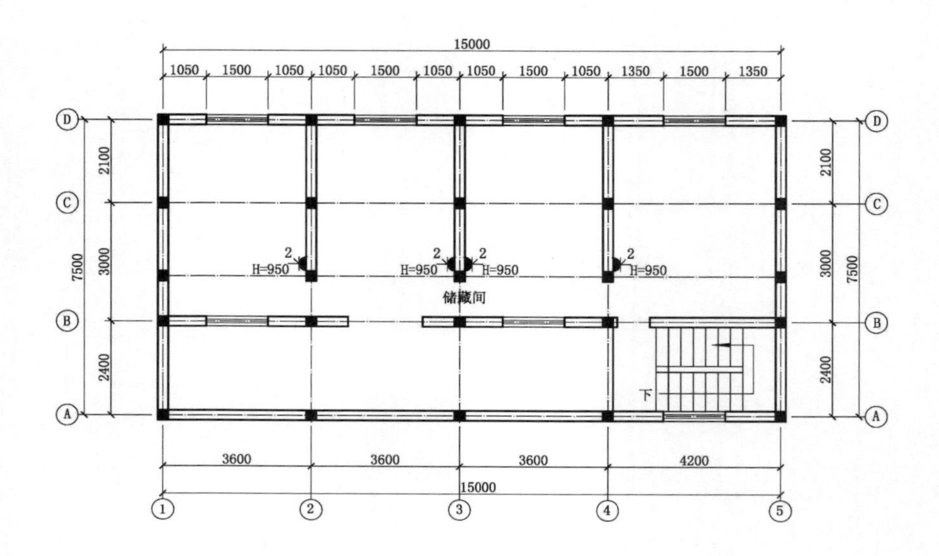

三层插座布置图

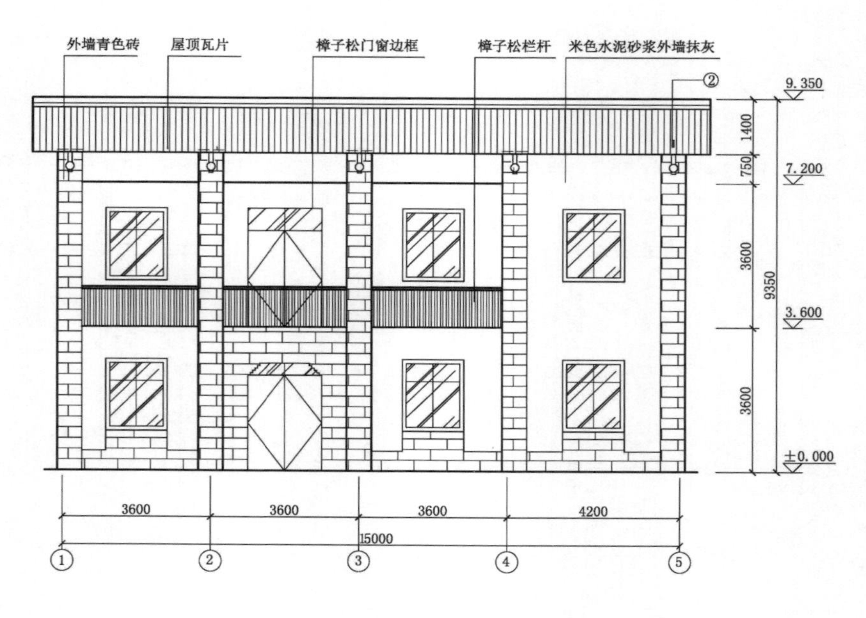

东立面图

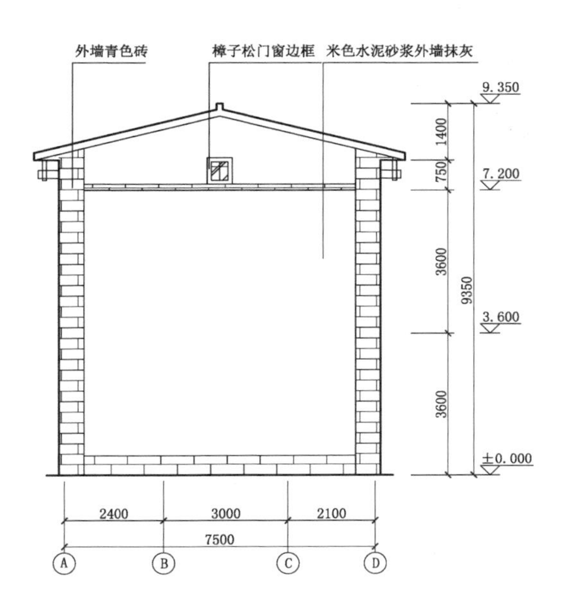

北立面图

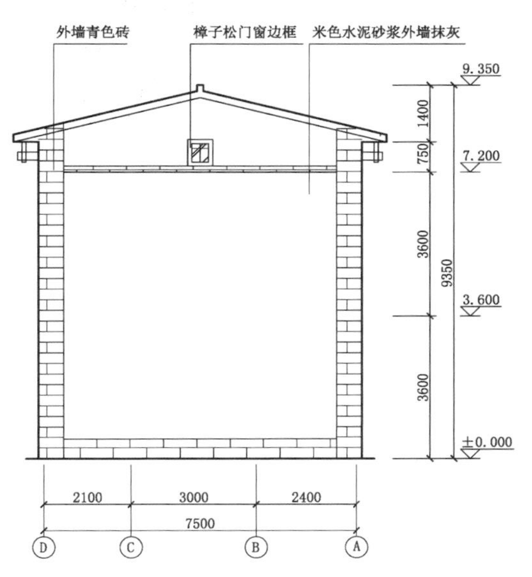

南立面图

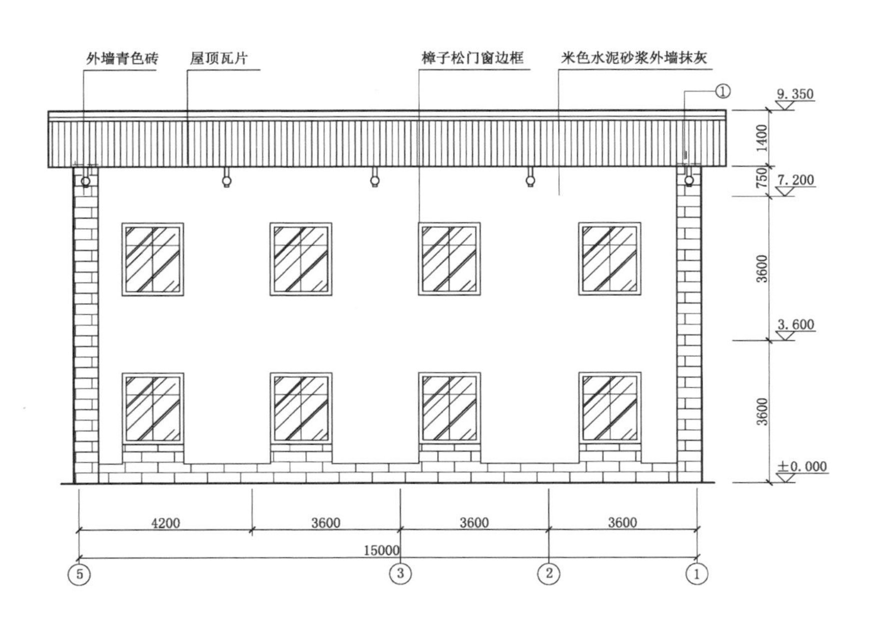

西立面图

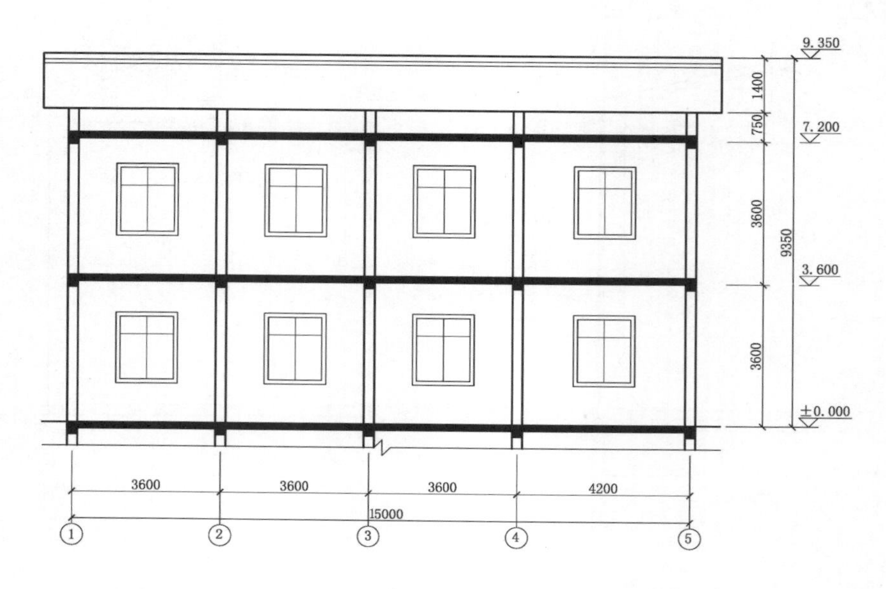
9.350
7.200
3.600
±0.000
1400
750
3600
3600
9350
3600
3600
3600
4200
15000
1
2
3
4
5

1-1剖面图

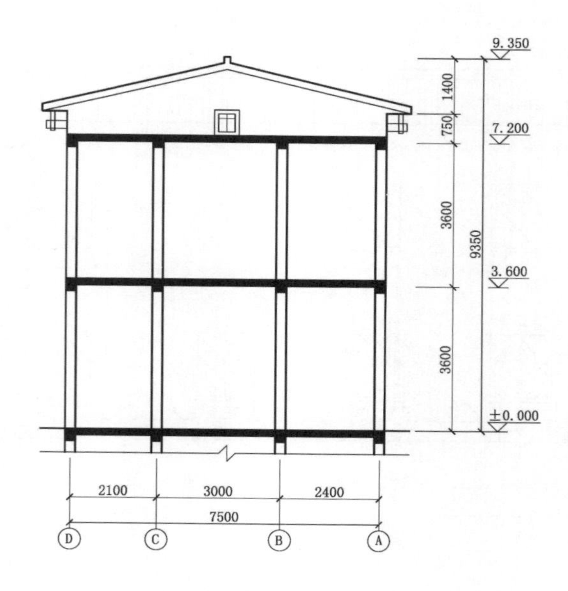
9.350
7.200
3.600
±0.000
1400
750
3600
3600
9350
2100
3000
2400
7500
D
C
B
A

2-2剖面图

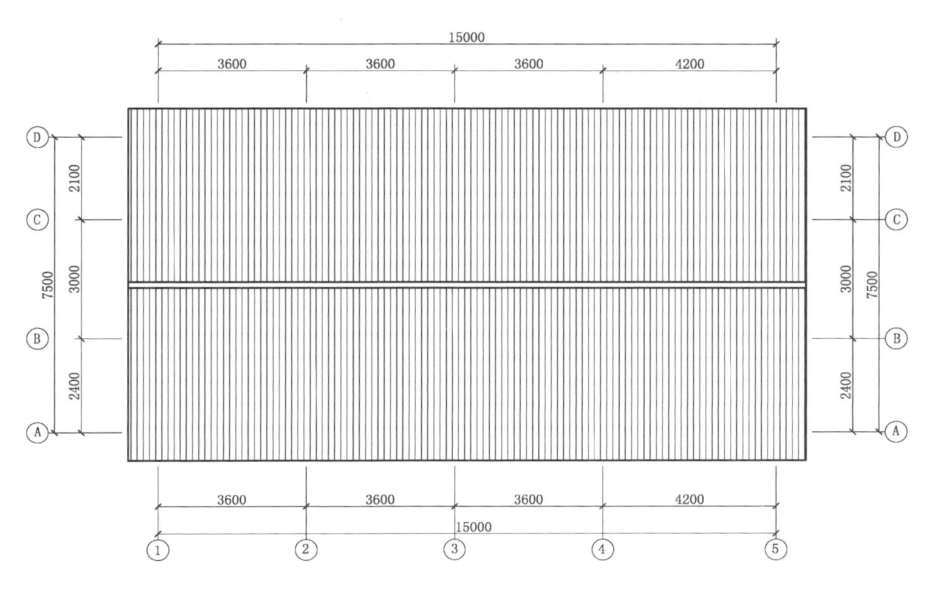

屋顶平面布置图

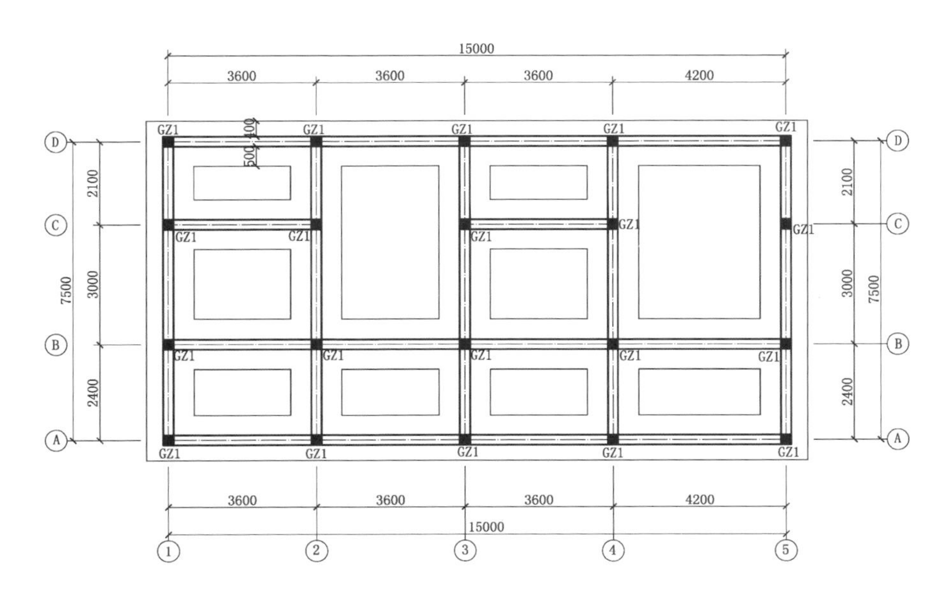

基础结构图

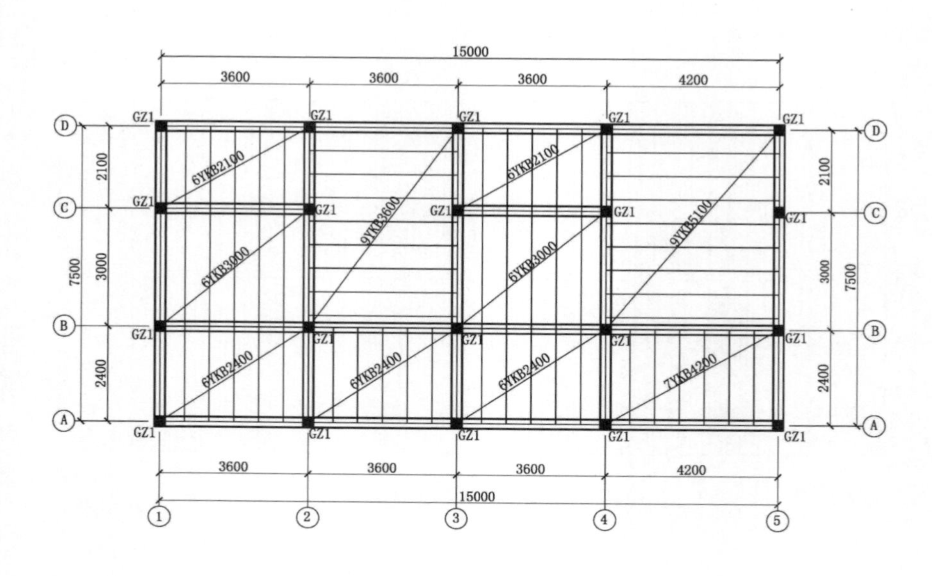

一层结构图

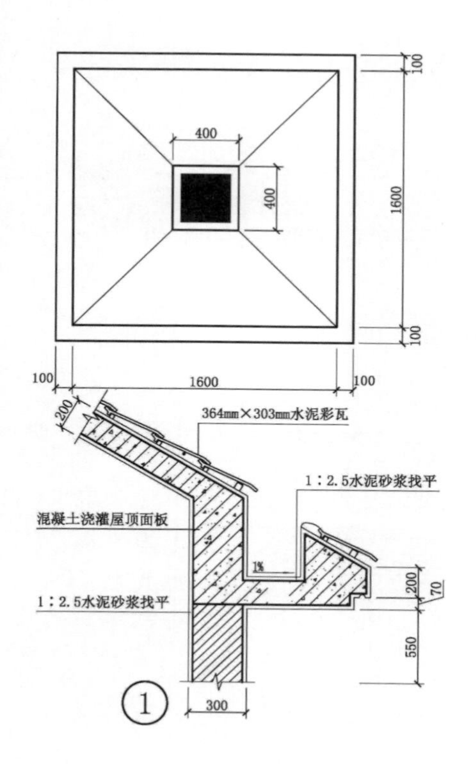

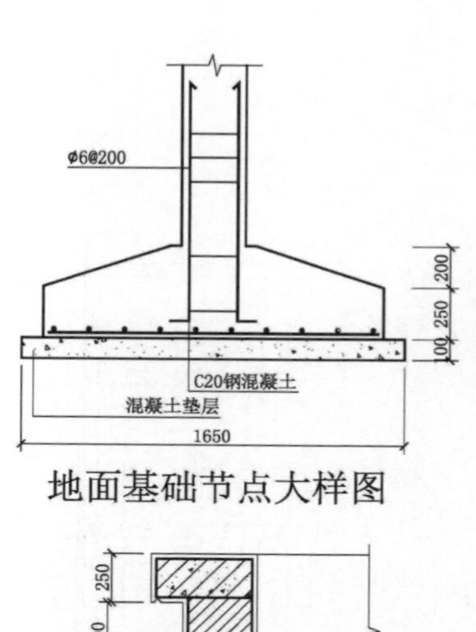

地面基础节点大样图

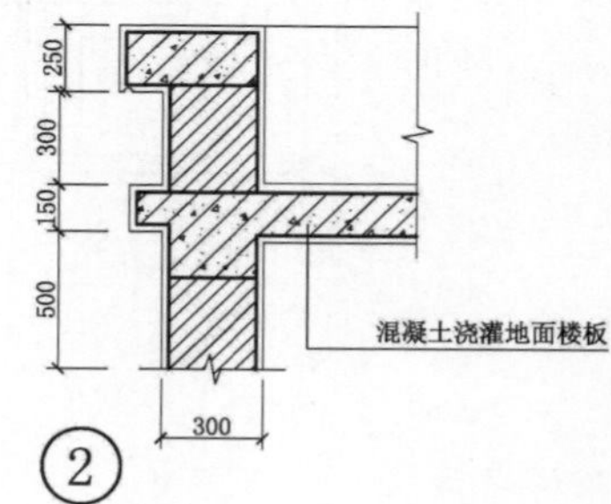

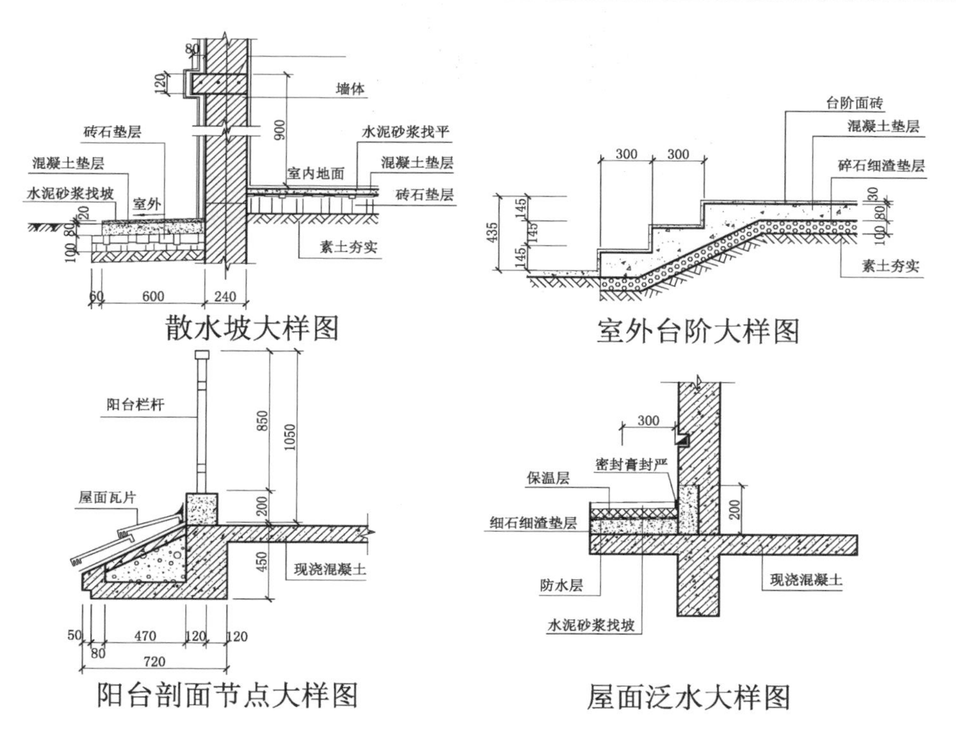

散水坡大样图

室外台阶大样图

阳台剖面节点大样图

屋面泛水大样图

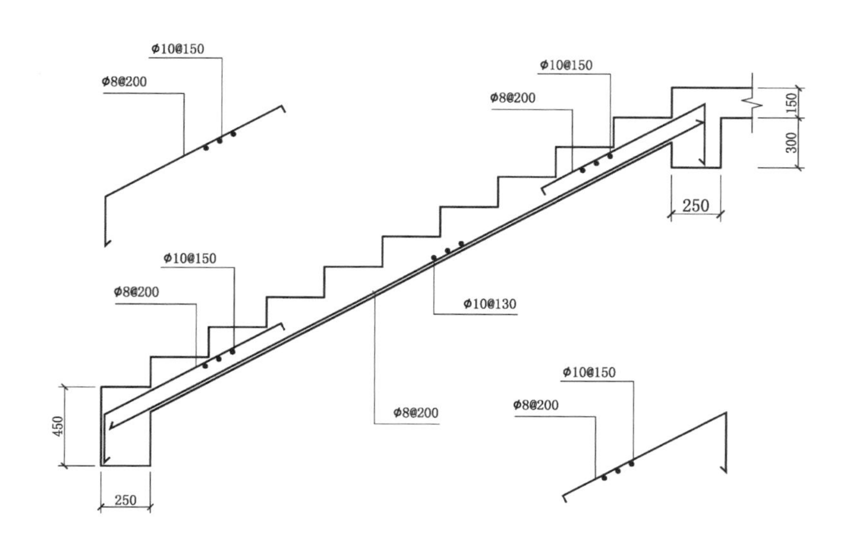

楼梯配筋图

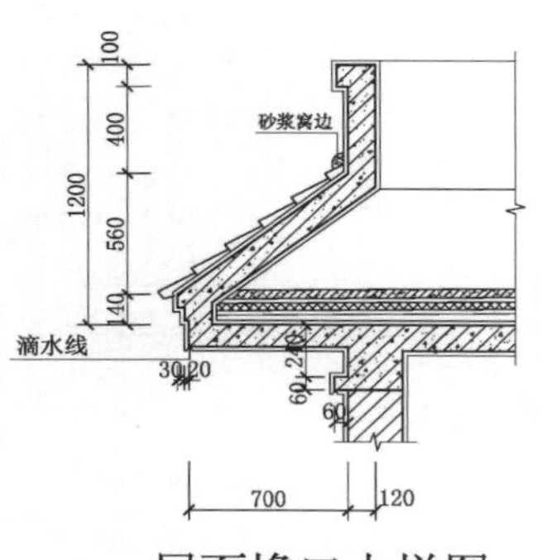

屋面檐口大样图

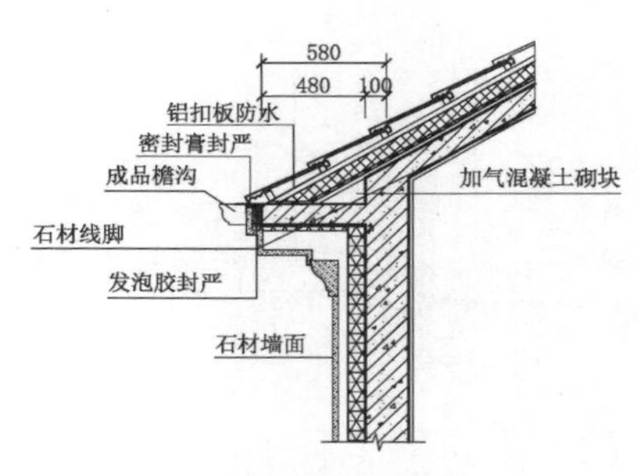

檐口线脚大样图（一）

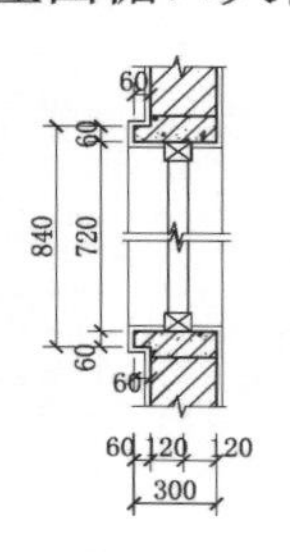

老虎窗剖面节点大样图

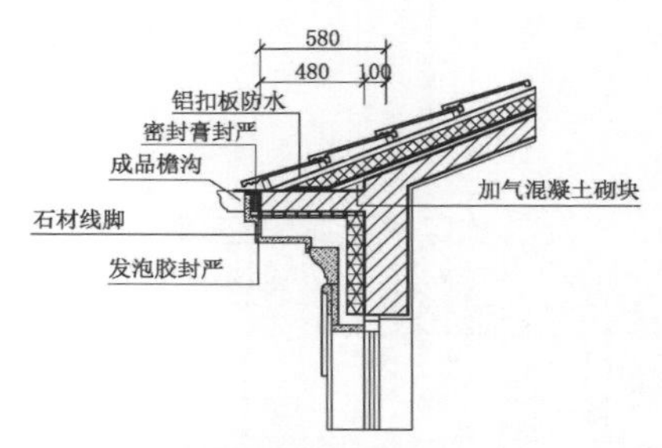

檐口线脚大样图（二）

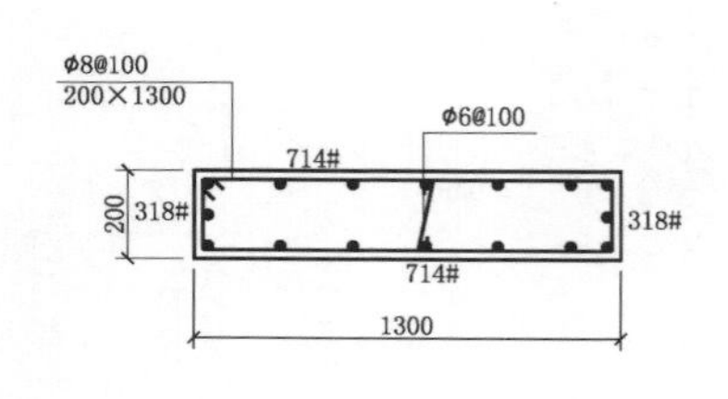

KZ1

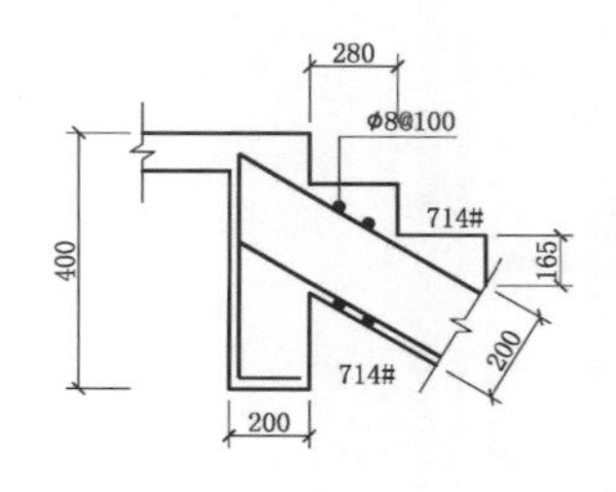

KZ2

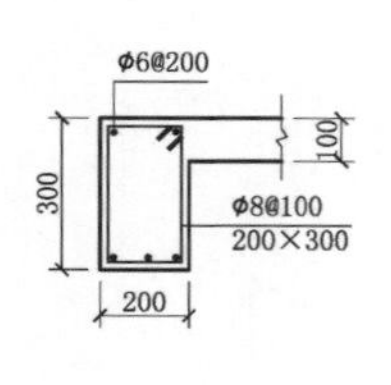

KZ4

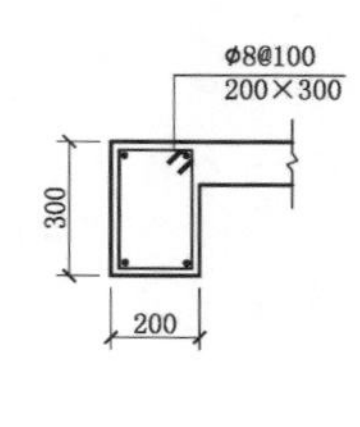

KZ5

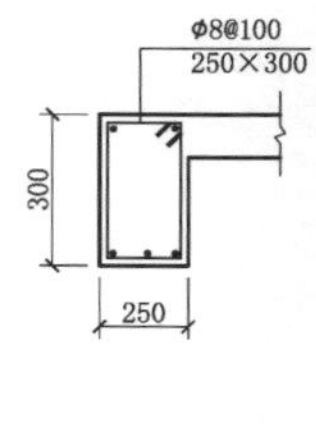

KZ6

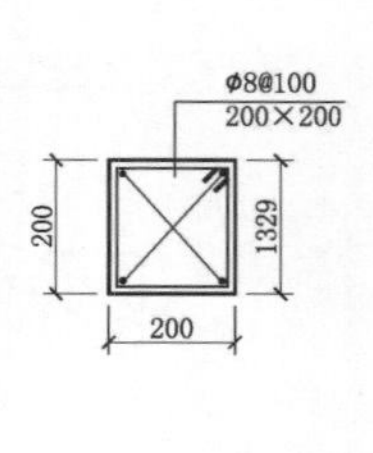

KZ7

梁柱配筋图

No.8 借景四合院住宅

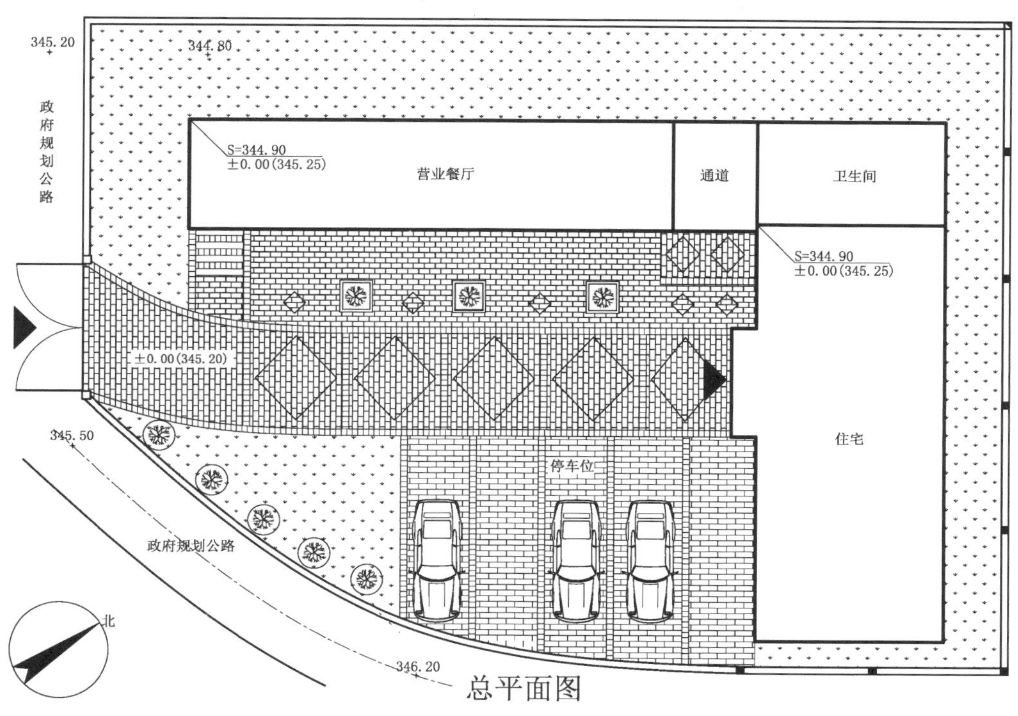

总平面图

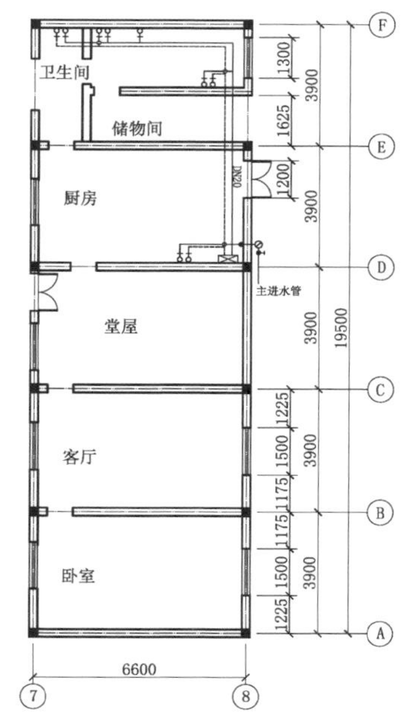

一层给水布置图

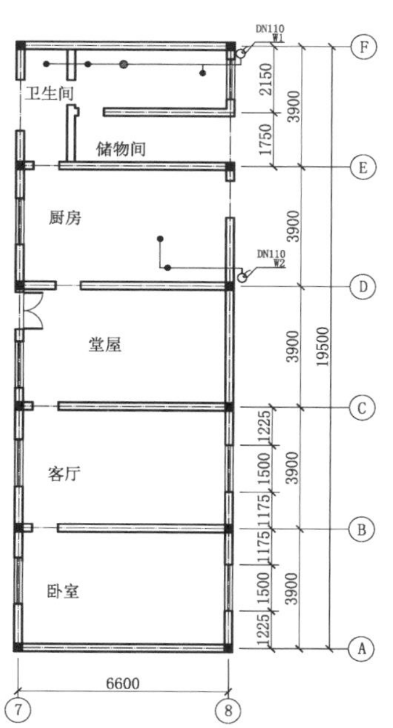

一层排水布置图

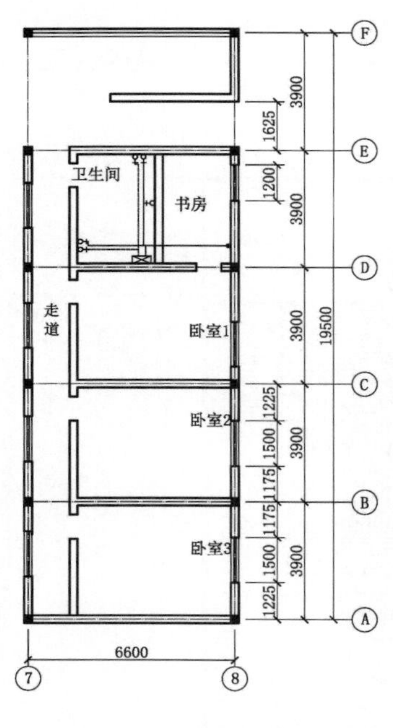

二层给水布置图

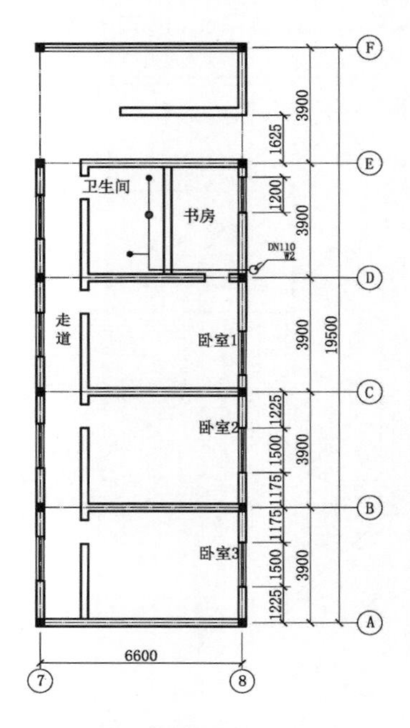

二层排水布置图

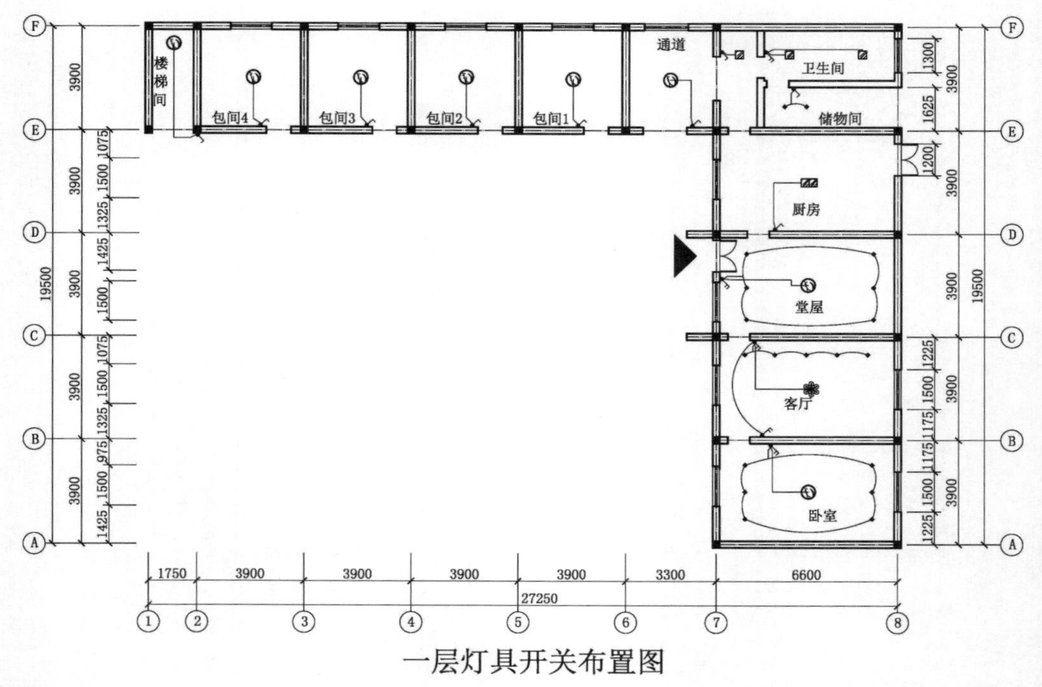

一层灯具开关布置图

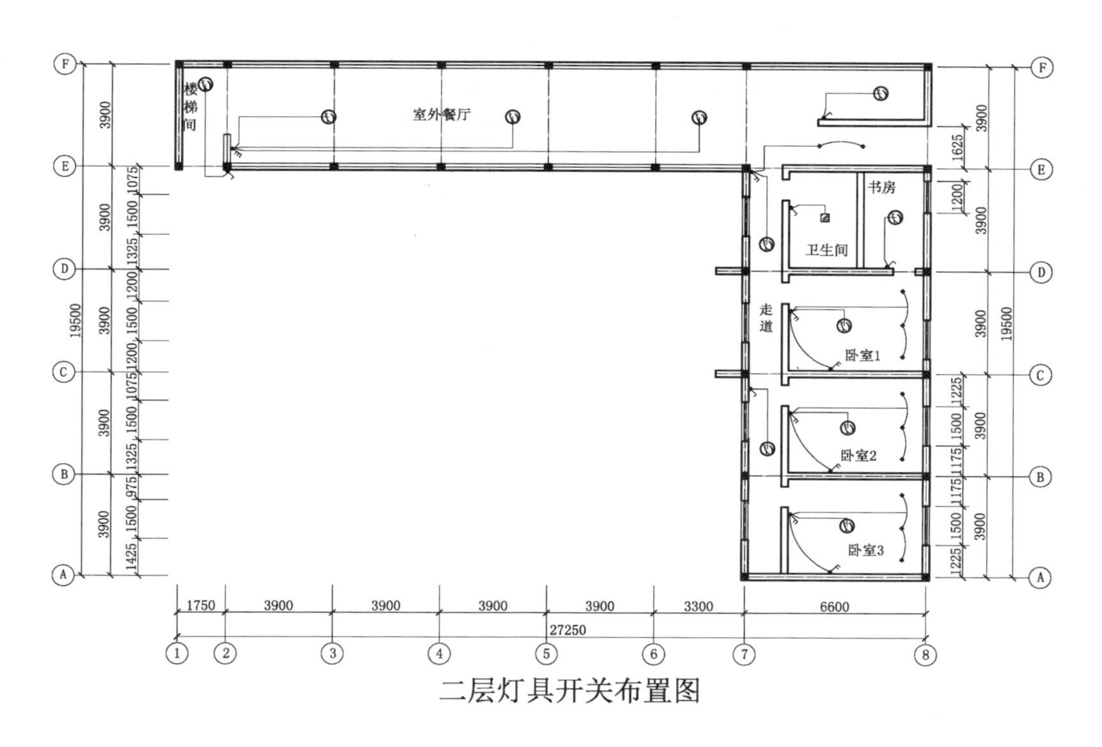

二层灯具开关布置图

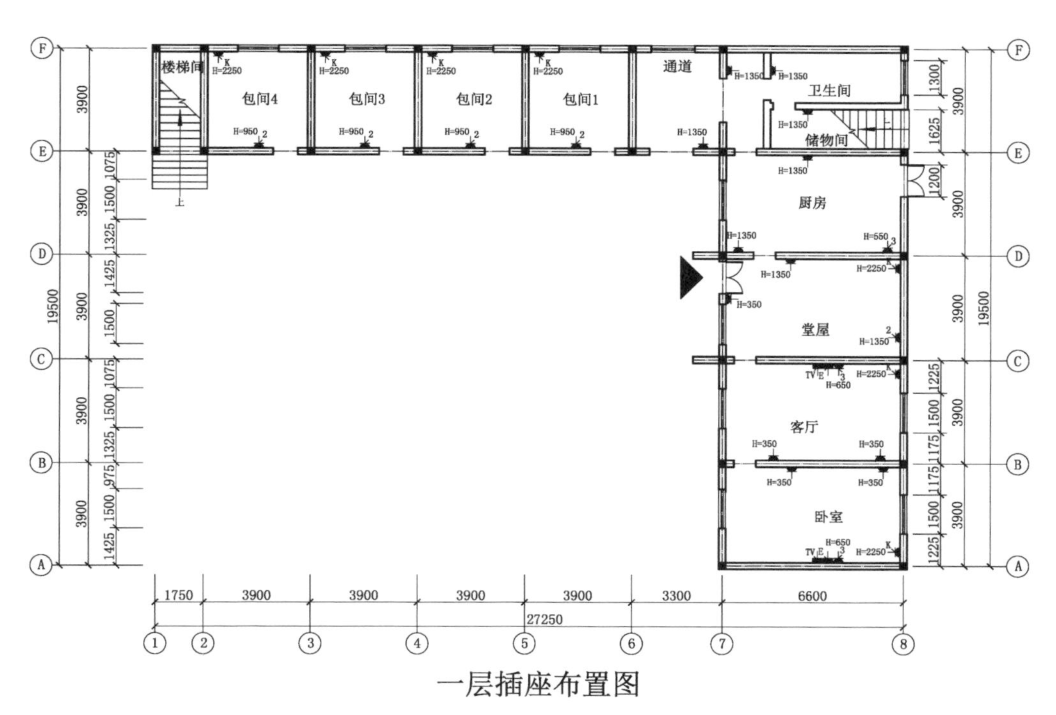

一层插座布置图

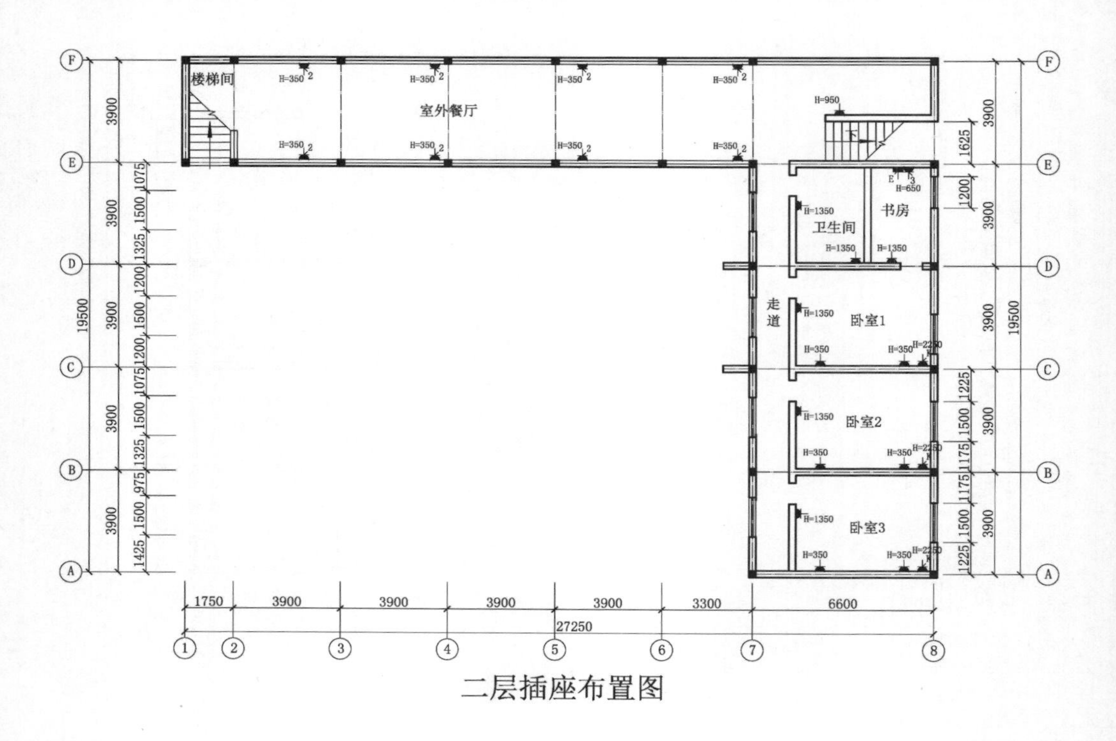

二层插座布置图

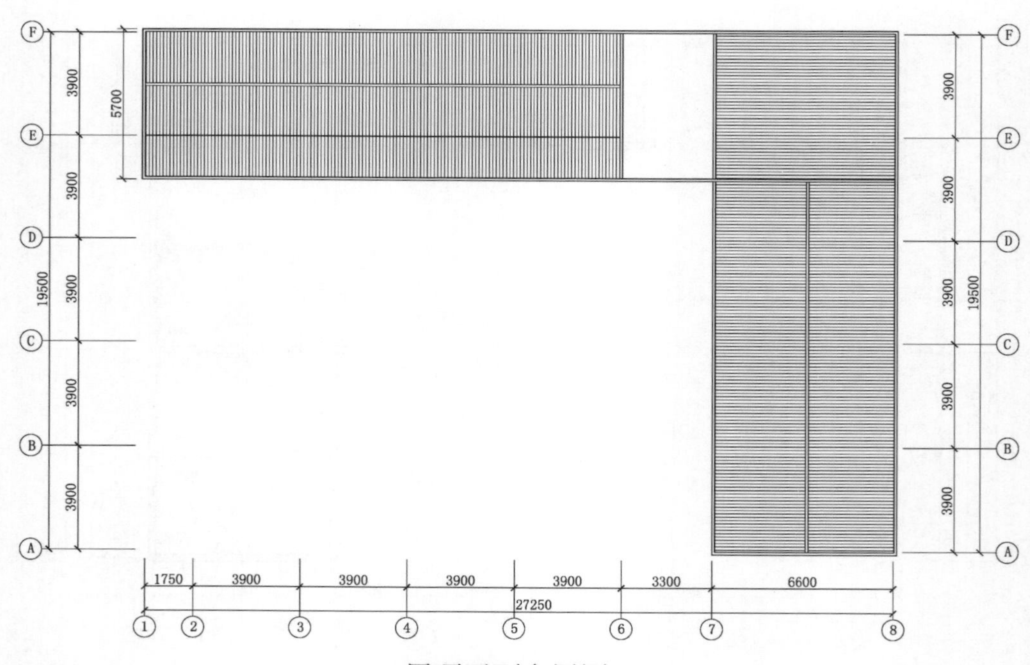

屋顶平面布置图

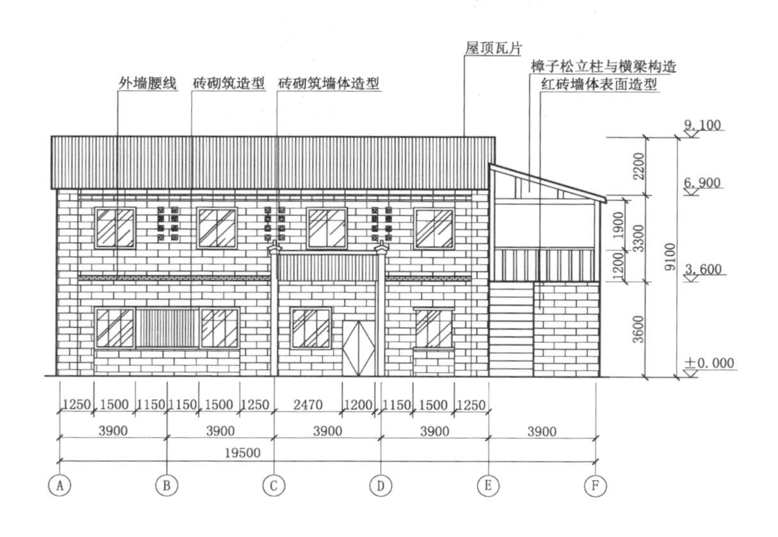
屋顶瓦片
樟子松立柱与横梁构造
红砖墙体表面造型
外墙腰线
砖砌筑造型
砖砌筑墙体造型
9.100
6.900
3.600
±0.000
2200
1900
3300
1200
9100
3600
1250 1500 1150 1150 1500 1250 2470 1200 1150 1500 1250
3900 3900 3900 3900 3900
19500
A B C D E F

北立面图

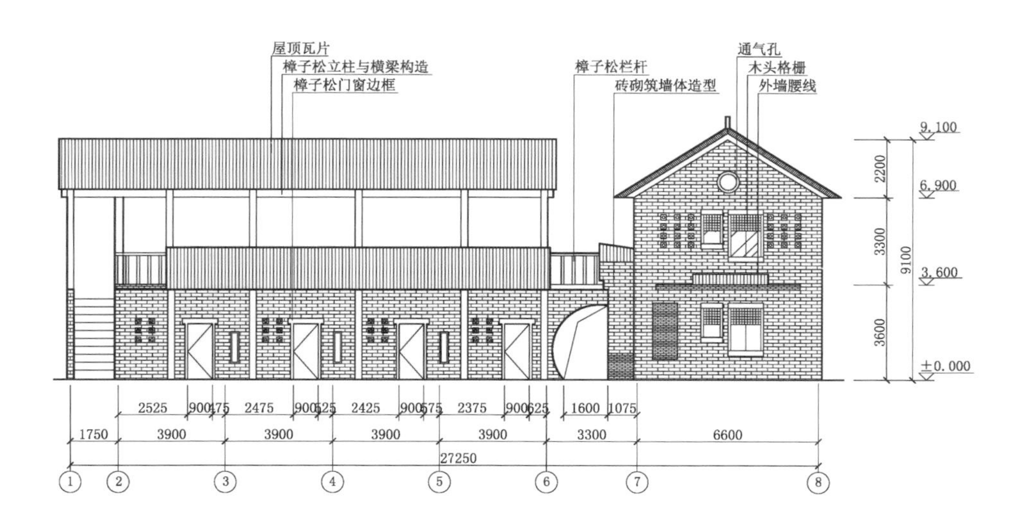
屋顶瓦片
樟子松立柱与横梁构造
樟子松门窗边框
樟子松栏杆
砖砌筑墙体造型
通气孔
木头格栅
外墙腰线
9.100
6.900
3.600
±0.000
2200
3300
9100
3600
2525 900 475 2475 900 525 2425 900 575 2375 900 625 1600 1075
1750 3900 3900 3900 3900 3300 6600
27250
1 2 3 4 5 6 7 8

西立面图

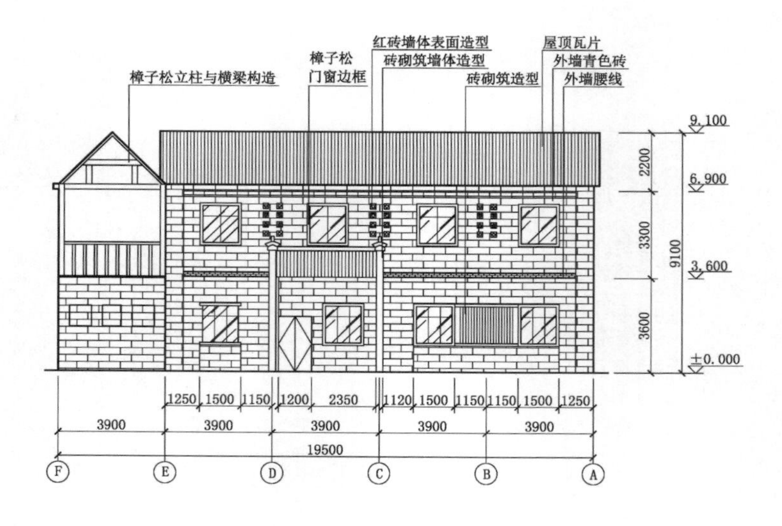
樟子松立柱与横梁构造
樟子松
门窗边框
红砖墙体表面造型
砖砌筑墙体造型
砖砌筑造型
屋顶瓦片
外墙青色砖
外墙腰线
9.100
6.900
3.600
±0.000
2200
3300
3600
9100
1250
1500
1150
1200
2350
1120
1500
1150
1150
1500
1250
3900
3900
3900
3900
3900
19500
F
E
D
C
B
A

南立面图

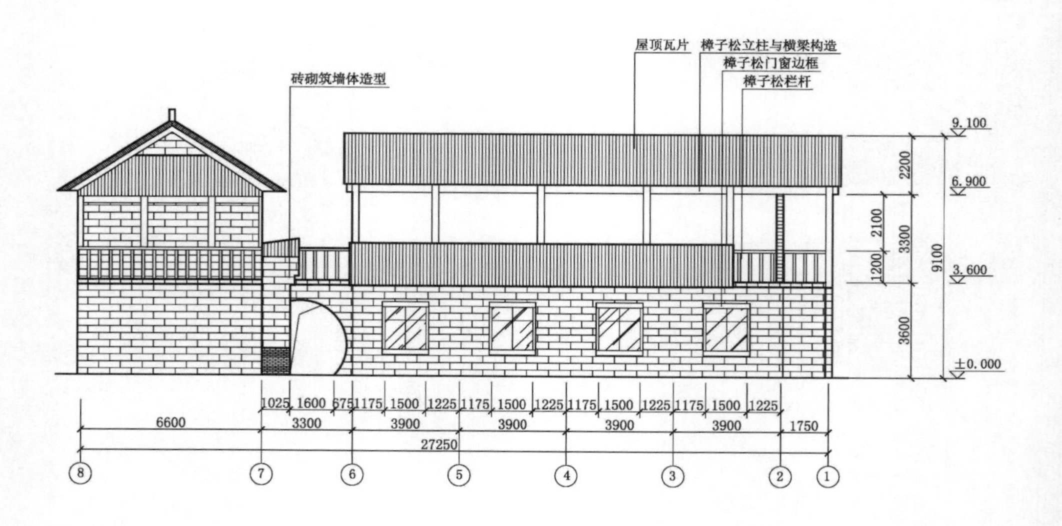
屋顶瓦片
樟子松立柱与横梁构造
樟子松门窗边框
樟子松栏杆
砖砌筑墙体造型
9.100
6.900
3.600
±0.000
2200
2100
1200
3300
3600
9100
1025
1600
675
1175
1500
1225
1175
1500
1225
1175
1500
1225
1175
1500
1225
6600
3300
3900
3900
3900
3900
1750
27250
8
7
6
5
4
3
2
1

东立面图

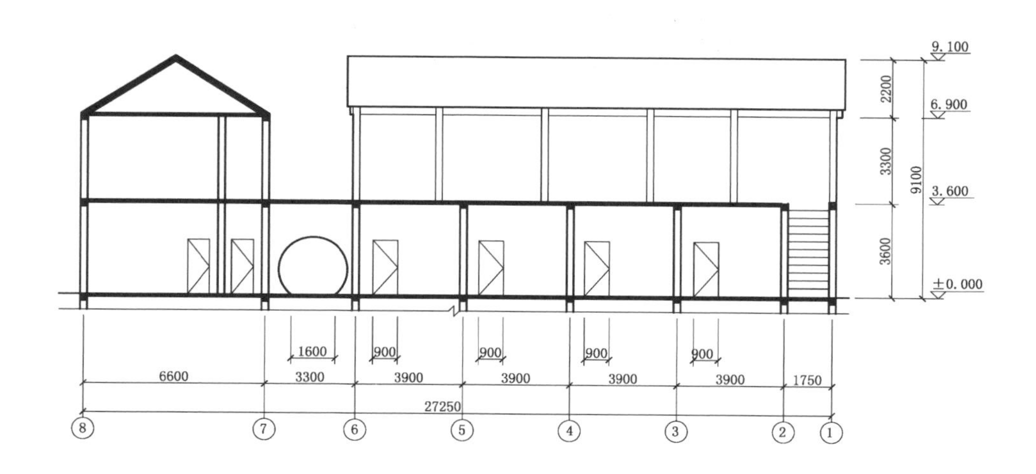
9.100
6.900
3.600
±0.000
2200
3300
3600
9100
1600
900
900
900
900
6600
3300
3900
3900
3900
3900
1750
27250
8
7
6
5
4
3
2
1

2-2剖面图

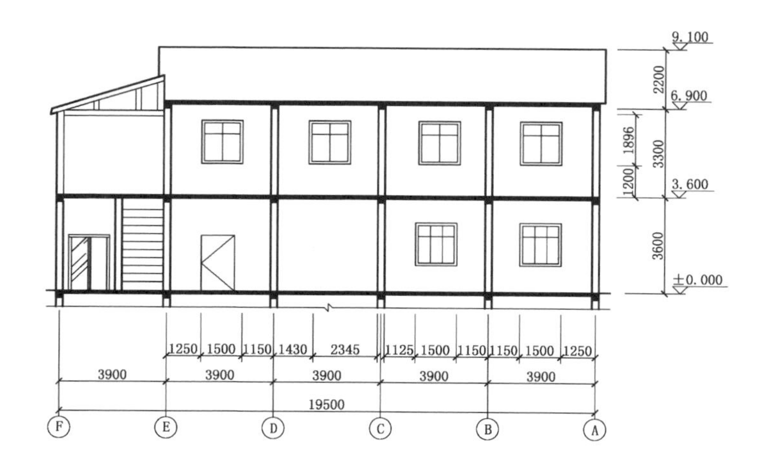
9.100
6.900
3.600
±0.000
2200
1896
3300
1200
3600
1250
1500
1150
1430
2345
1125
1500
1150
1150
1500
1250
3900
3900
3900
3900
3900
19500
F
E
D
C
B
A

1-1剖面图

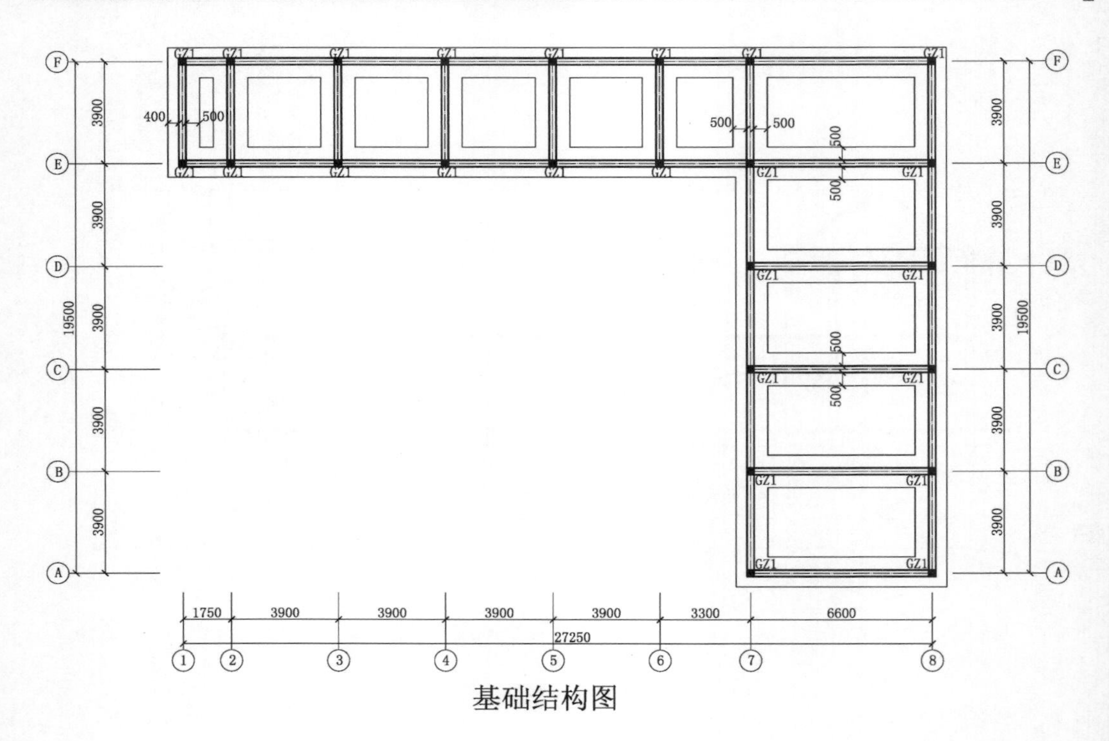
GZ1
400
500
3900
19500
1750
3300
6600
27250
F
E
D
C
B
A
1
2
3
4
5
6
7
8

基础结构图

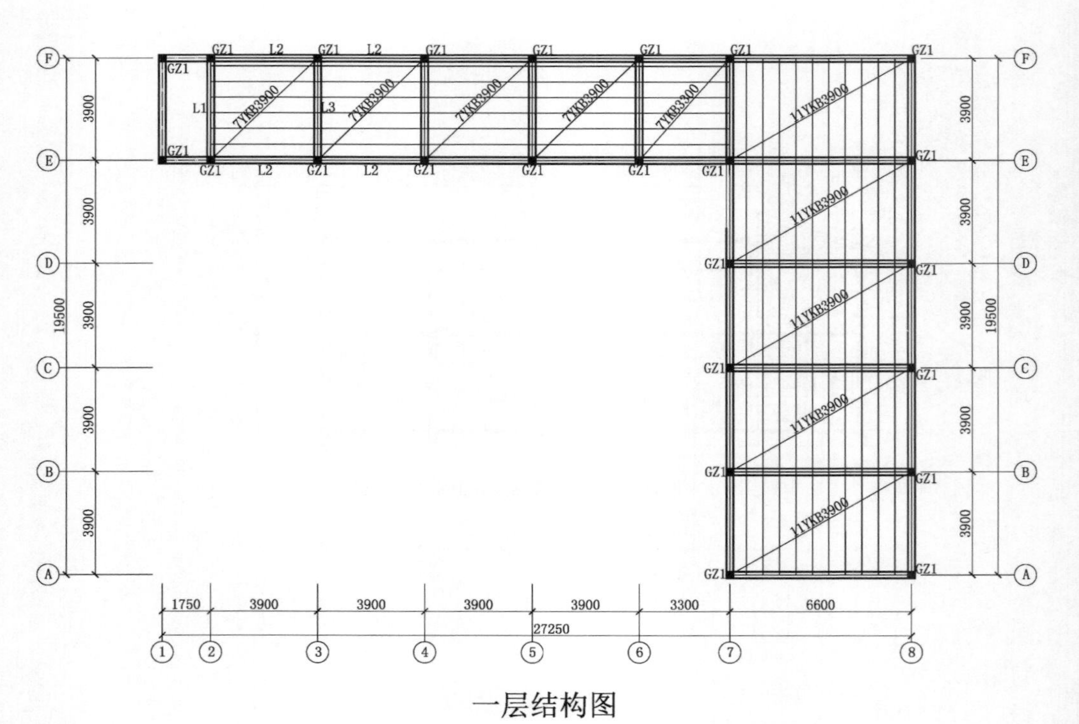
GZ1
L1
L2
L3
7YKB3900
7YKB3300
11YKB3900
3900
19500
1750
3300
6600
27250
F
E
D
C
B
A
1
2
3
4
5
6
7
8

一层结构图

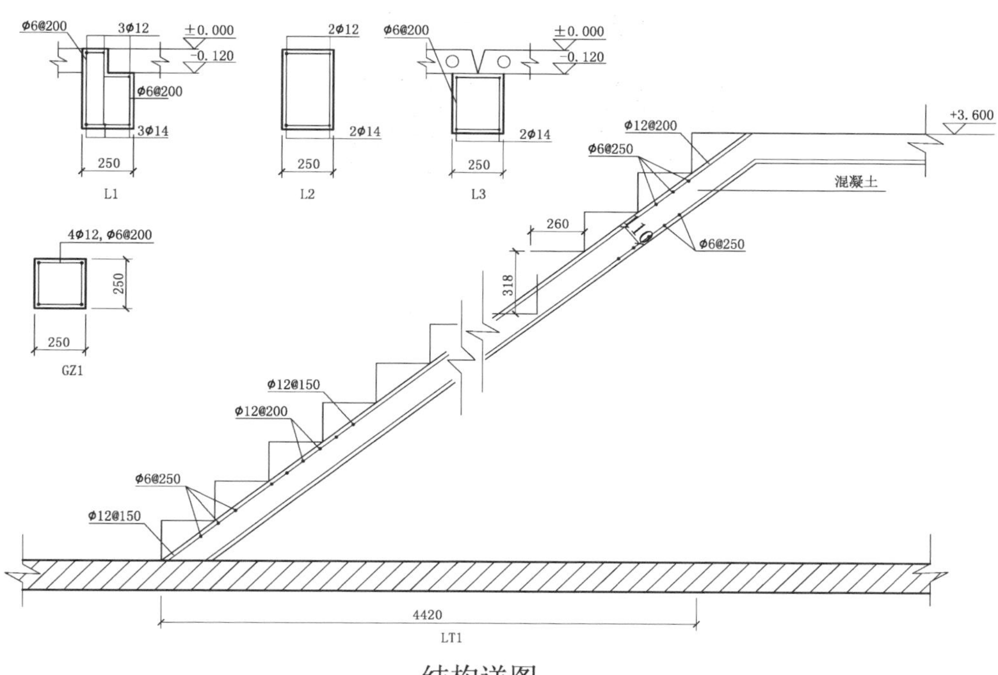

结构详图

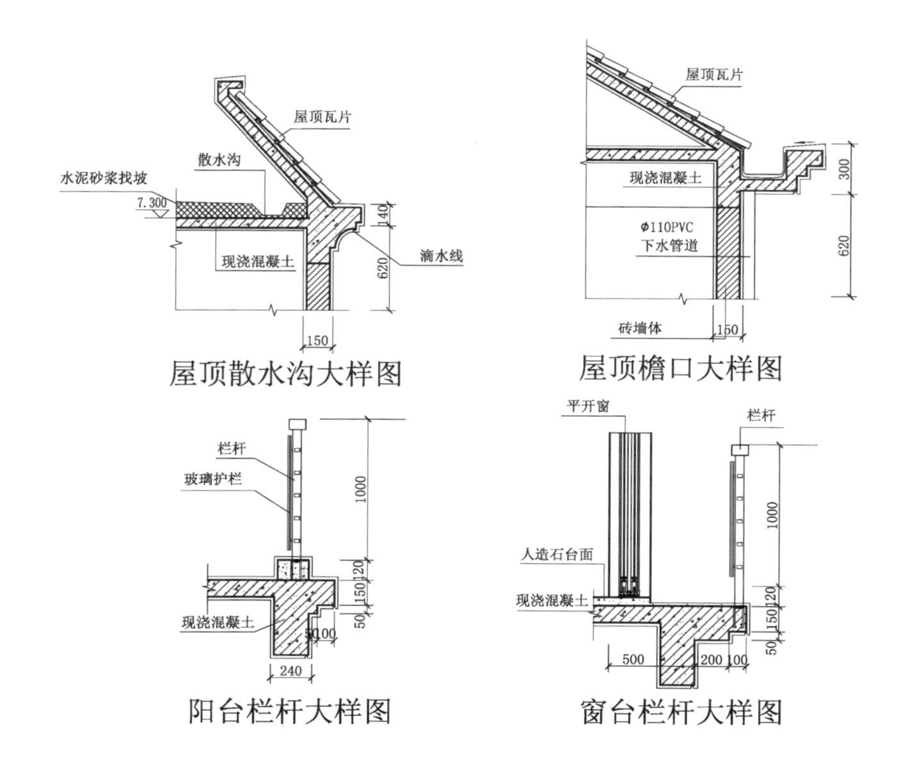

屋顶散水沟大样图

屋顶檐口大样图

阳台栏杆大样图

窗台栏杆大样图

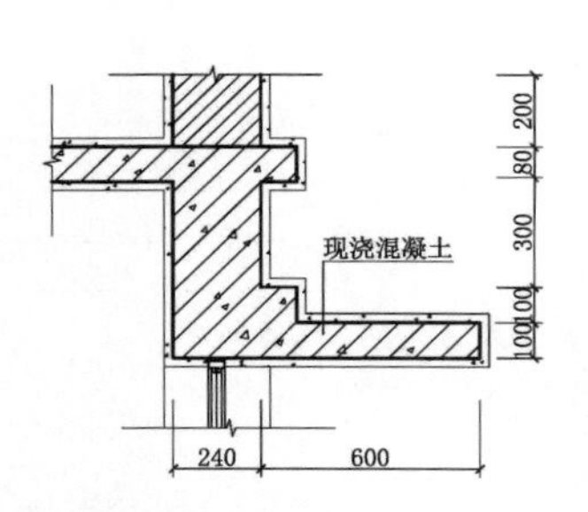

楼板与外墙连接节点大样图（一）

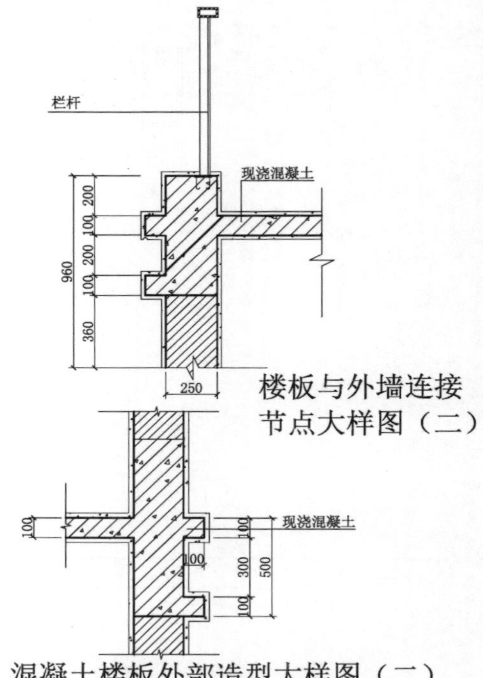

楼板与外墙连接节点大样图（二）

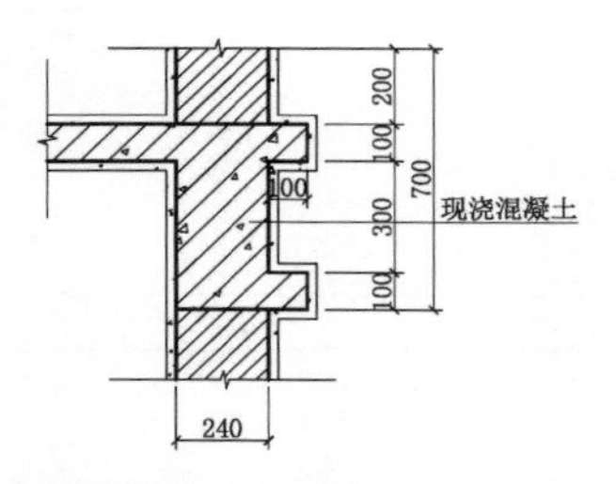

混凝土楼板外部造型大样图（一）

混凝土楼板外部造型大样图（二）

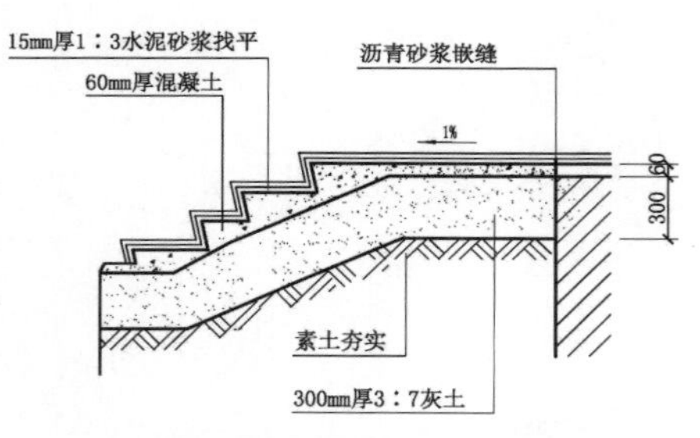

地面台阶做法大样图

40mm厚1：2：3豆石
混凝土撒水泥
砂子压实赶光
150
素土夯实
150mm厚3：7灰土
360

外墙坡面大样图

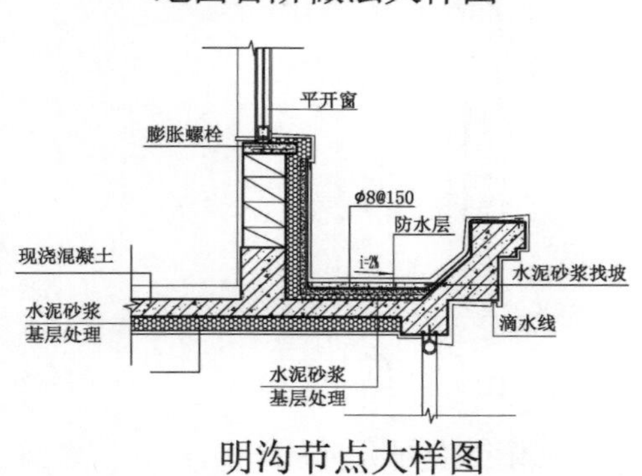

明沟节点大样图

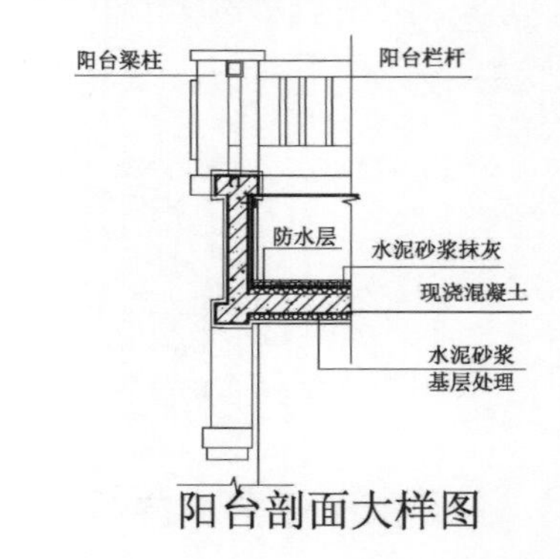

阳台剖面大样图

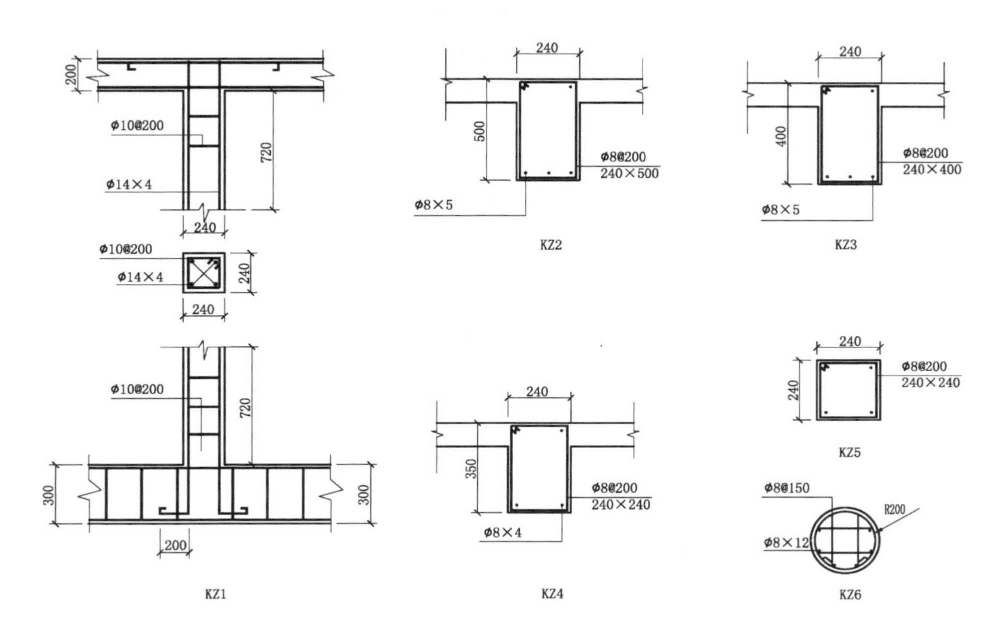

200
φ10@200
720
φ14×4
240
φ10@200
φ14×4
240
240
240
500
φ8@200
240×500
φ8×5
KZ2
240
400
φ8@200
240×400
φ8×5
KZ3
φ10@200
720
300
300
200
KZ1
240
350
φ8@200
240×240
φ8×4
KZ4
240
240
φ8@200
240×240
KZ5
φ8@150
R200
φ8×12
KZ6

梁柱配筋图

No.9 农家乐摄影客栈

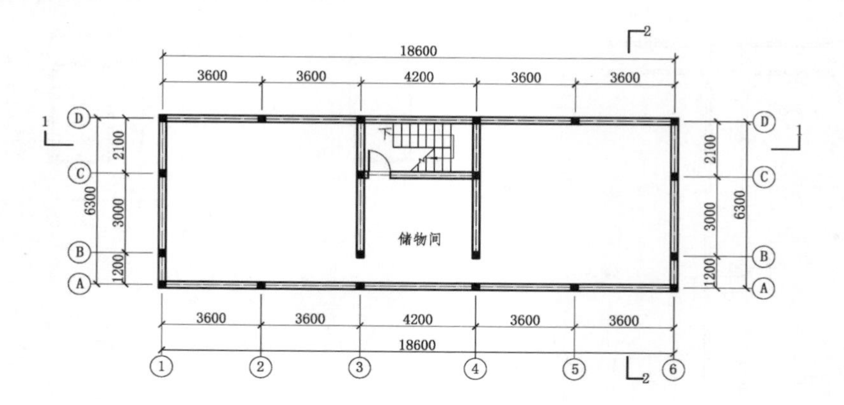

三层平面布置图

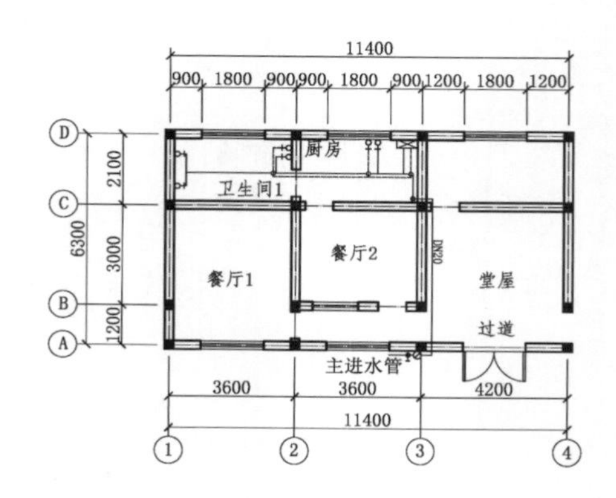

一层给水布置图

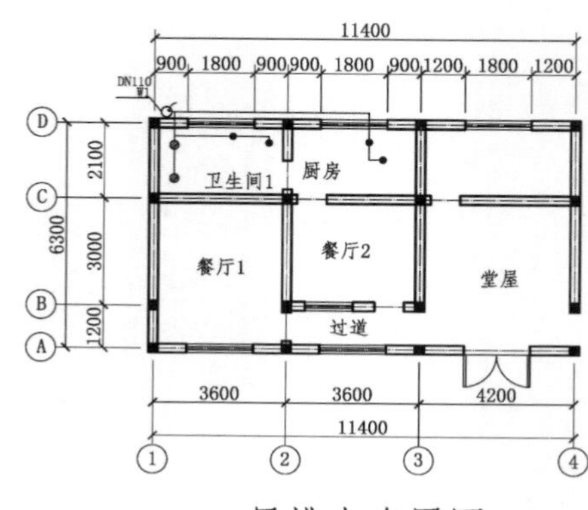

一层排水布置图

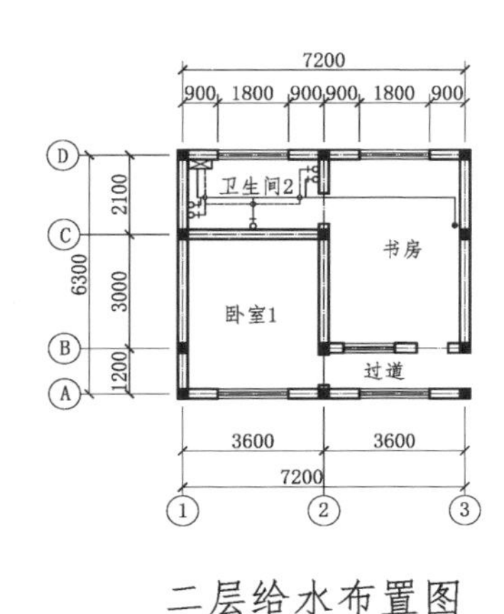

二层给水布置图

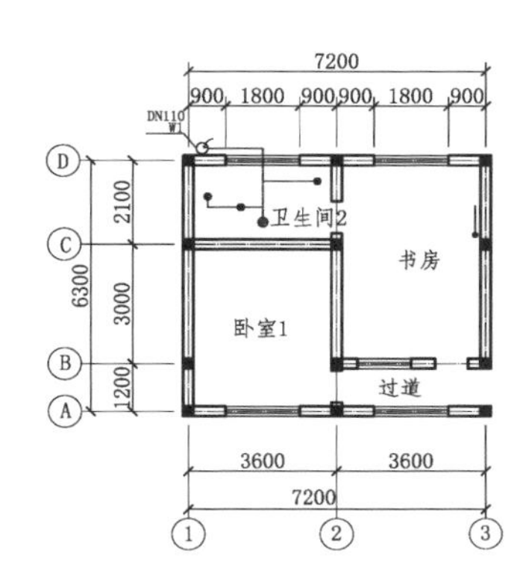

二层排水布置图

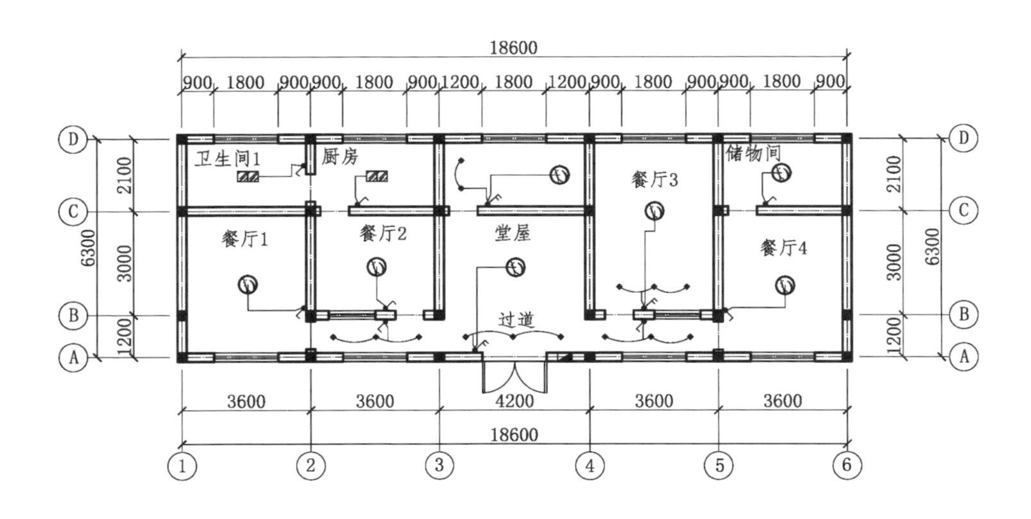

一层灯具开关布置图

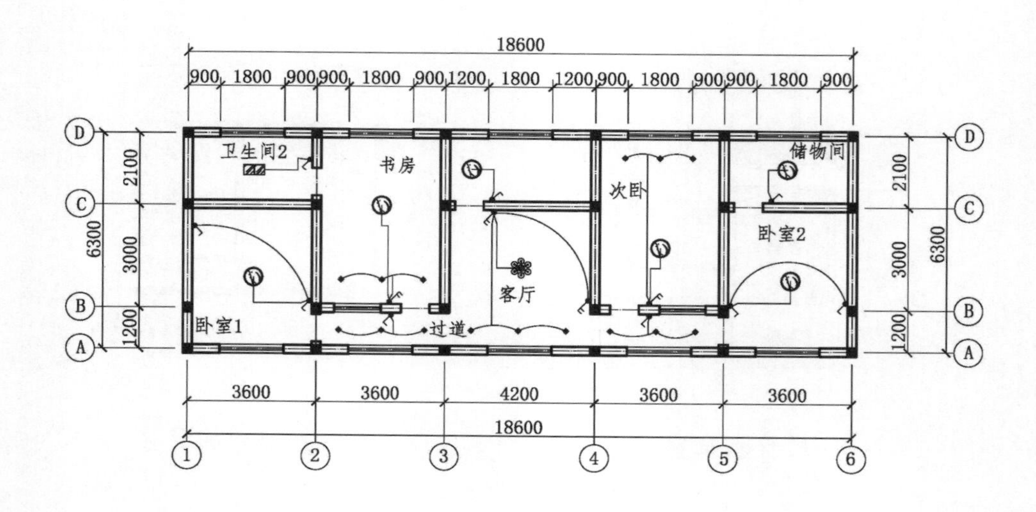

二层灯具开关布置图

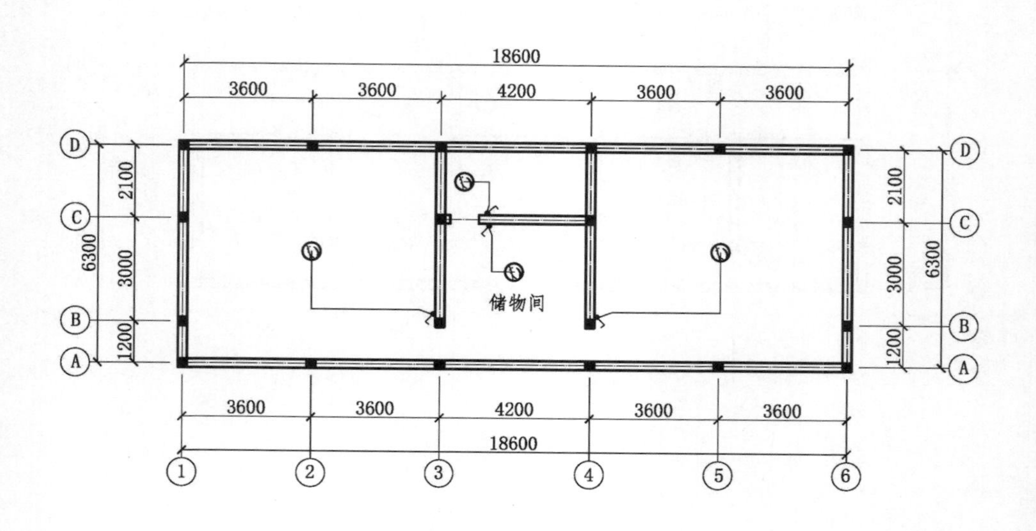

三层灯具开关布置图

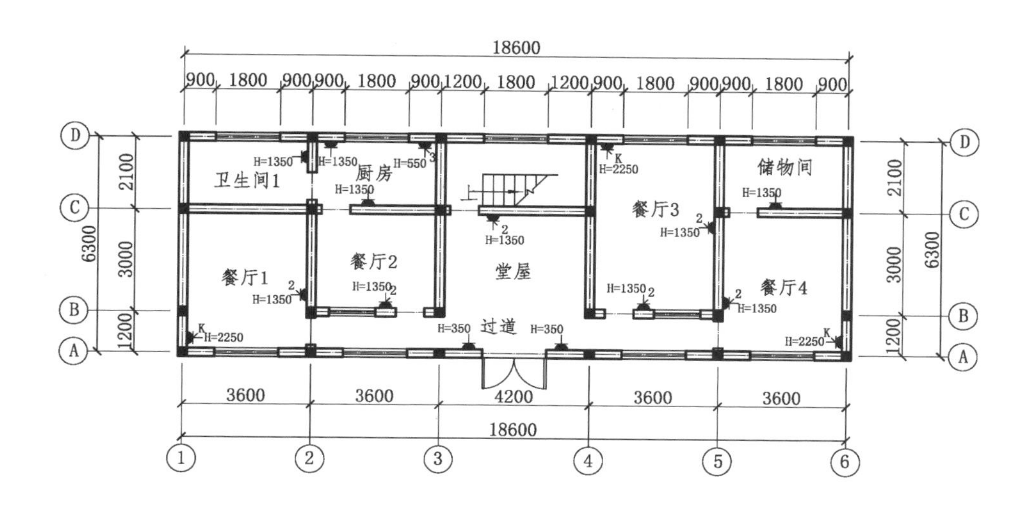

一层插座布置图

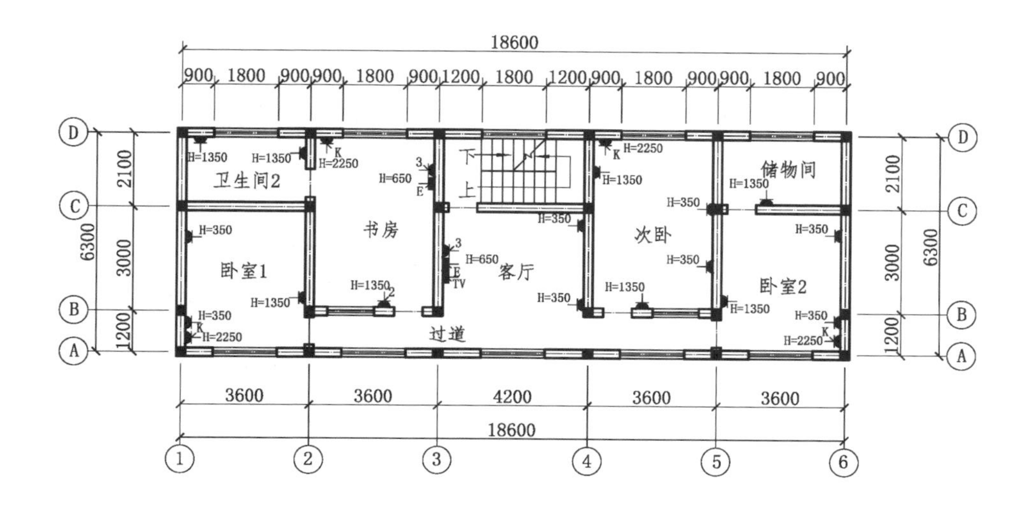

二层插座布置图

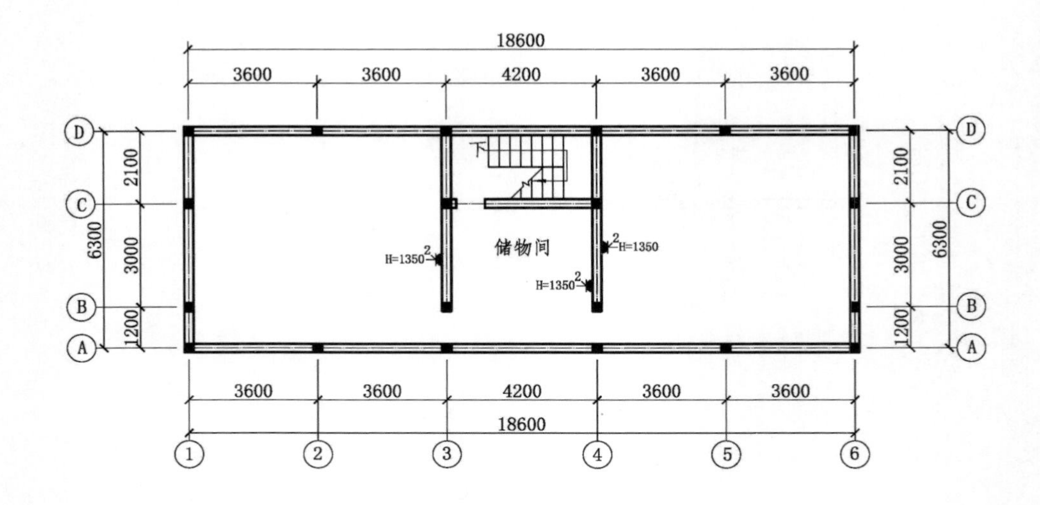

三层插座布置图

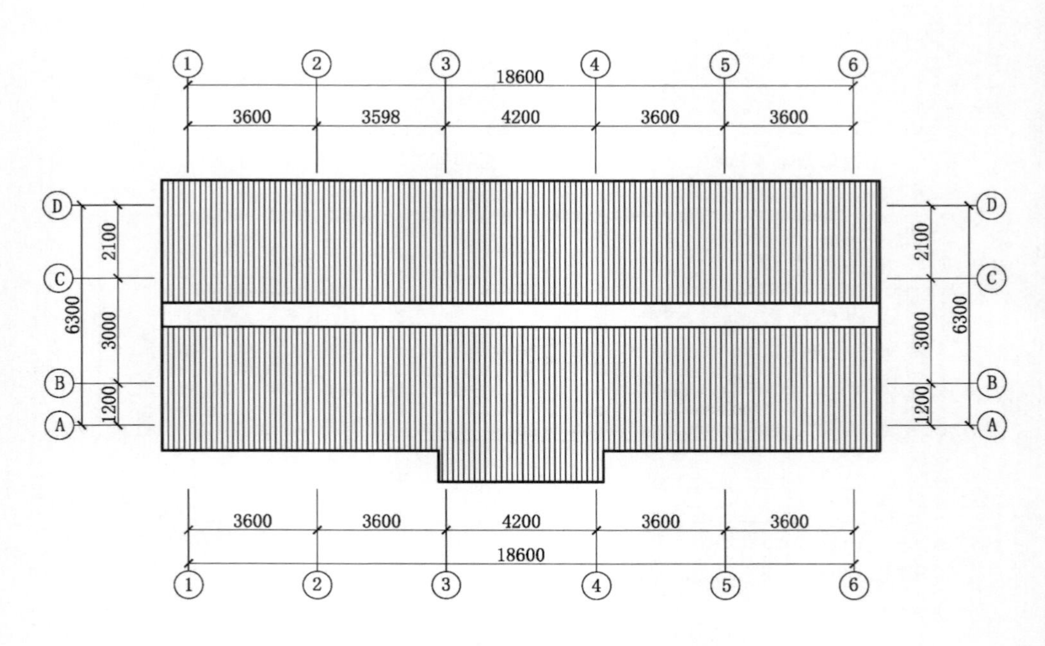

屋顶平面布置图

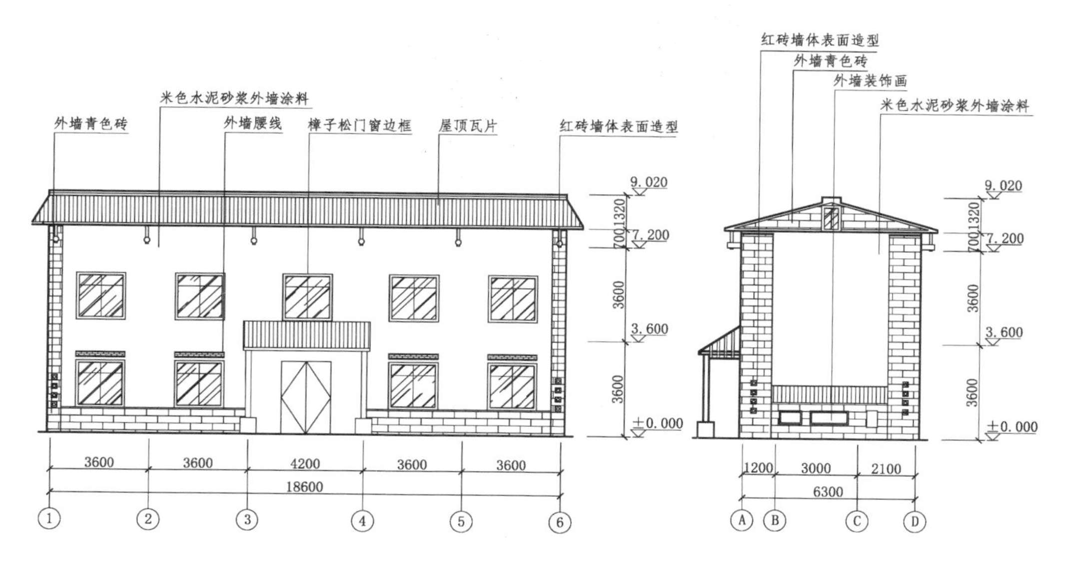

东立面图

北立面图

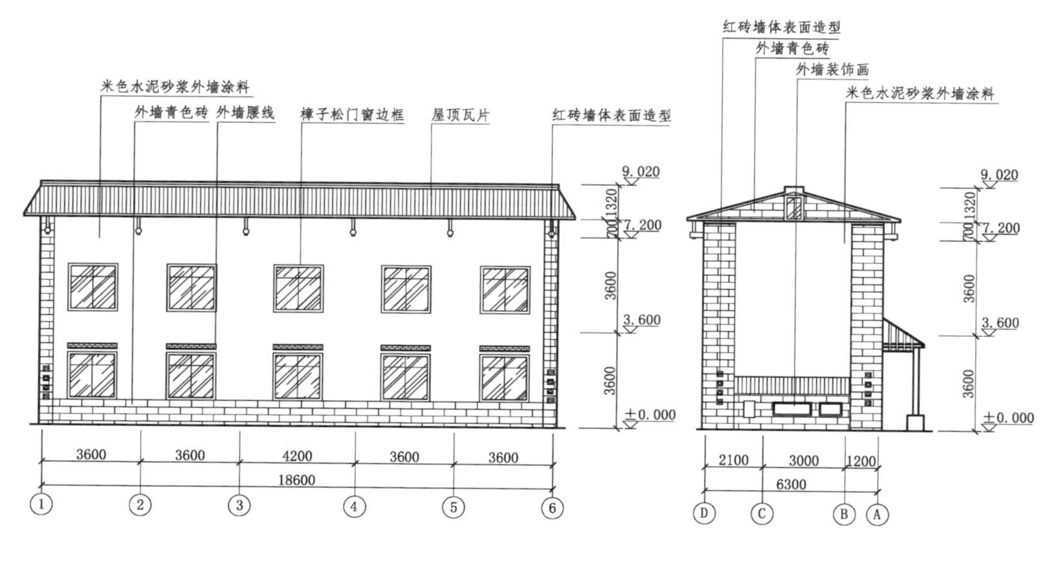

西立面图

南立面图

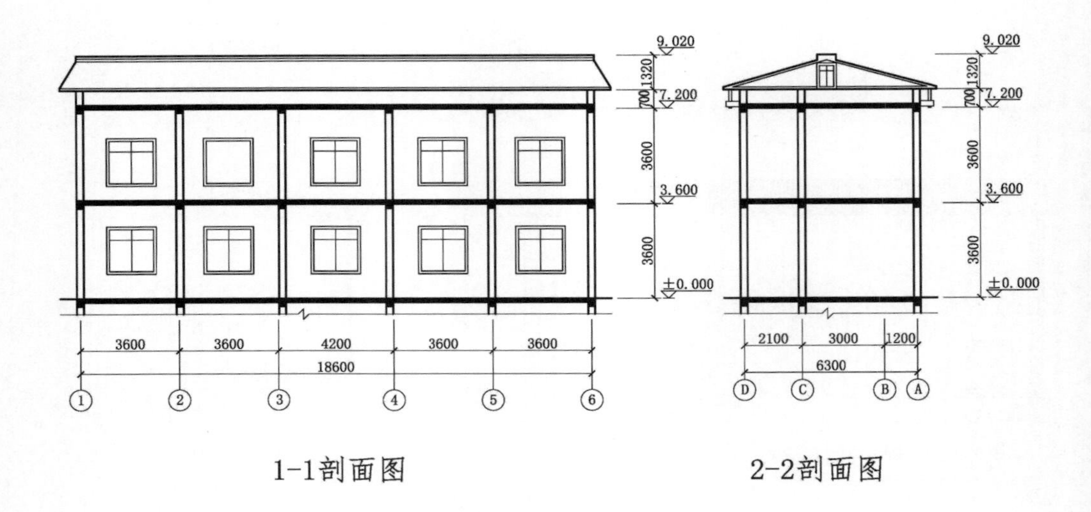

1-1剖面图　　2-2剖面图

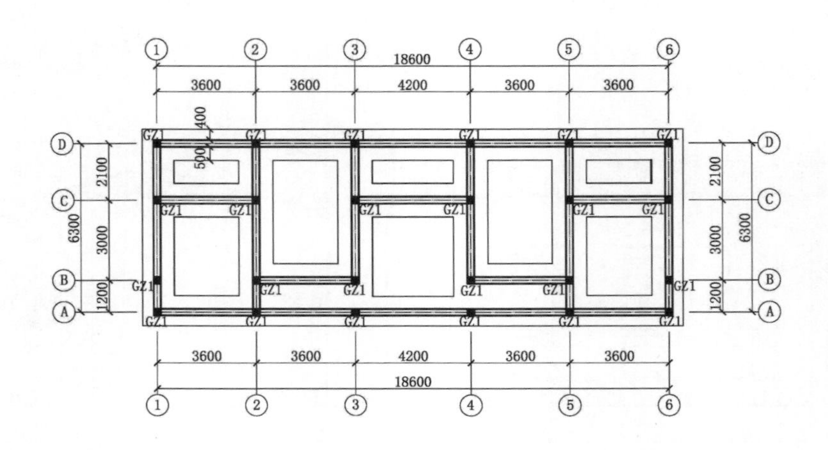

基础结构图

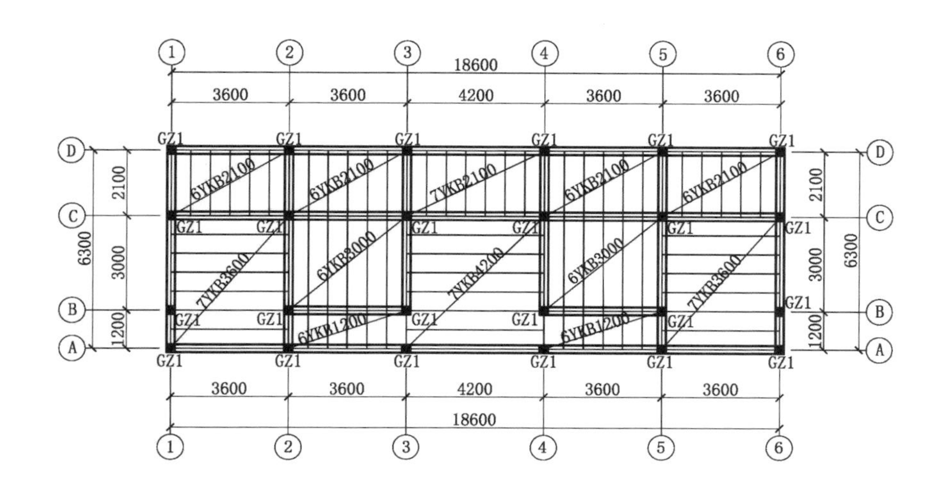

一层结构图

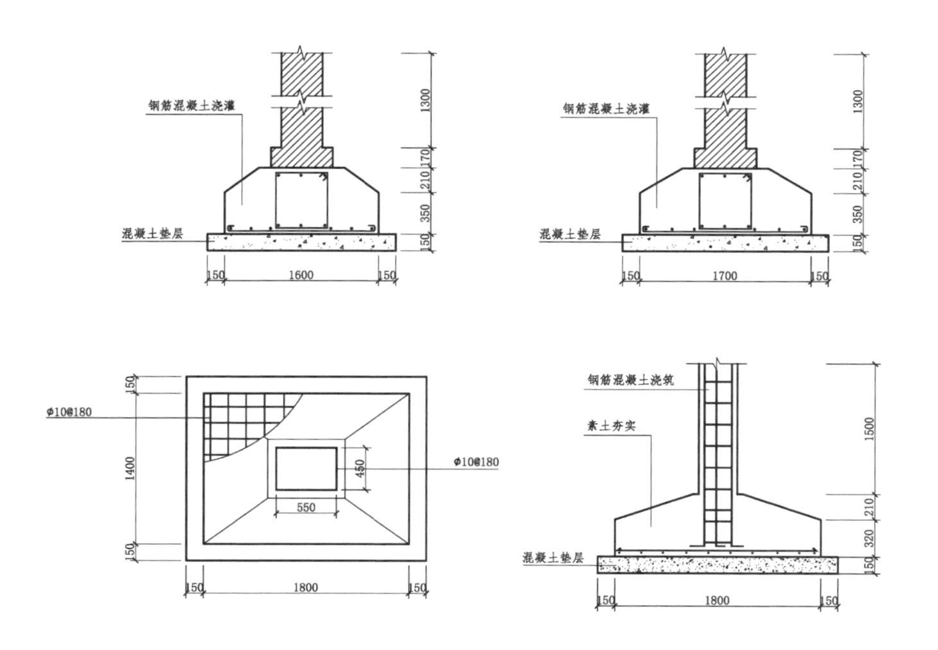

地面基础节点图

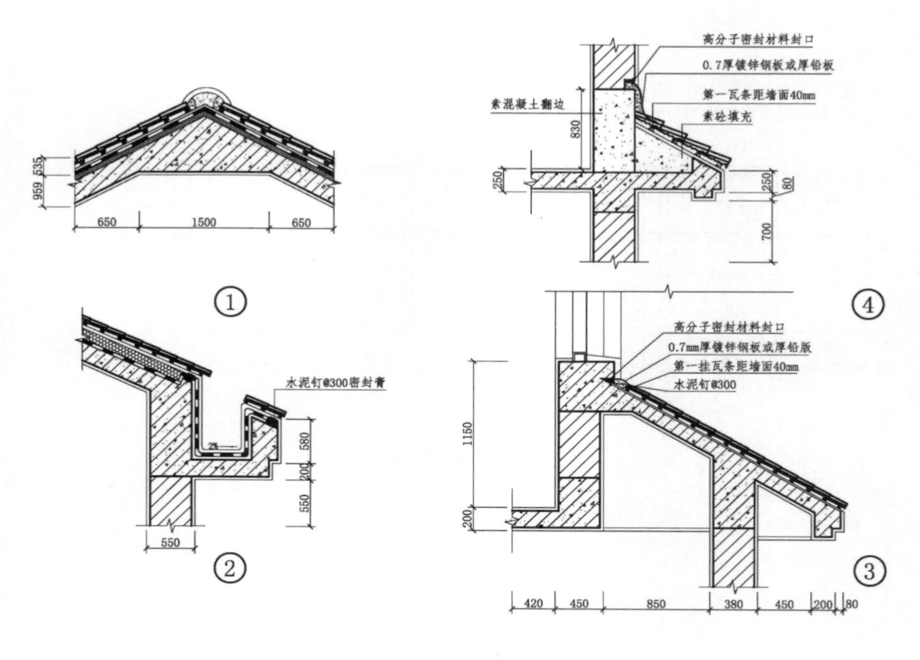

屋顶坡面节点图

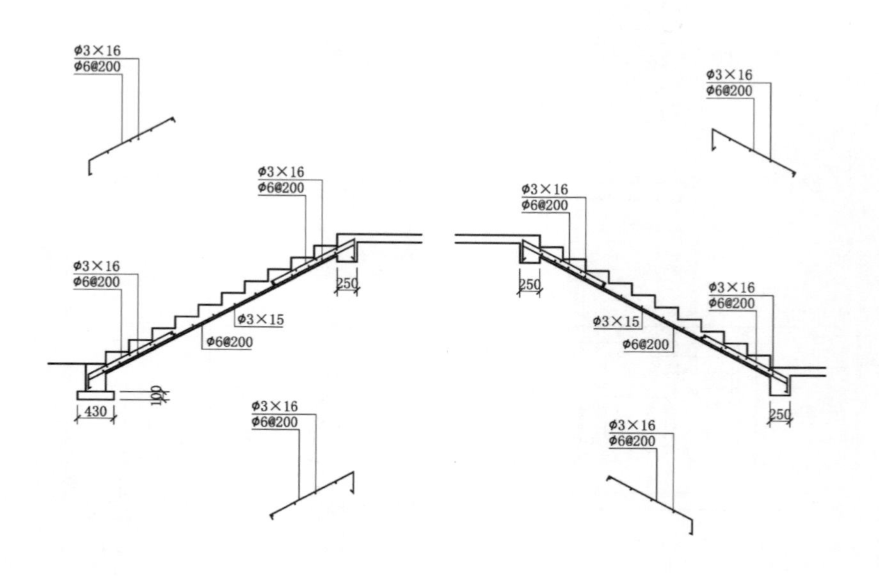

楼梯配筋图

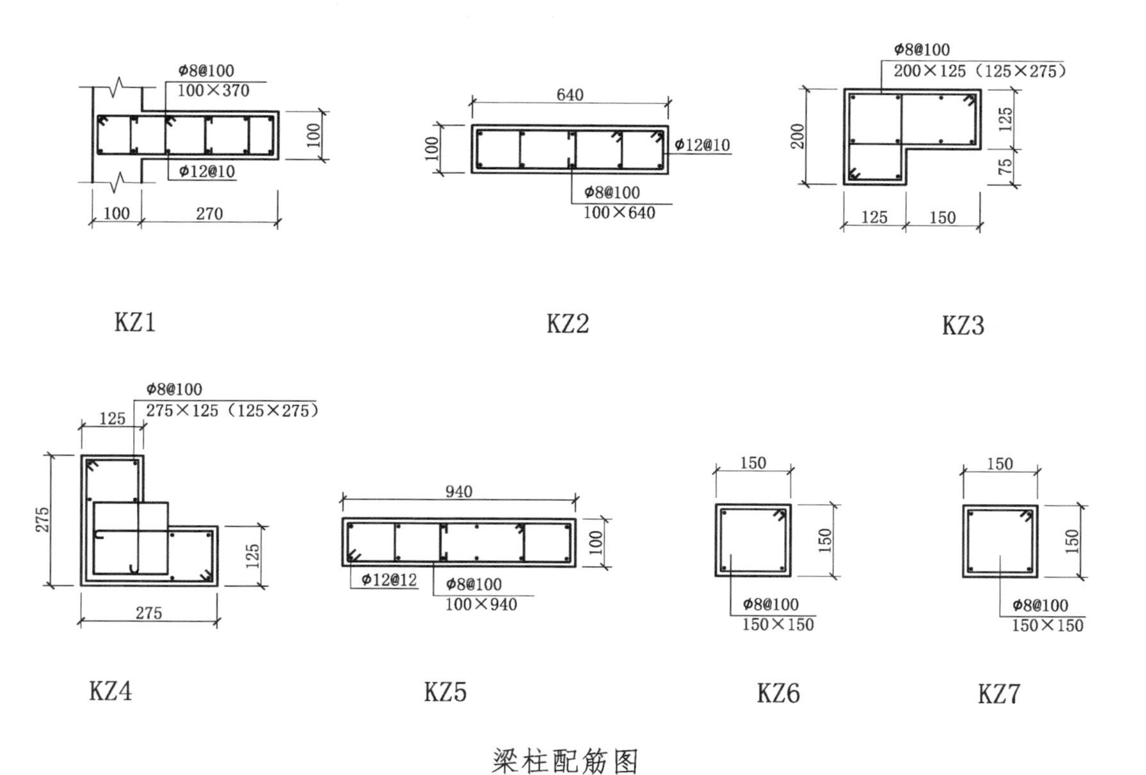

Φ8@100
100×370
100
Φ12@10
100
270
KZ1
640
100
Φ12@10
Φ8@100
100×640
KZ2
Φ8@100
200×125（125×275）
200
125
75
125
150
KZ3
Φ8@100
275×125（125×275）
125
275
125
275
KZ4
940
100
Φ12@12
Φ8@100
100×940
KZ5
150
150
Φ8@100
150×150
KZ6
150
150
Φ8@100
150×150
KZ7

梁柱配筋图

No.10 中规中矩联排住宅

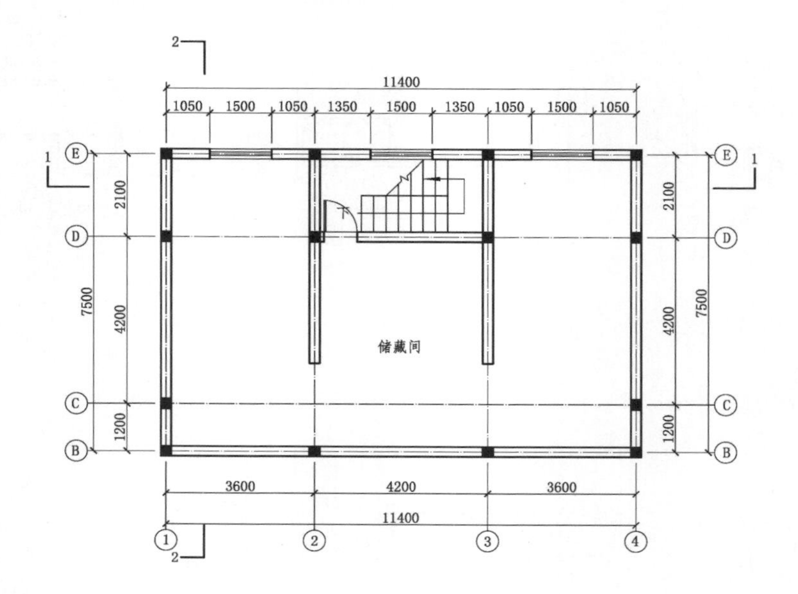

三层平面布置图

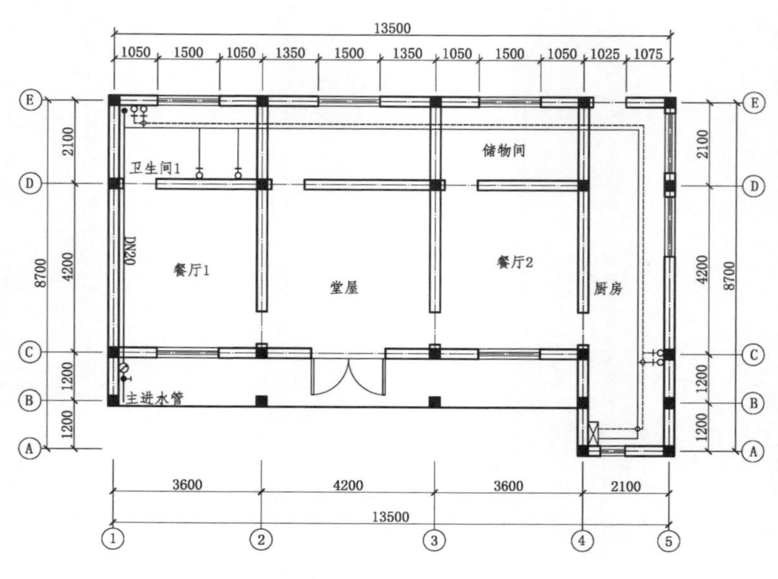

一层给水布置图

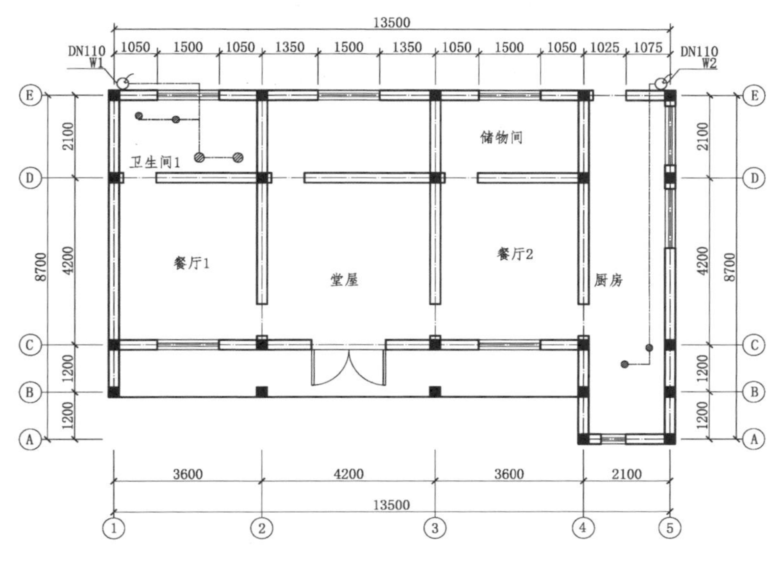

一层排水布置图

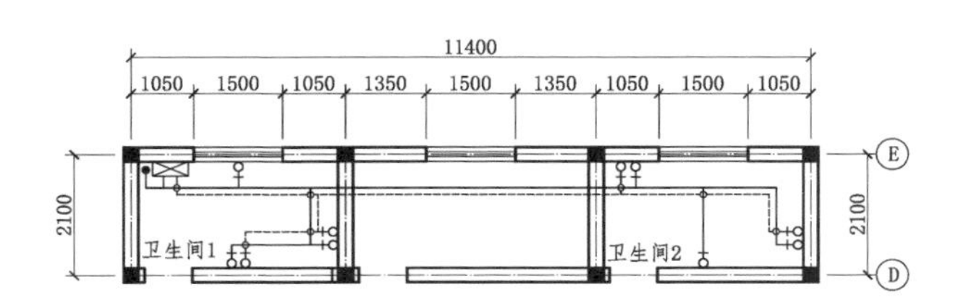

二层给水布置图

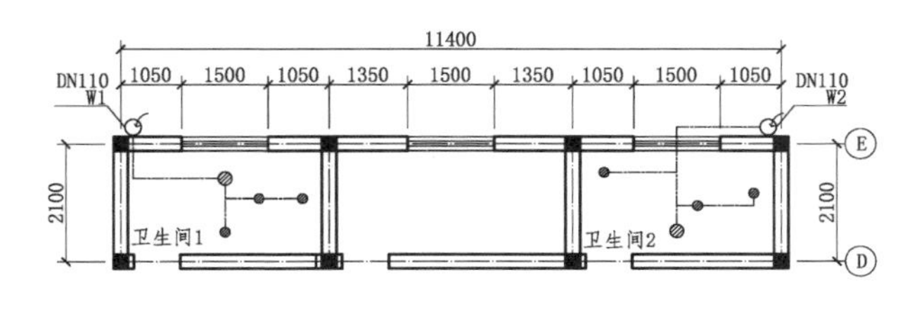

二层排水布置图

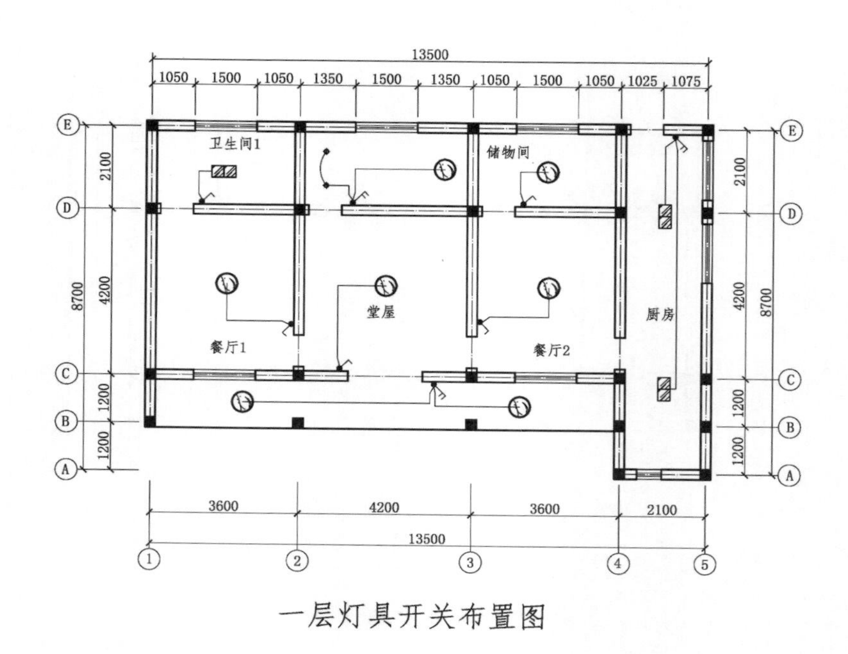

一层灯具开关布置图

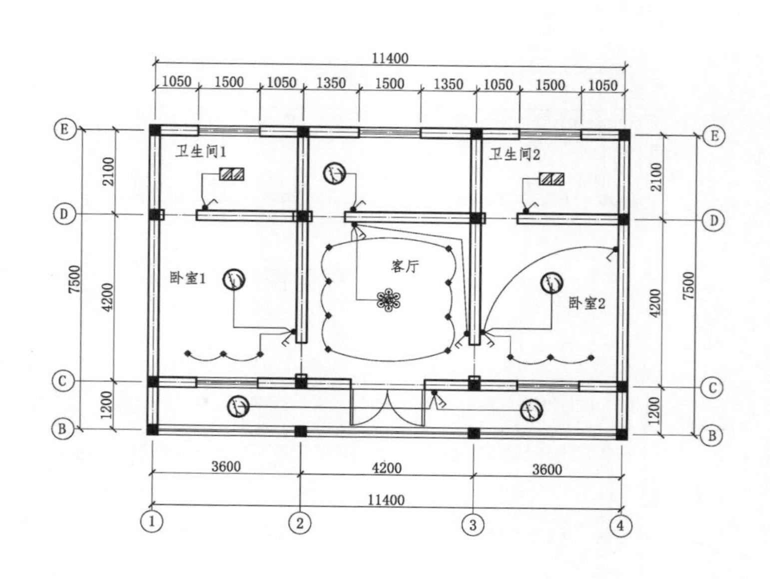

二层灯具开关布置图

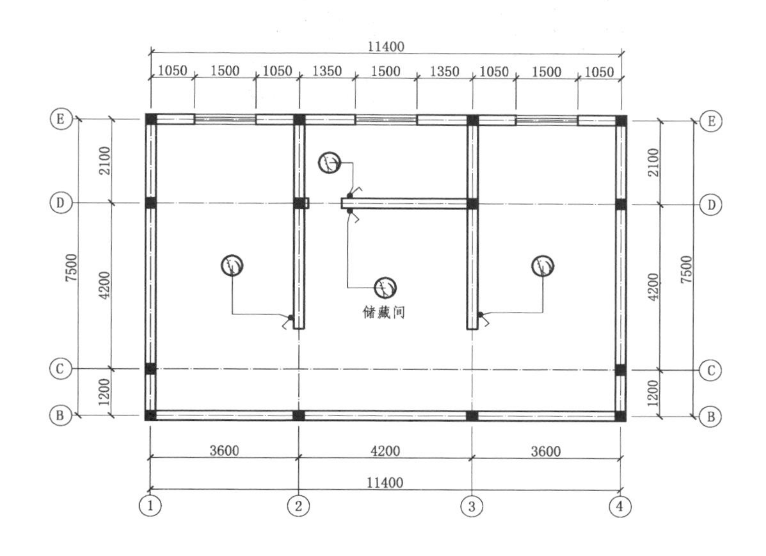

三层灯具开关布置图

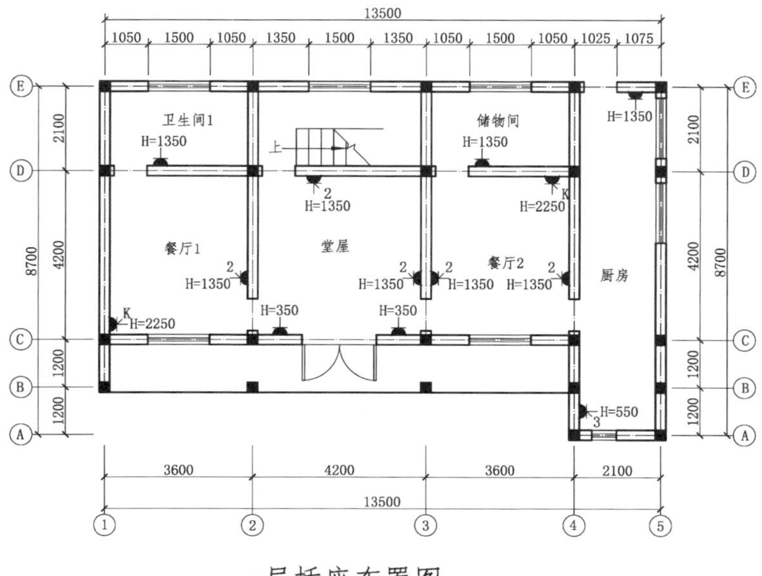

一层插座布置图

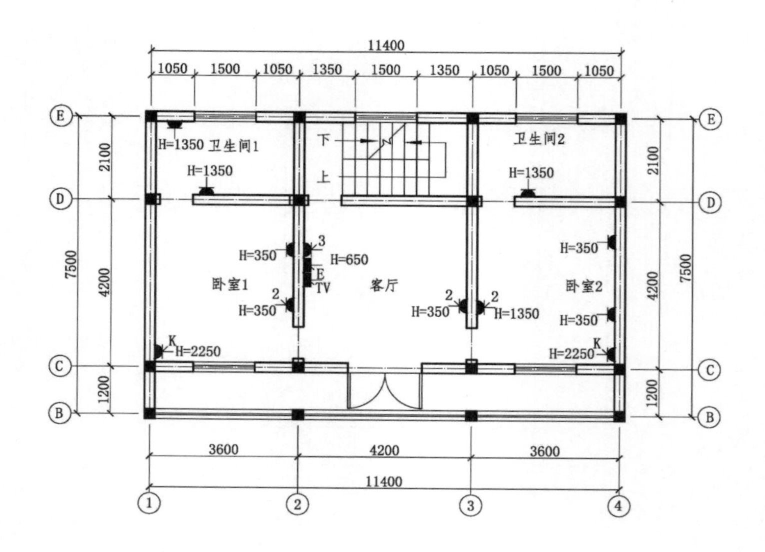

二层插座布置图

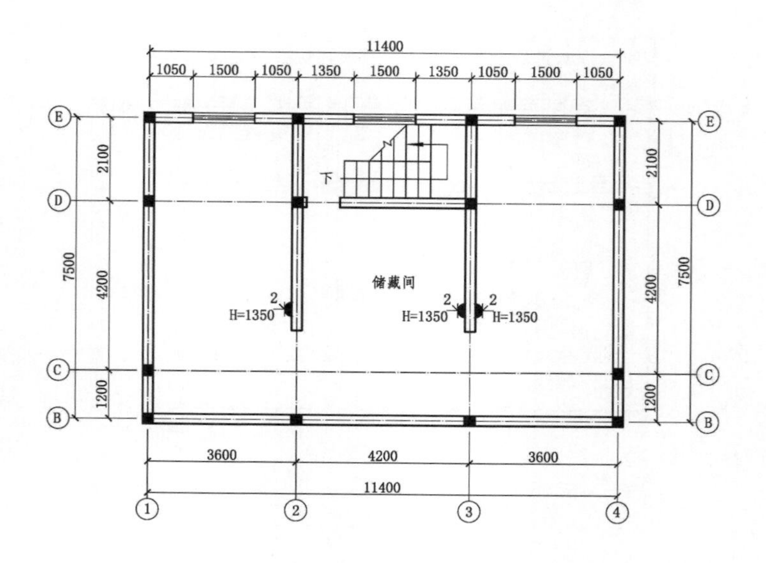

三层插座布置图

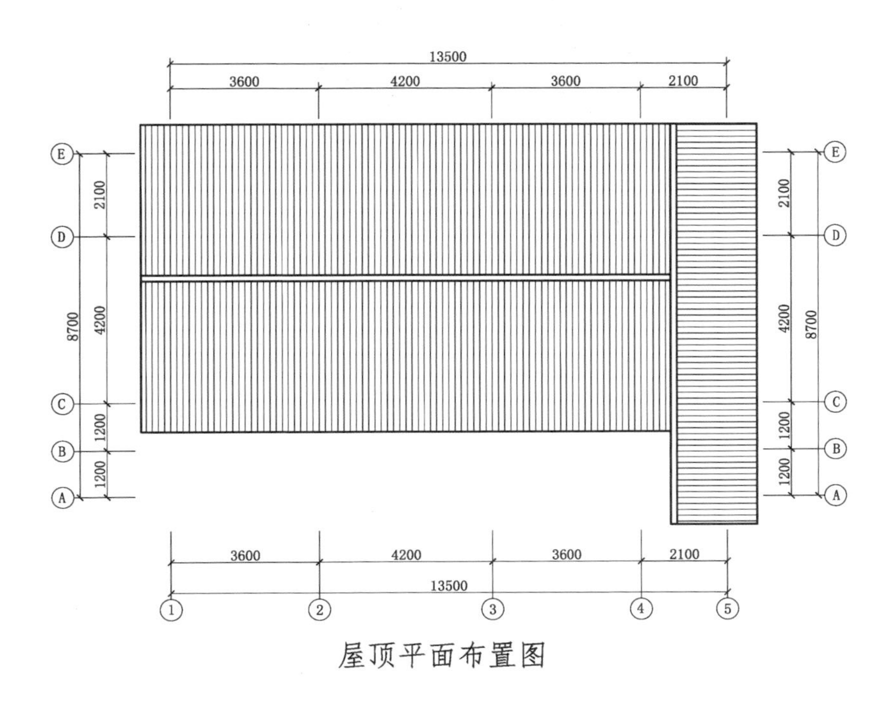

屋顶平面布置图

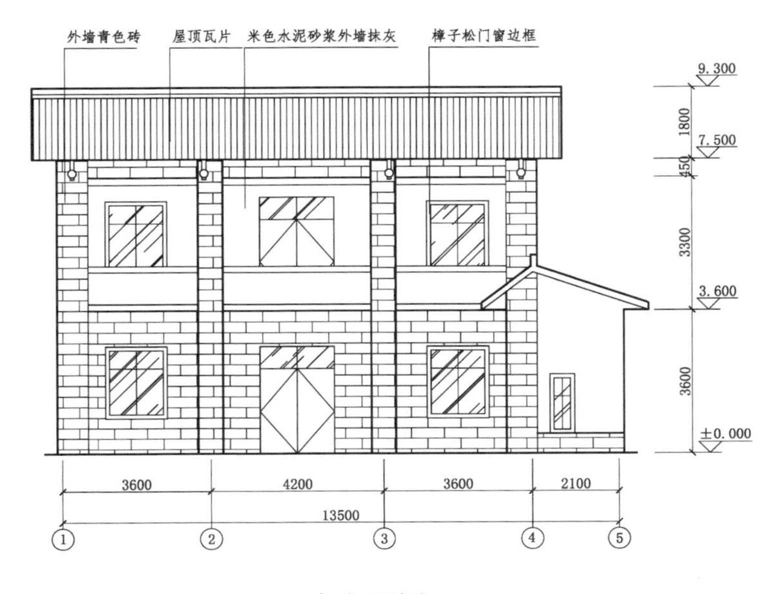

东立面图

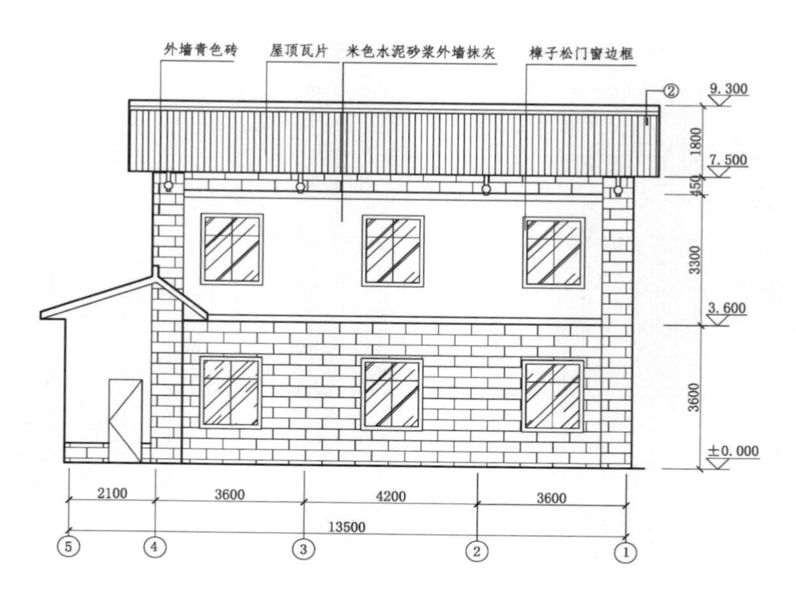

西立面图

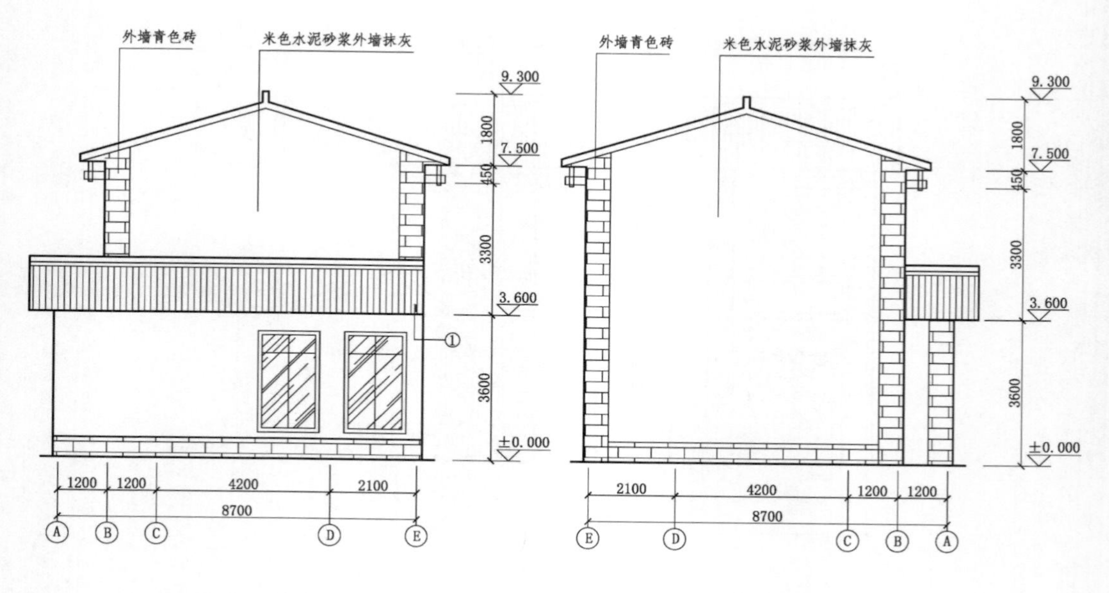

北立面图

南立面图

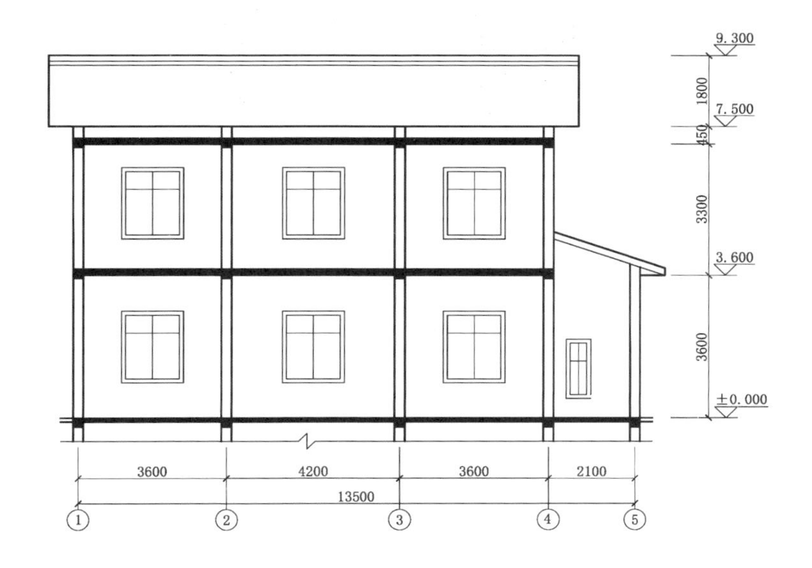
9.300
7.500
3.600
±0.000
1800
450
3300
3600
3600
4200
3600
2100
13500
1
2
3
4
5

1-1剖面图

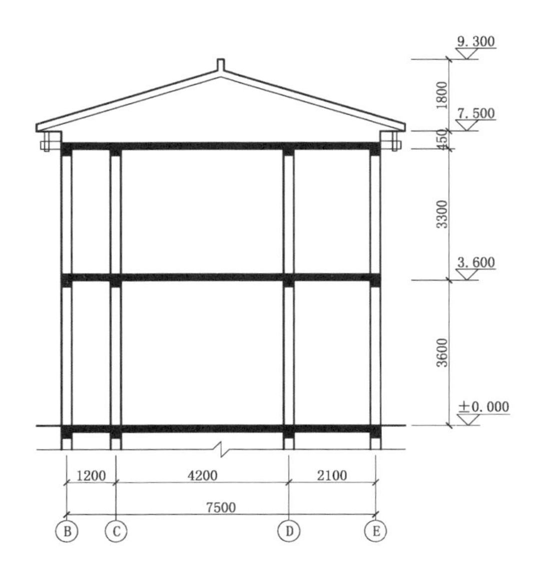
9.300
7.500
3.600
±0.000
1800
450
3300
3600
1200
4200
2100
7500
B
C
D
E

2-2剖面图

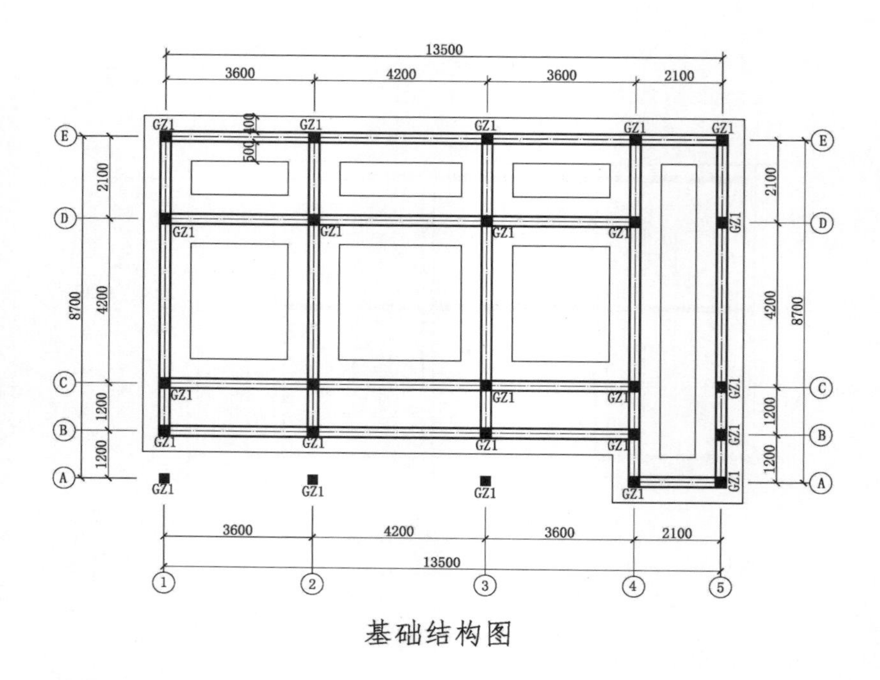
13500
3600
4200
3600
2100
GZ1
500×400
E
D
C
B
A
2100
4200
1200
1200
8700
1
2
3
4
5

基础结构图

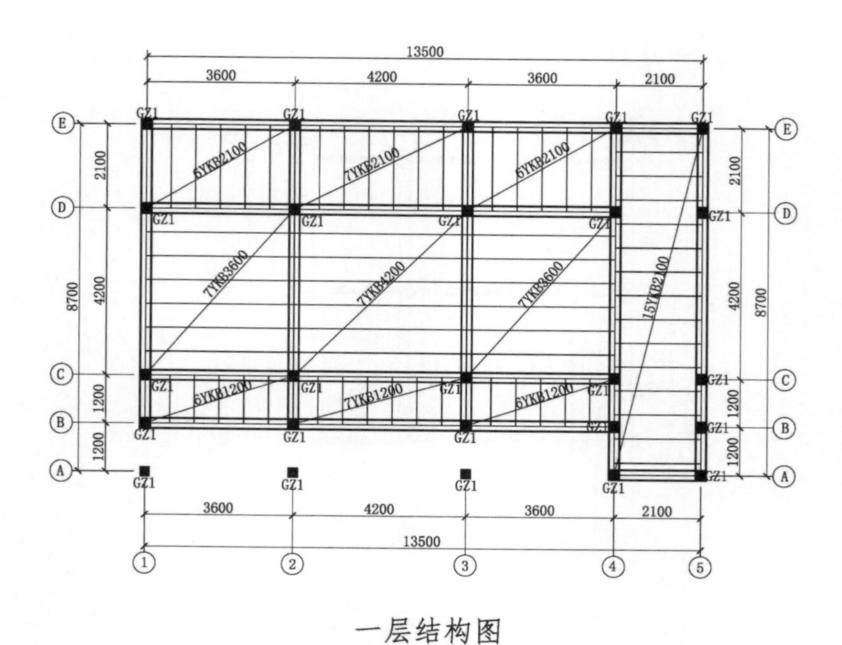
13500
3600
4200
3600
2100
GZ1
6YKB2100
7YKB2100
6YKB2100
7YKB3600
7YKB4200
7YKB3600
15YKB2100
6YKB1200
7YKB1200
6YKB1200
E
D
C
B
A
2100
4200
1200
1200
8700
1
2
3
4
5

一层结构图

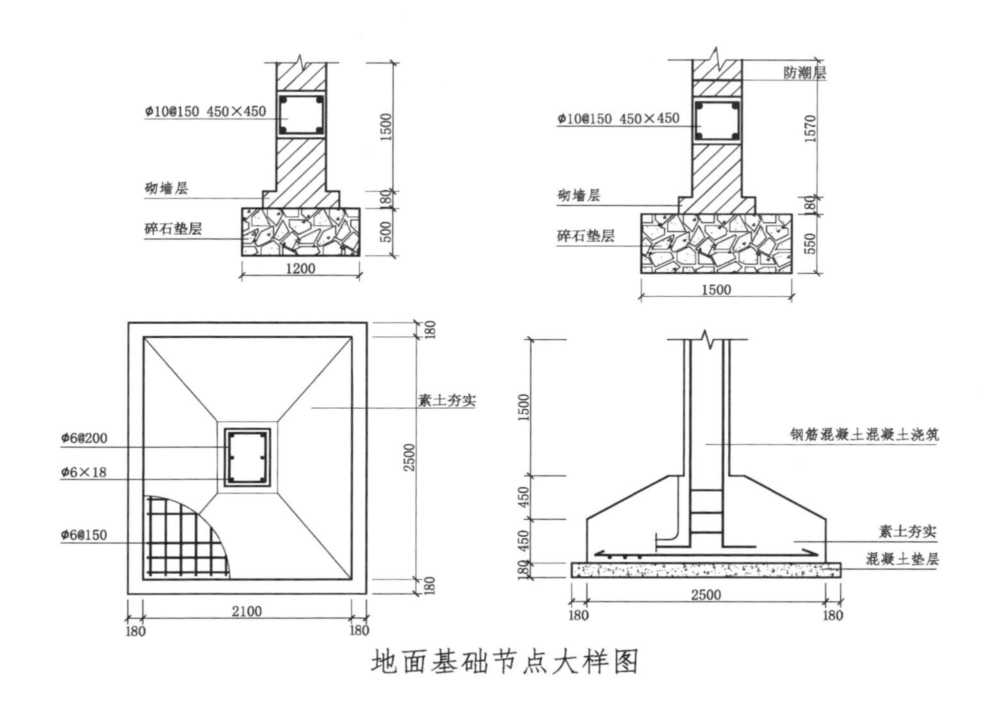

地面基础节点大样图

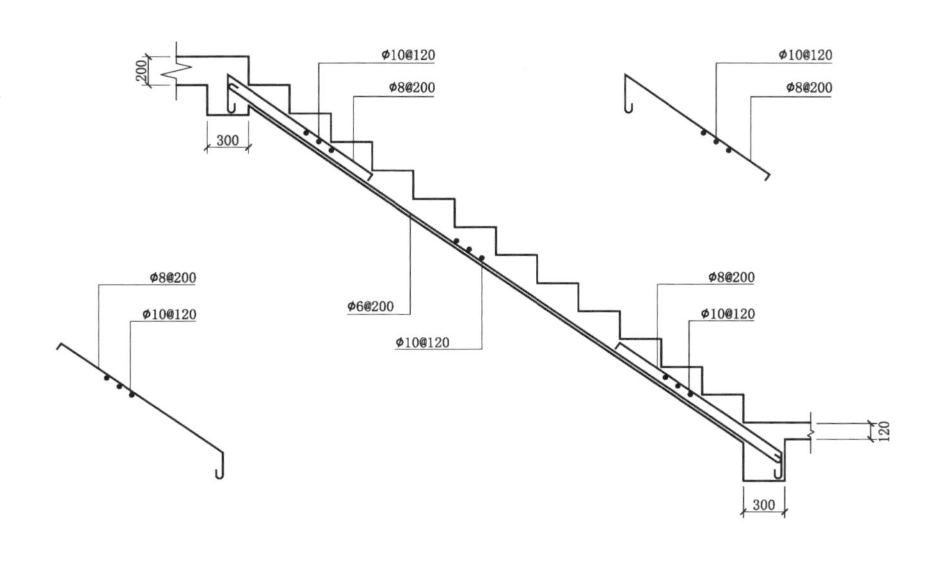

楼梯配筋图

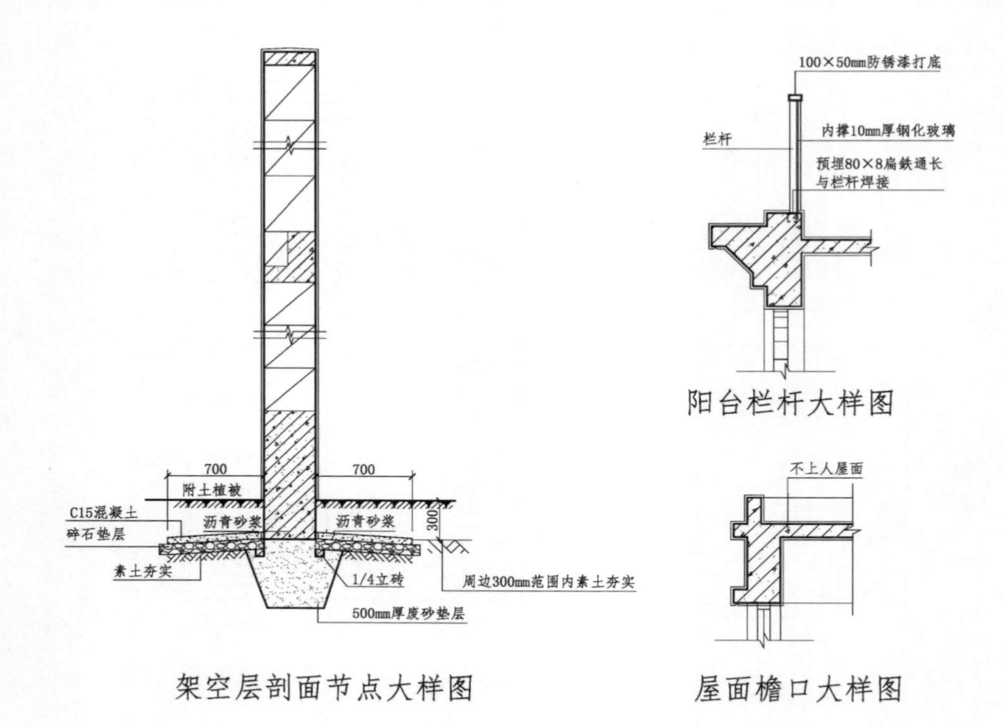

阳台栏杆大样图

架空层剖面节点大样图

屋面檐口大样图

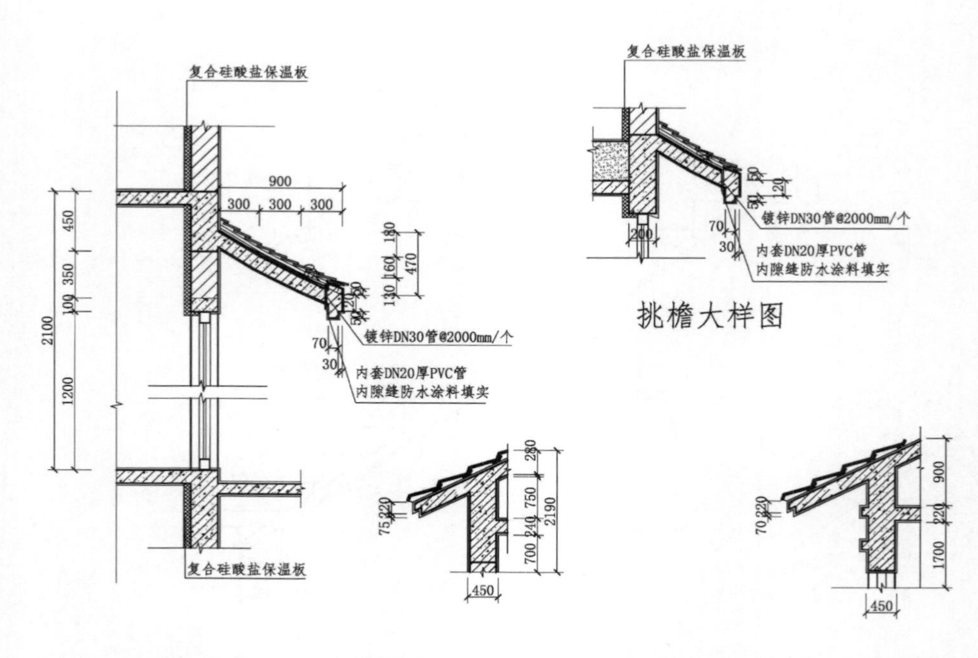

挑檐大样图

雨棚大样图　屋坡面节点大样图（一）　屋坡面节点大样图（二）

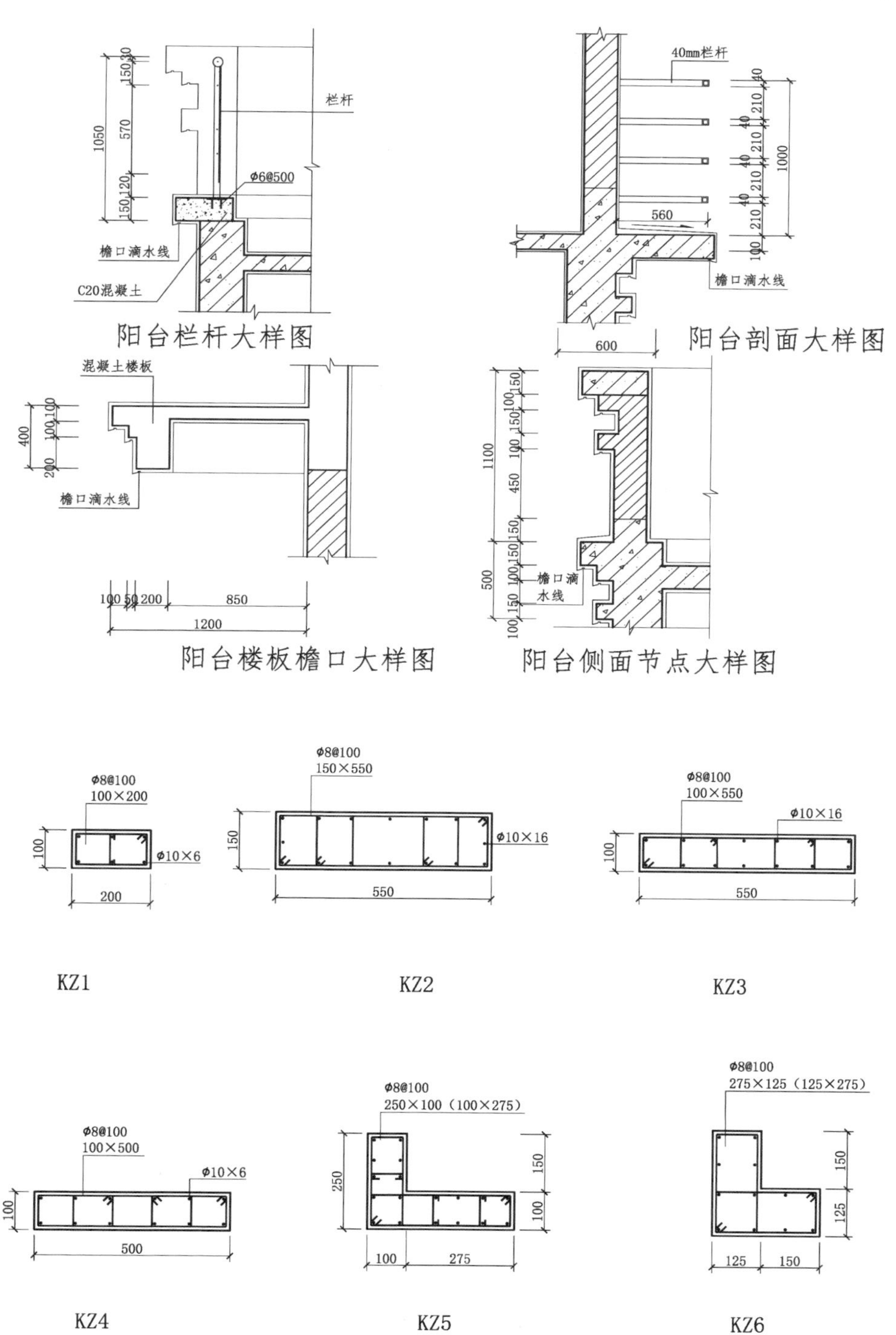
栏杆
1050
150
30
570
120
150
Φ6@500
檐口滴水线
C20混凝土
阳台栏杆大样图
40mm栏杆
40
210
1000
560
100
檐口滴水线
600
阳台剖面大样图
混凝土楼板
400
100
200
檐口滴水线
100 50 200
850
1200
阳台楼板檐口大样图
1100
150
450
500
檐口滴水线
阳台侧面节点大样图
Φ8@100
100×200
Φ10×6
KZ1
150×550
Φ10×16
550
KZ2
100×550
KZ3
100×500
500
KZ4
250×100（100×275）
250
275
KZ5
275×125（125×275）
125
KZ6

梁柱配筋图

No.11 汉派经典住宅

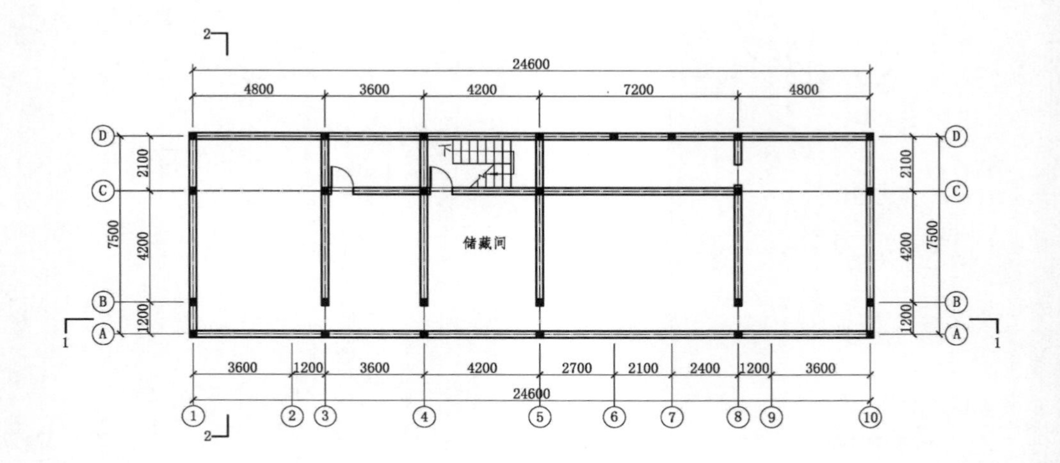

三层平面布置图

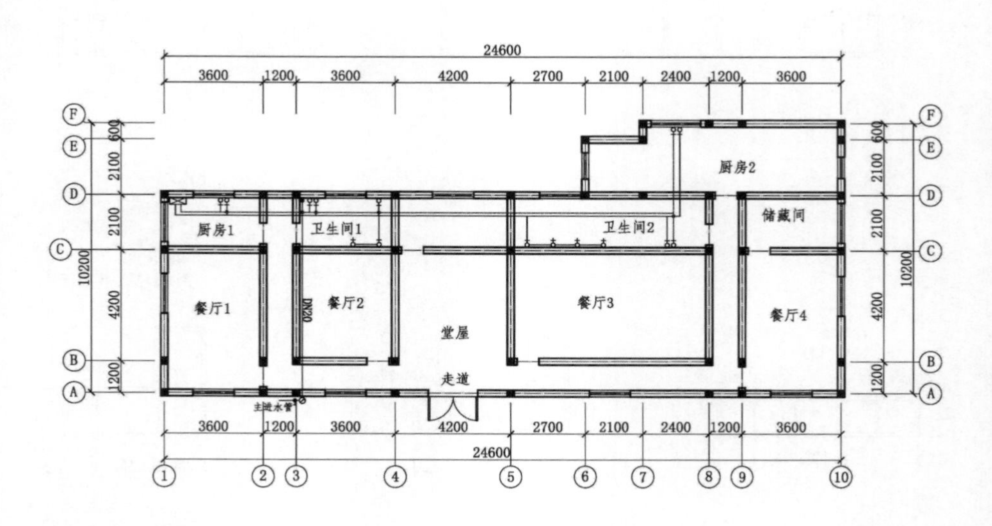

一层给水布置图

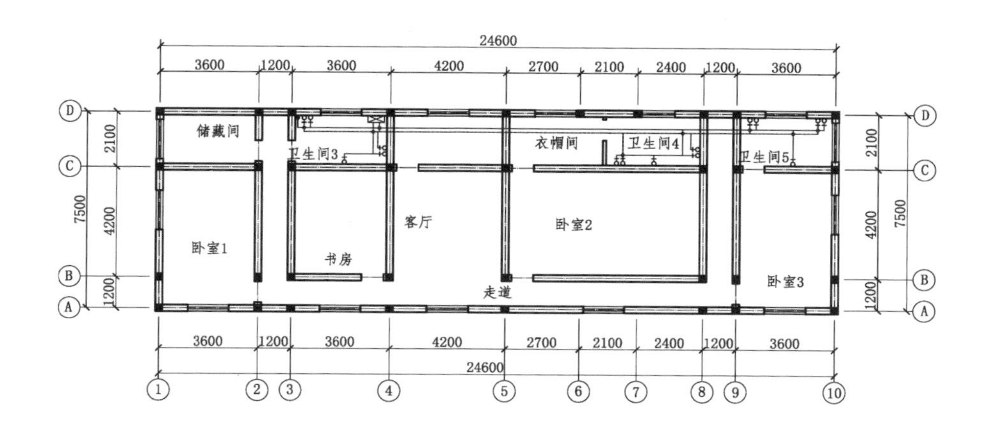

二层给水布置图

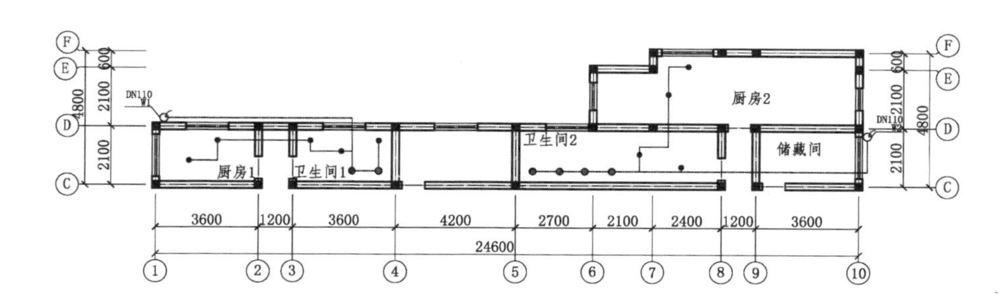

一层排水布置图

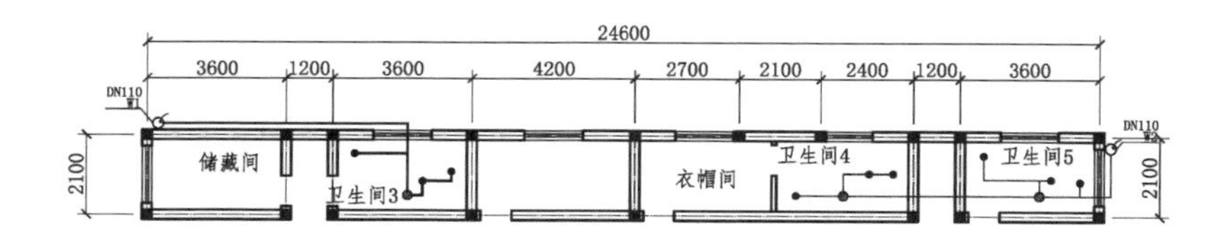

二层排水布置图

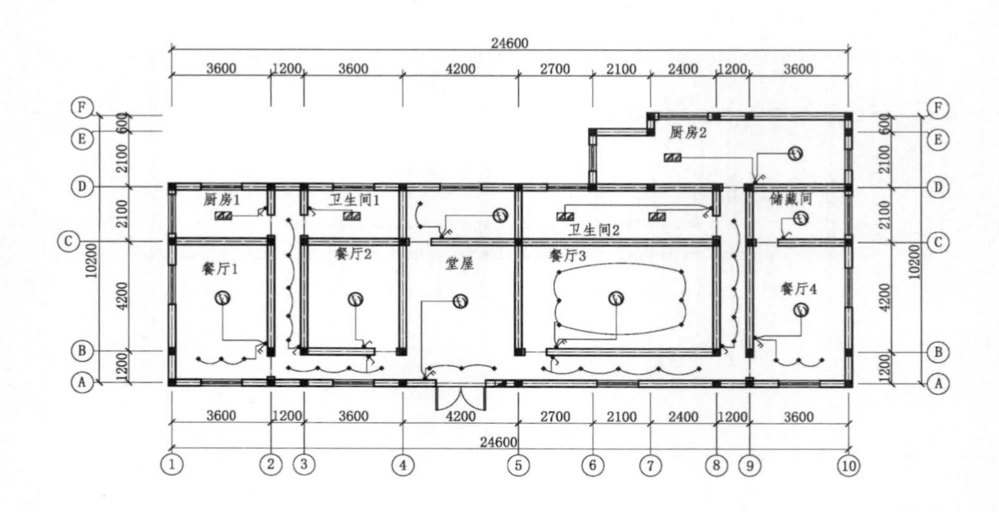

一层灯具开关布置图

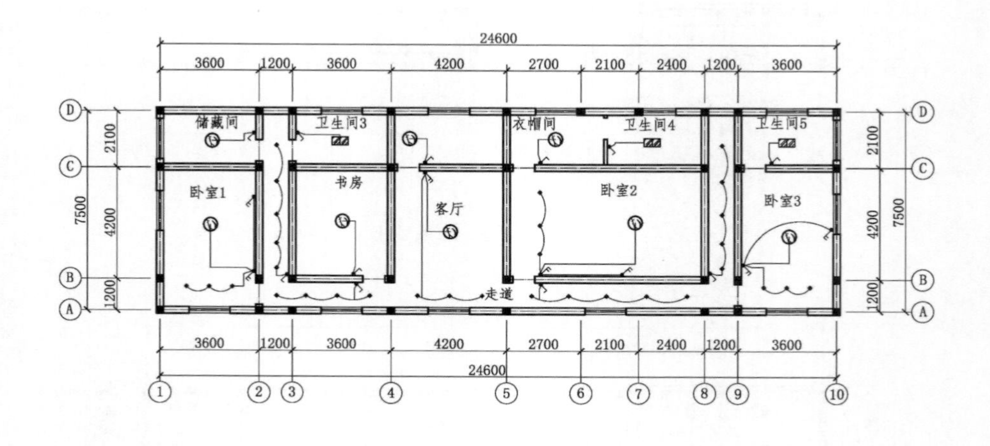

二层灯具开关布置图

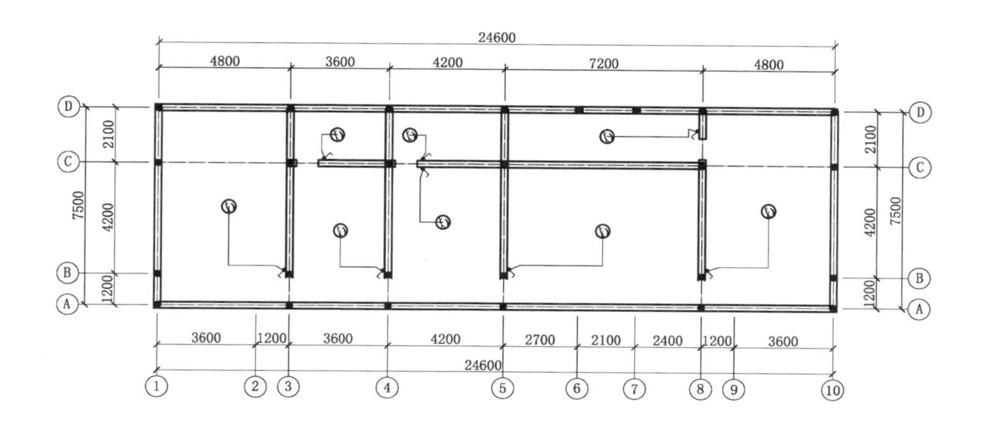

三层灯具开关布置图

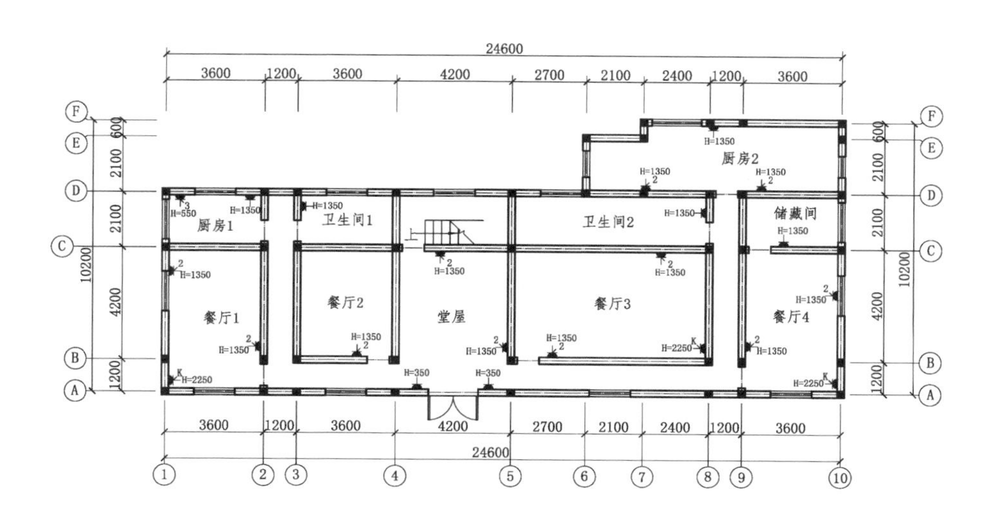

一层插座布置图

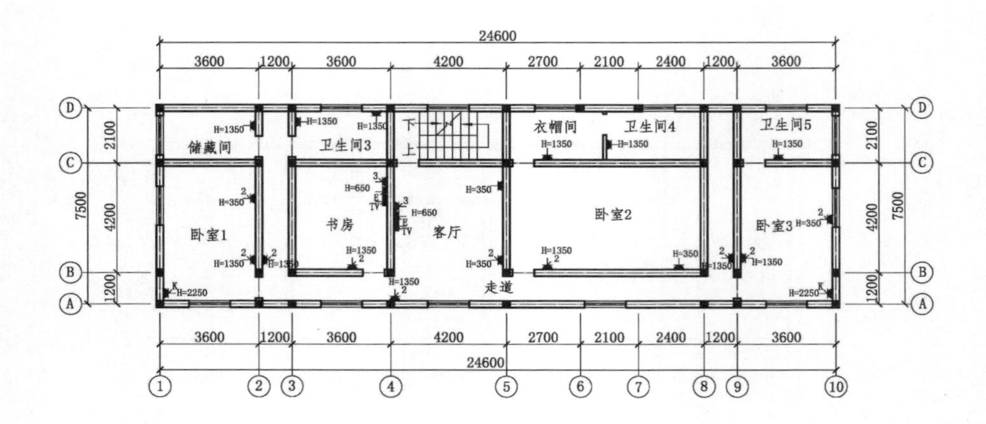

二层插座布置图

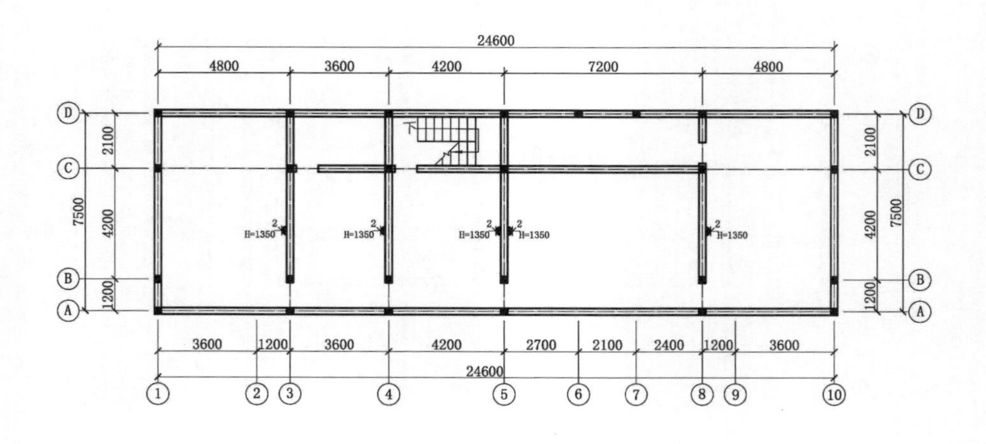

三层插座布置图

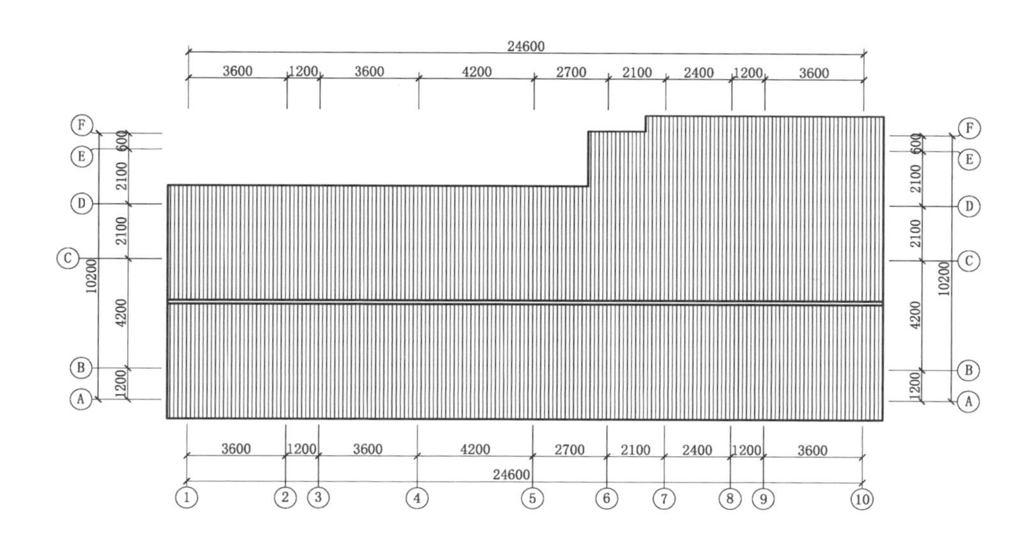

屋顶平面布置图

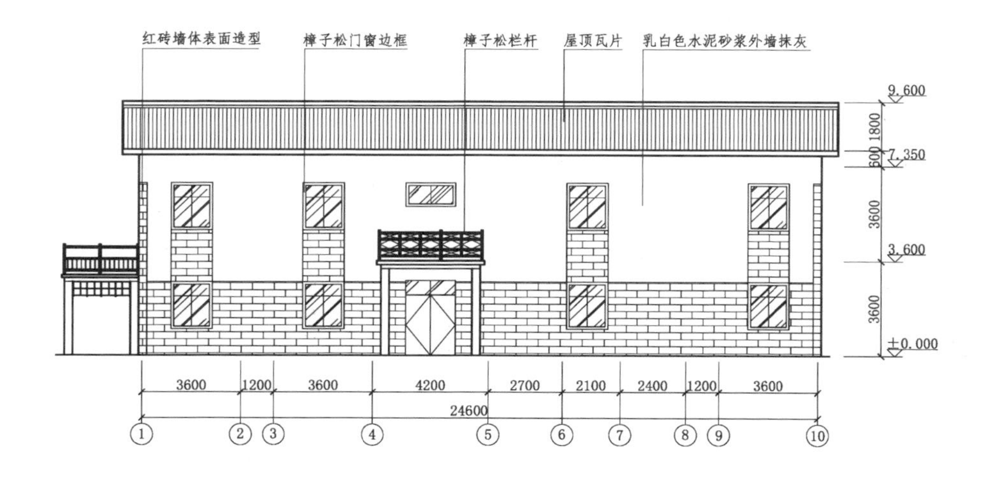

东立面图

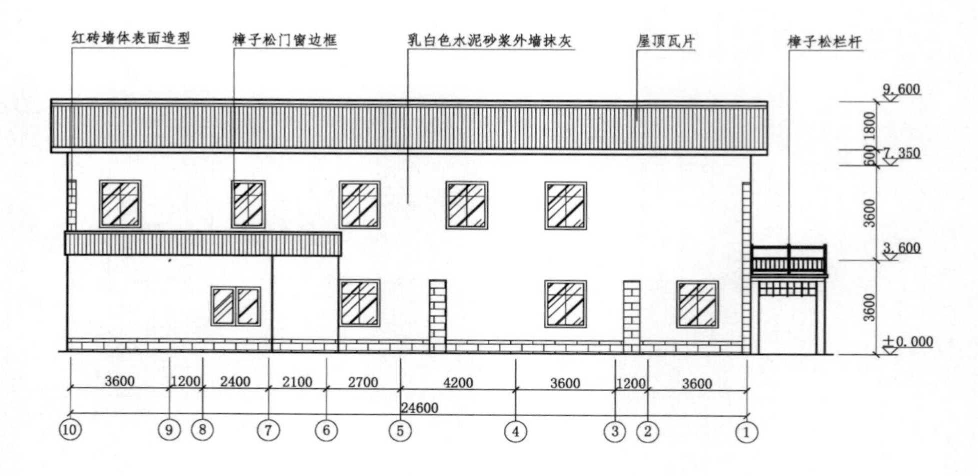

西立面图

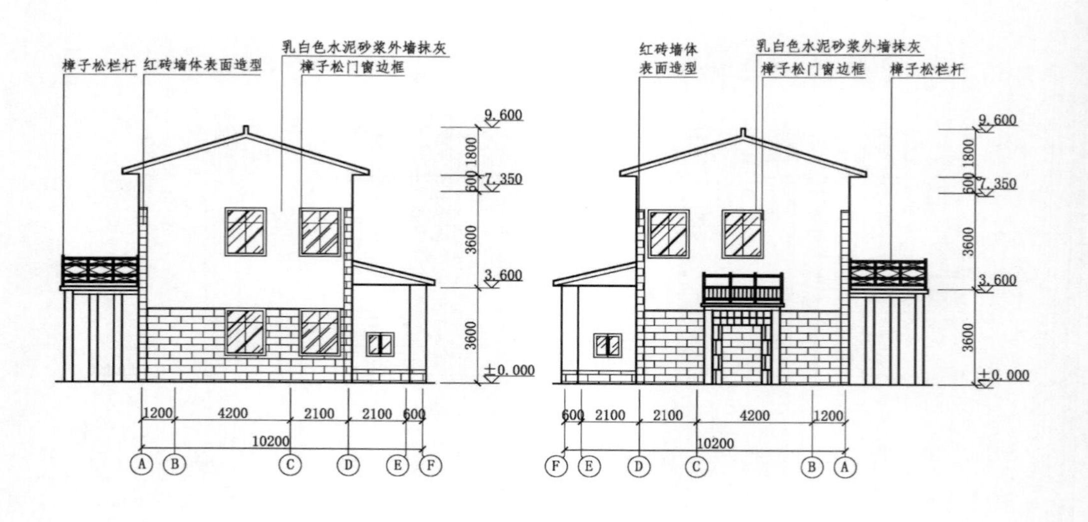

北立面图

南立面图

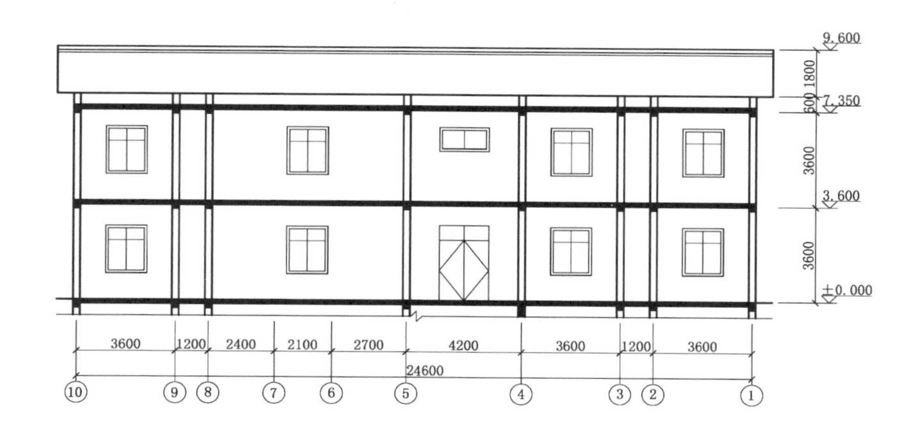
9.600
1800
600
7.350
3600
3.600
3600
±0.000
3600
1200
2400
2100
2700
4200
3600
1200
3600
24600
10
9
8
7
6
5
4
3
2
1

1-1剖面图

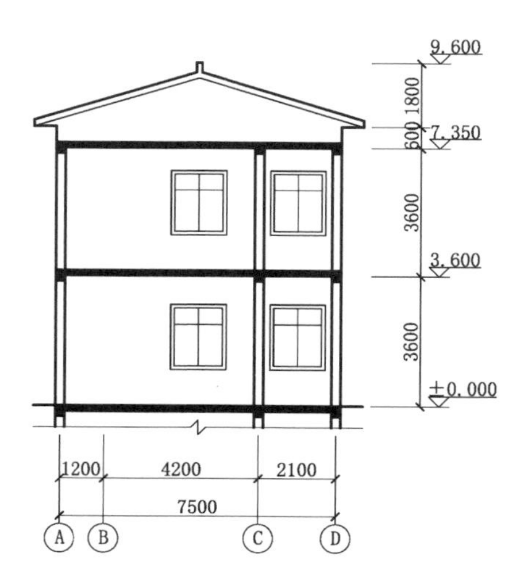
9.600
1800
600
7.350
3600
3.600
3600
±0.000
1200
4200
2100
7500
A
B
C
D

2-2剖面图

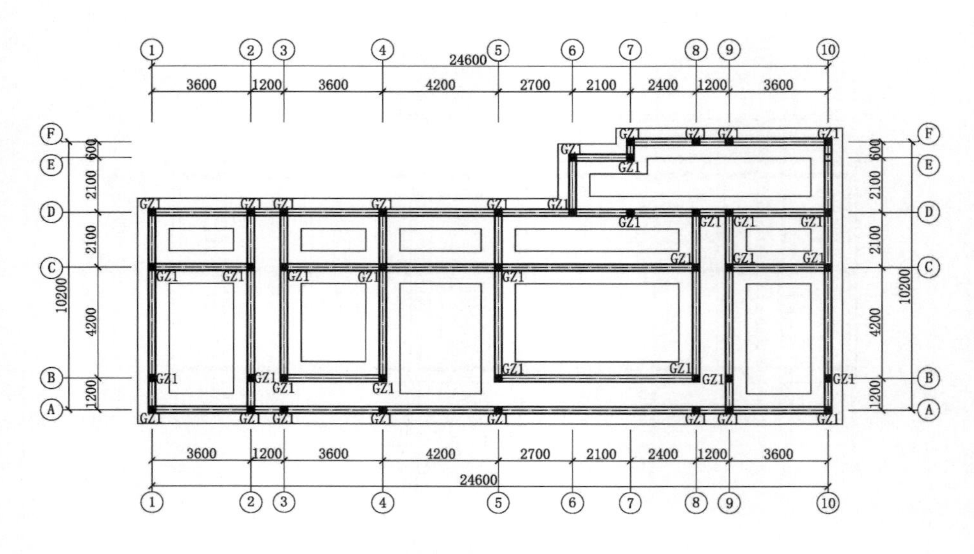
24600
3600
1200
3600
4200
2700
2100
2400
1200
3600
600
2100
2100
4200
1200
10200
GZ1

基础结构图

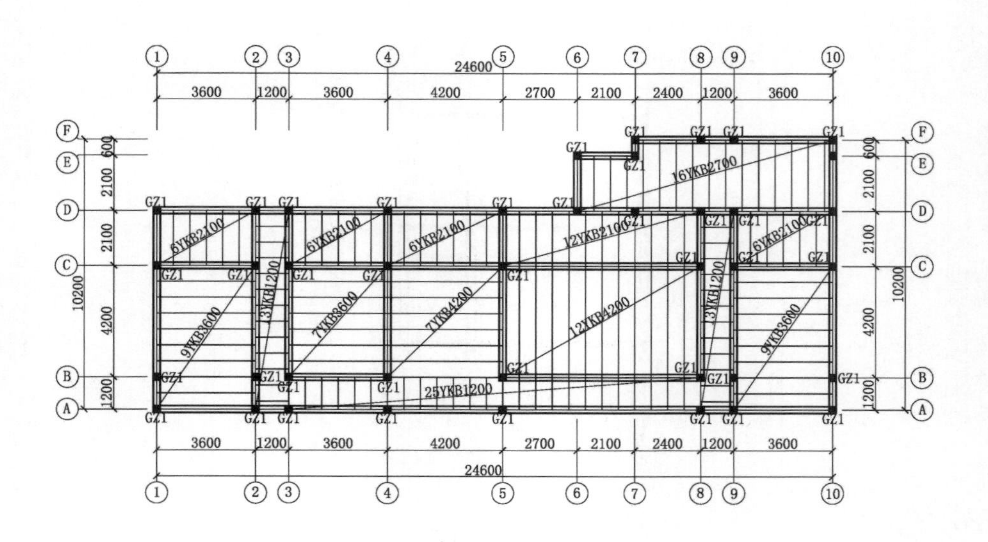
24600
3600
1200
3600
4200
2700
2100
2400
1200
3600
600
2100
2100
4200
1200
10200
GZ1
6YKB2100
12YKB2100
16YKB2700
9YKB3600
13YKB1200
7YKB3600
7YKB4200
12YKB4200
25YKB1200

一层结构图

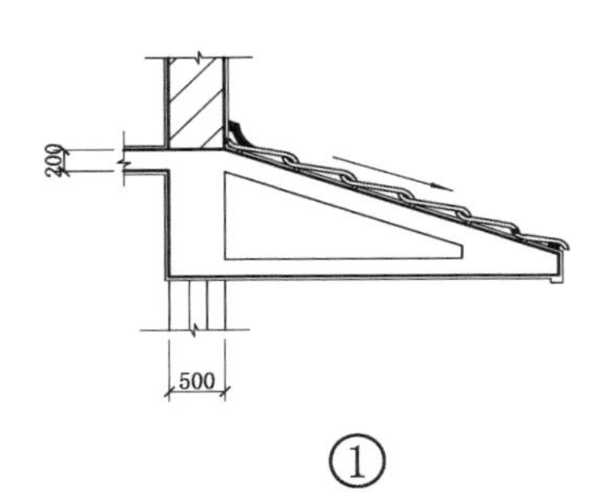

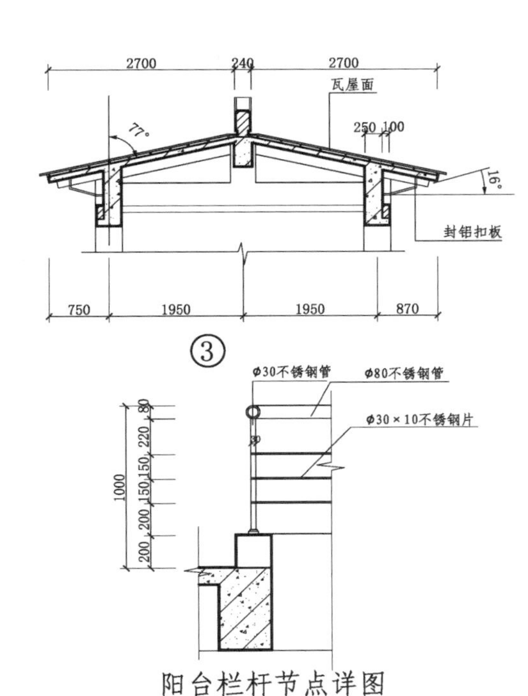

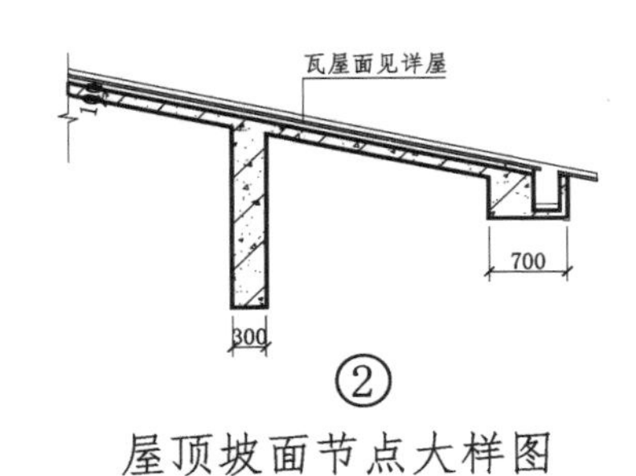

屋顶坡面节点大样图

阳台栏杆节点详图

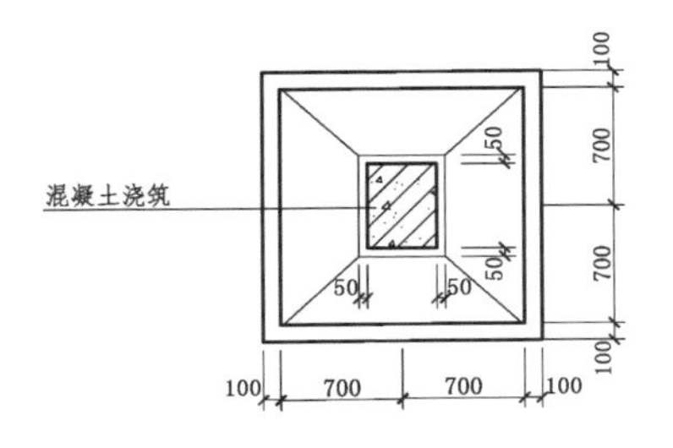

地面基础平面大样图（一）

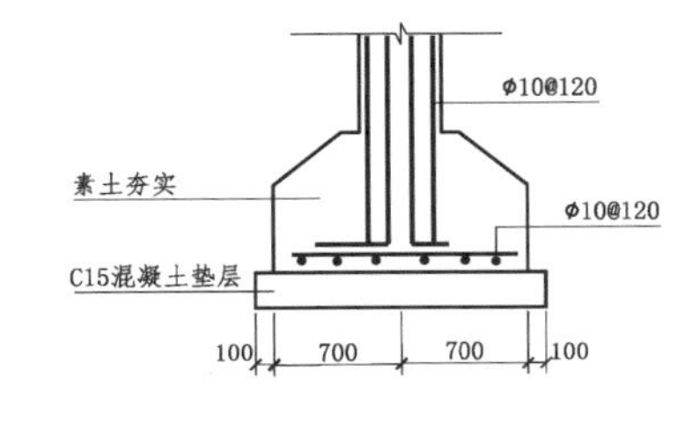

地面基础剖面大样图（一）

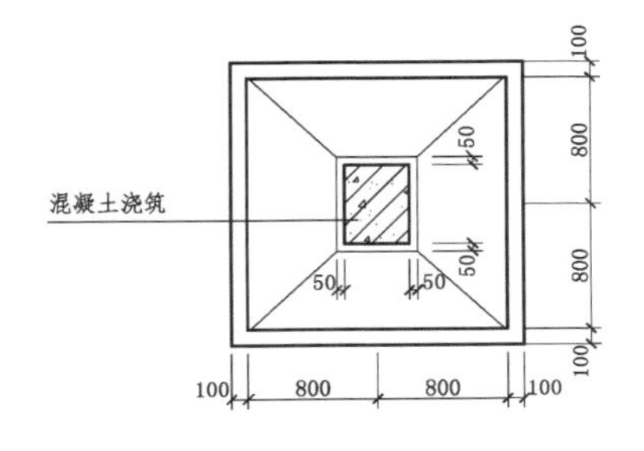

地面基础平面大样图（二）

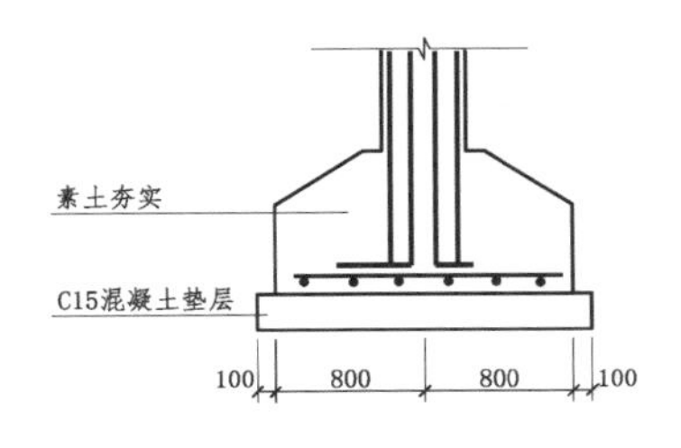

地面基础剖面大样图（二）

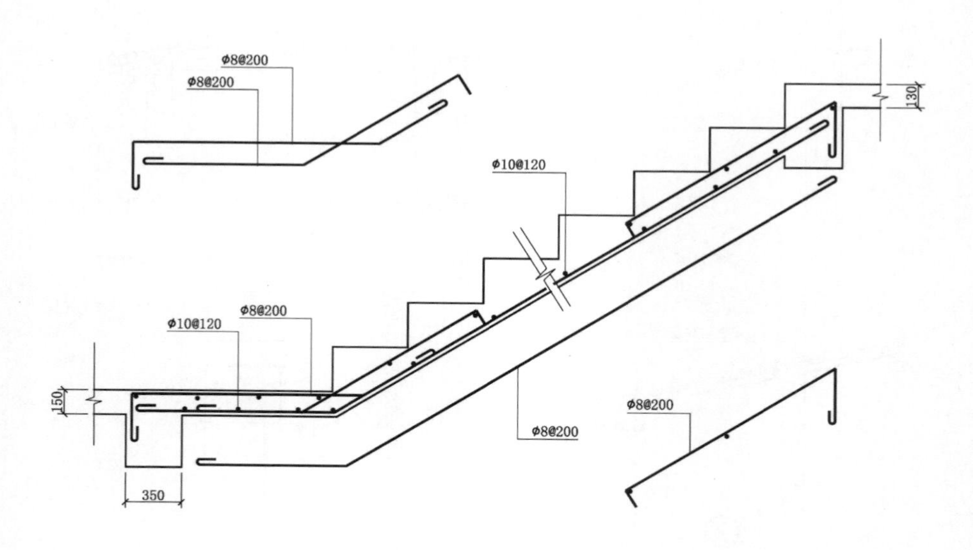
φ8@200
φ8@200
φ10@120
130
φ8@200
φ10@120
150
φ8@200
φ8@200
350

楼梯配筋图

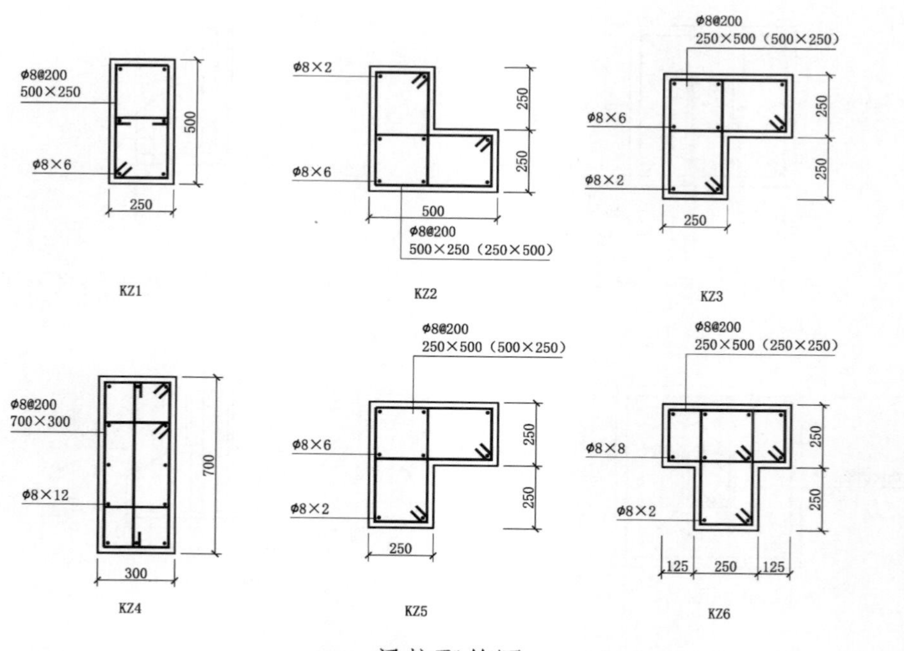
φ8@200
500×250
φ8×6
500
250
KZ1
φ8×2
φ8×6
250
250
500
φ8@200
500×250（250×500）
KZ2
φ8@200
250×500（500×250）
φ8×6
φ8×2
250
250
250
KZ3
φ8@200
700×300
φ8×12
700
300
KZ4
φ8@200
250×500（500×250）
φ8×6
φ8×2
250
250
250
KZ5
φ8@200
250×500（250×250）
φ8×8
φ8×2
250
250
125
250
125
KZ6

梁柱配筋图

No.12 现代花园洋房

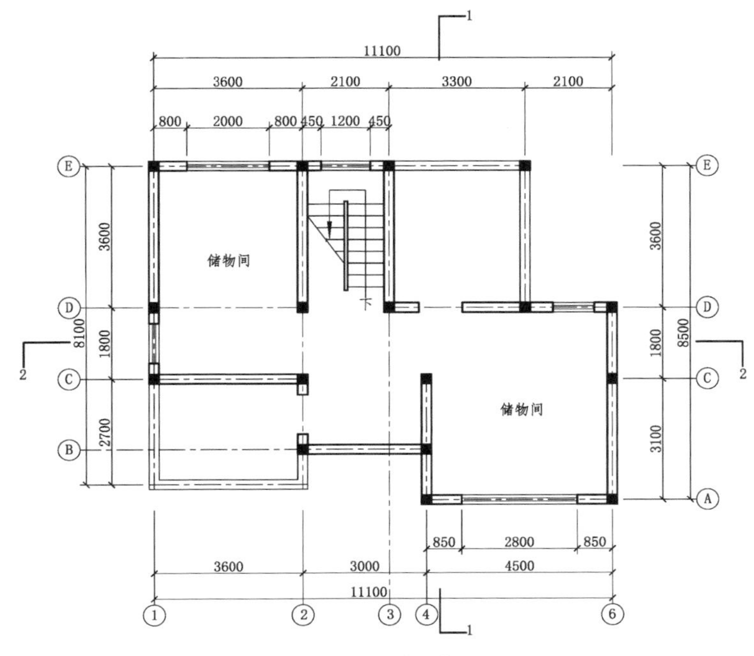

三层平面布置图

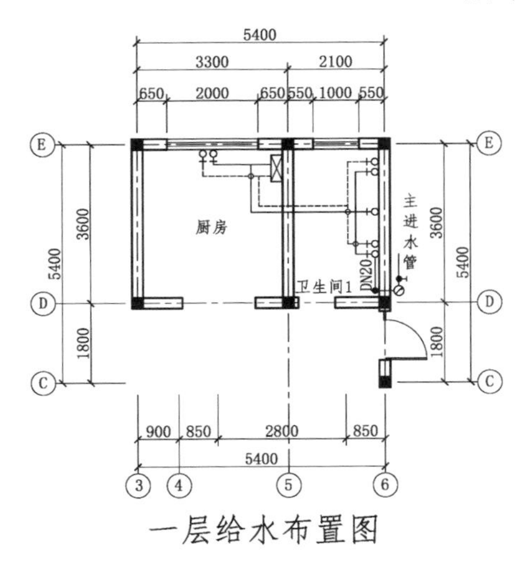

一层给水布置图

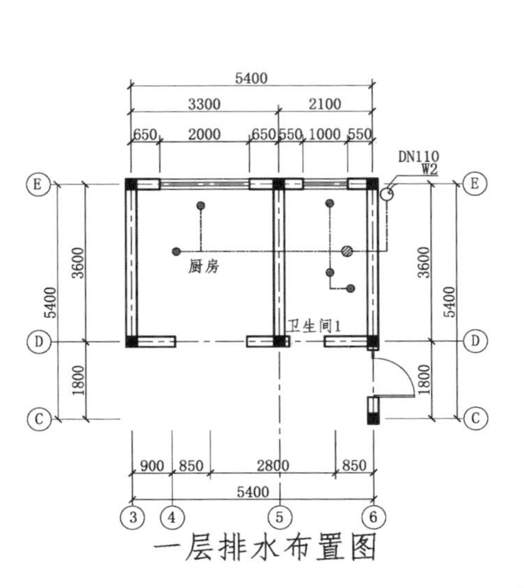

一层排水布置图

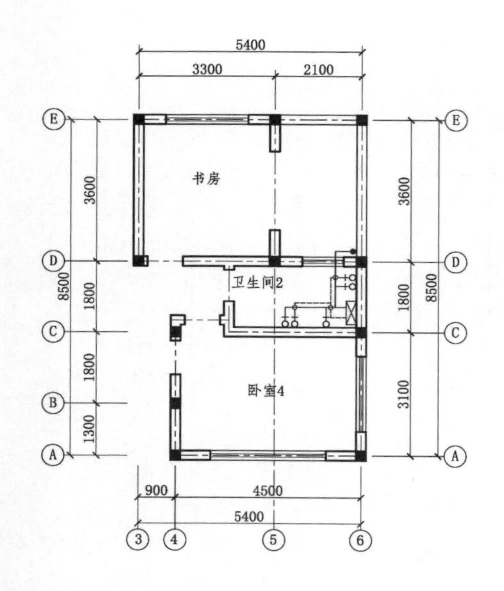

二层给水布置图

二层排水布置图

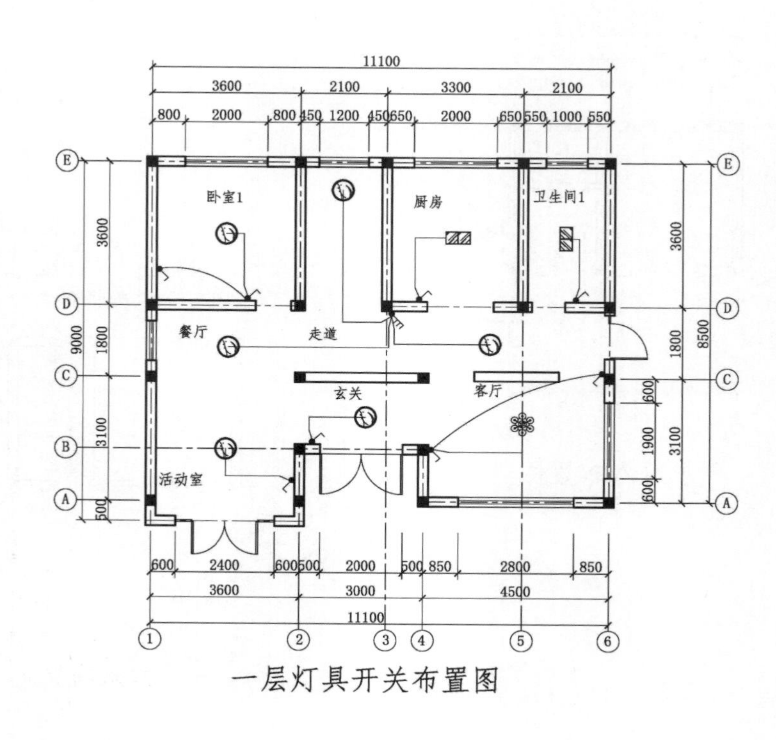

一层灯具开关布置图

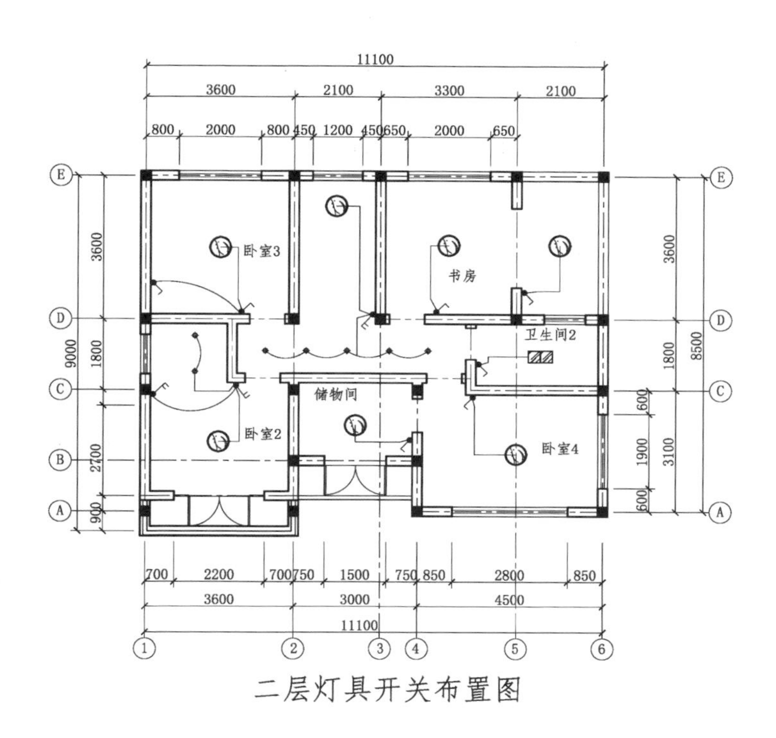

二层灯具开关布置图

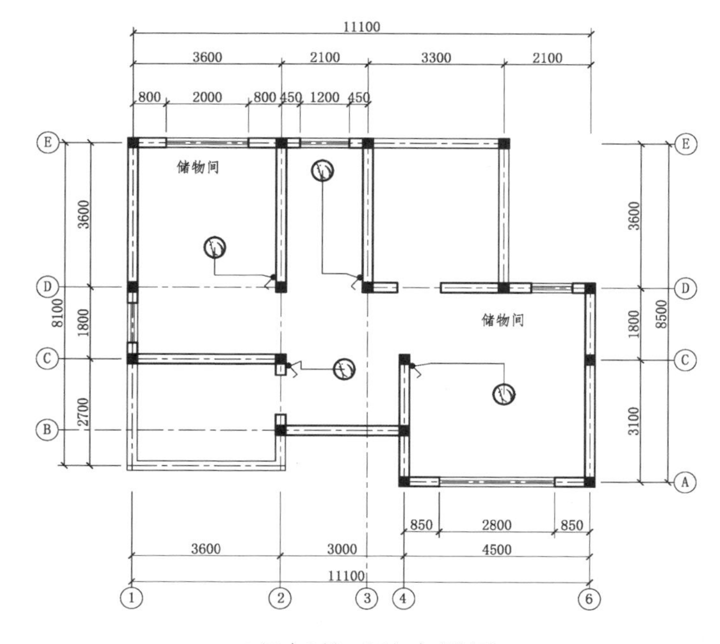

三层灯具开关布置图

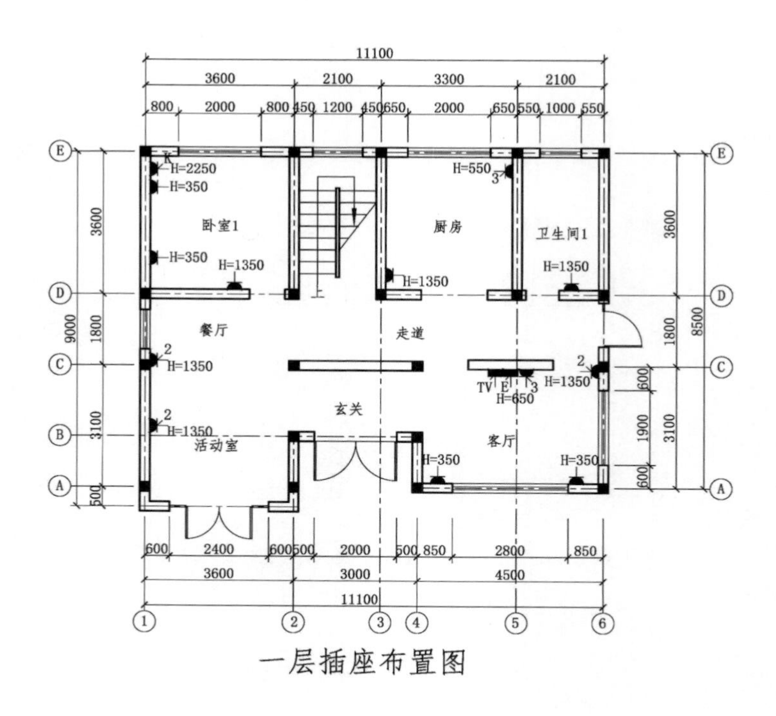

一层插座布置图

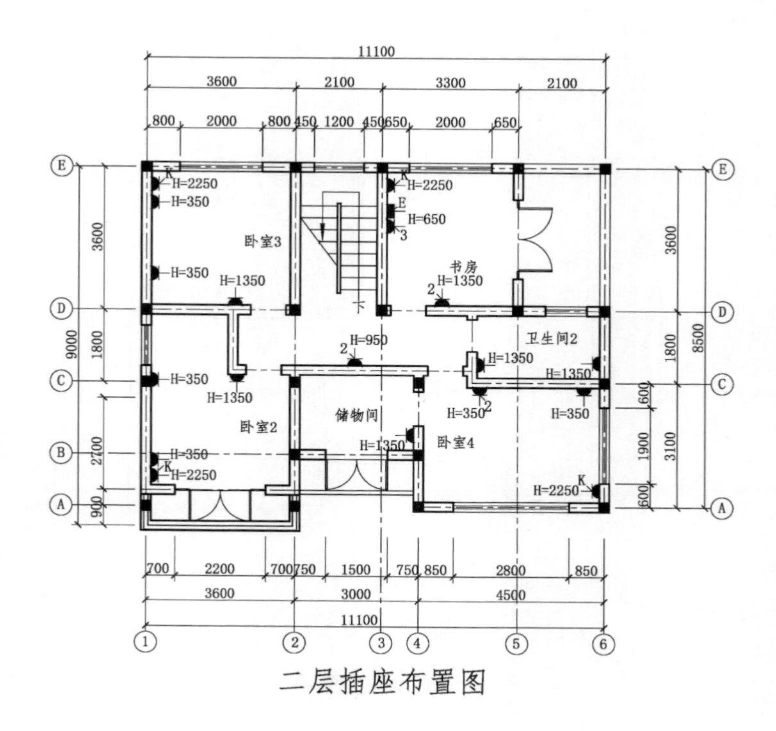

二层插座布置图

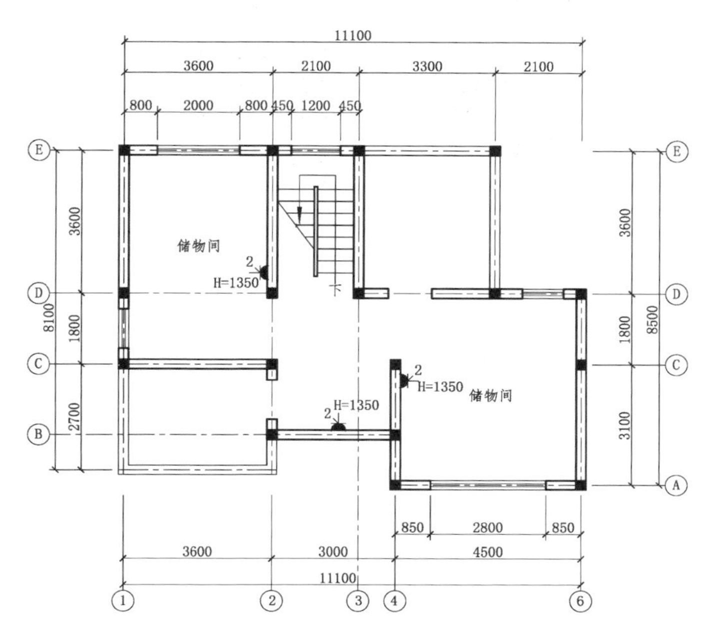

三层插座布置图

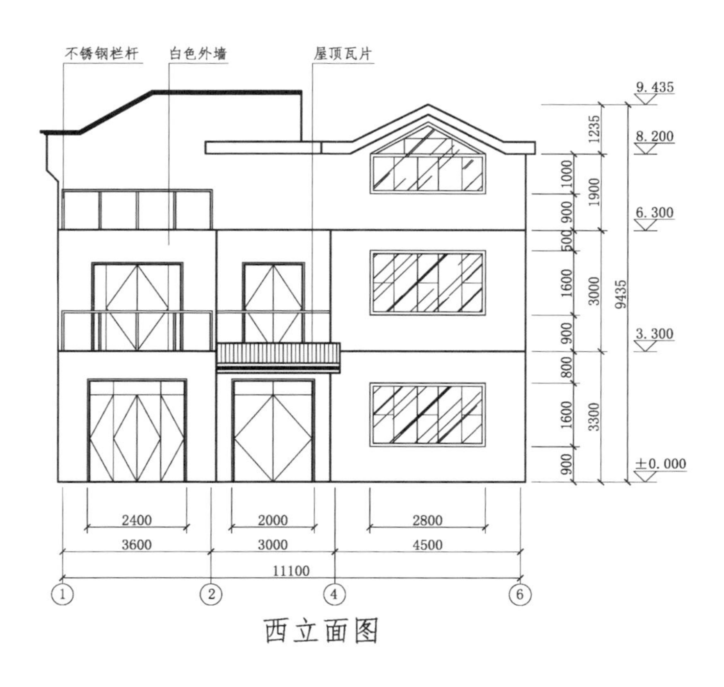

西立面图

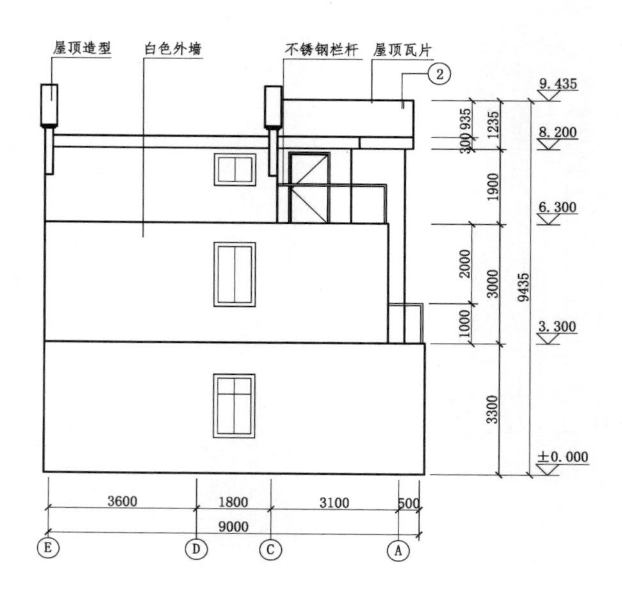
屋顶造型
白色外墙
不锈钢栏杆
屋顶瓦片
9.435
8.200
6.300
3.300
±0.000
1235
300
935
1900
2000
1000
3000
9435
3300
3600
1800
3100
500
9000
E
D
C
A
2

北立面图

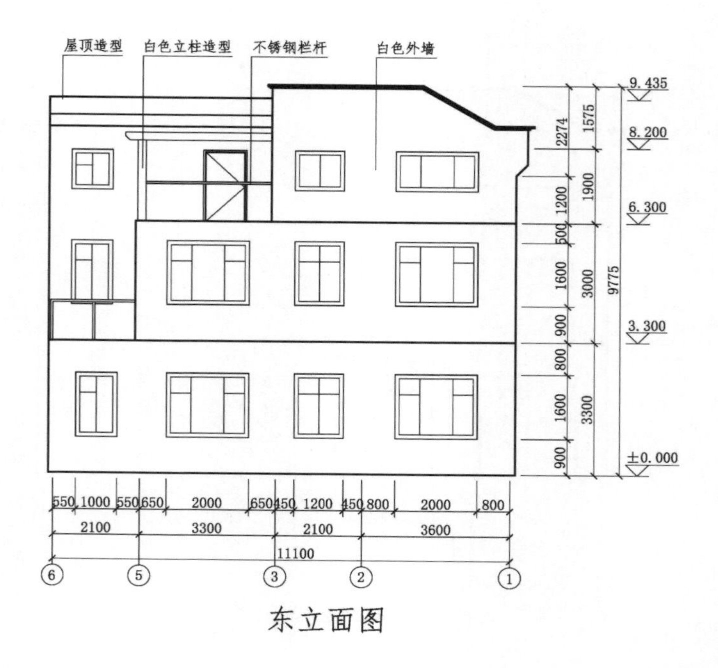
屋顶造型
白色立柱造型
不锈钢栏杆
白色外墙
9.435
8.200
6.300
3.300
±0.000
2274
1575
1200
1900
500
1600
3000
9775
900
800
1600
3300
900
550
1000
550
650
2000
650
450
1200
450
800
2000
800
2100
3300
2100
3600
11100
6
5
3
2
1

东立面图

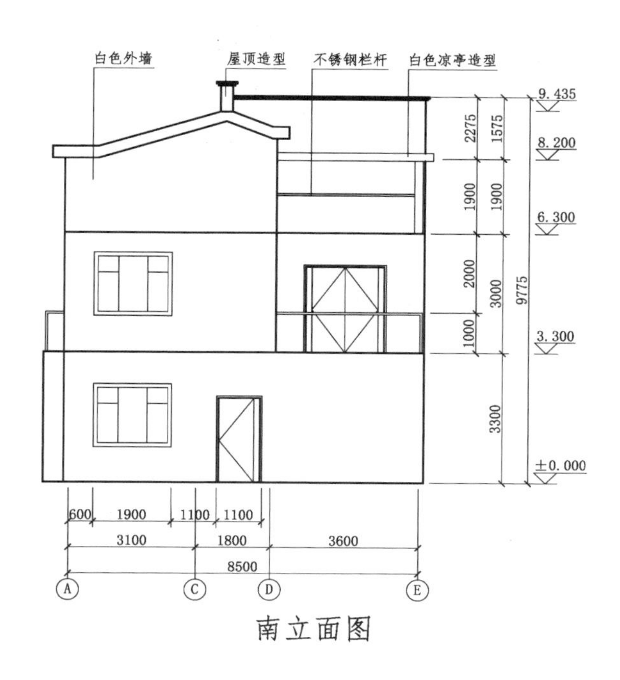
白色外墙
屋顶造型
不锈钢栏杆
白色凉亭造型
9.435
8.200
6.300
3.300
±0.000
2275
1575
1900
1900
2000
3000
1000
9775
3300
600
1900
1100
1100
3100
1800
3600
8500
A
C
D
E

南立面图

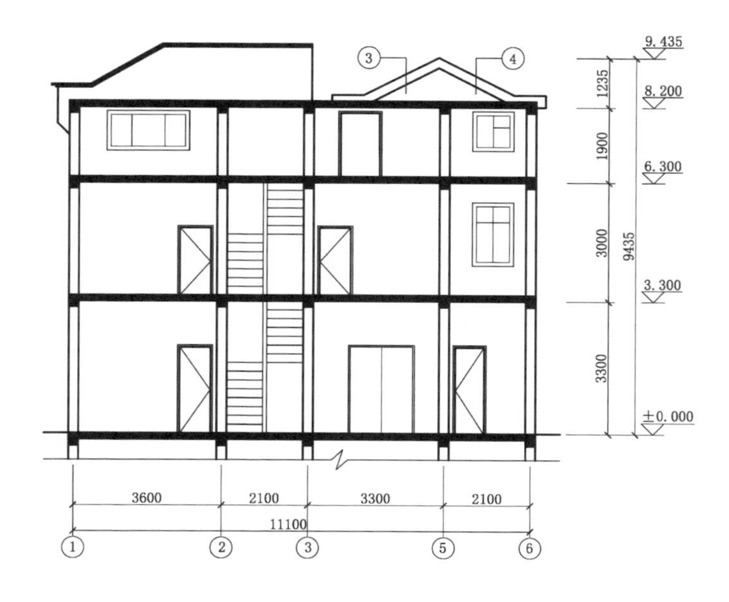
3
4
9.435
8.200
6.300
3.300
±0.000
1235
1900
3000
9435
3300
3600
2100
3300
2100
11100
1
2
3
5
6

2-2剖面图

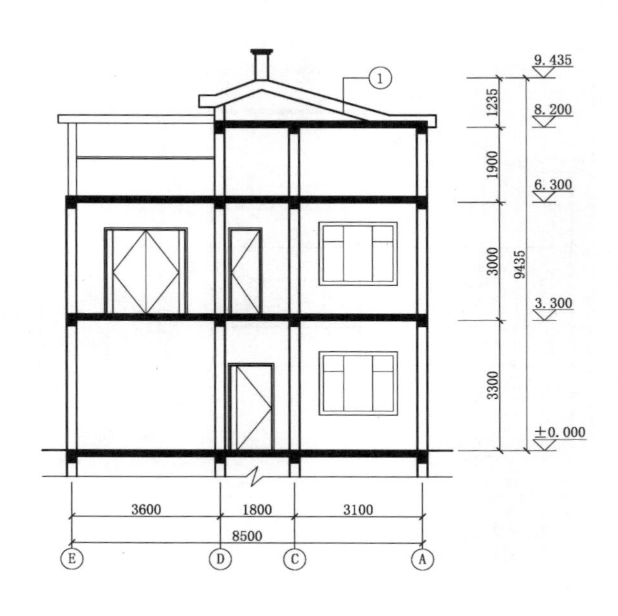
①
9.435
8.200
6.300
3.300
±0.000
1235
1900
3000
3300
9435
3600
1800
3100
8500
E
D
C
A

1-1剖面图

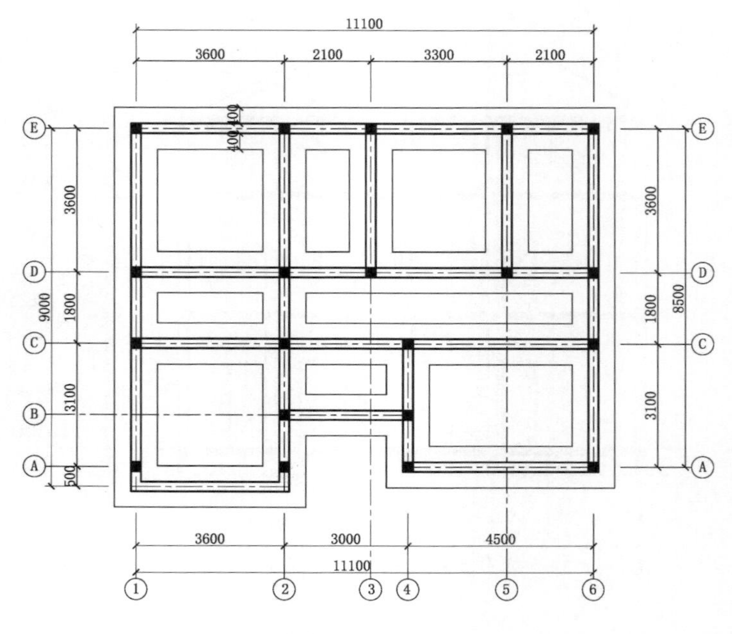
11100
3600
2100
3300
2100
400
400
E
D
C
B
A
3600
1800
3100
500
9000
8500
3000
4500
1
2
3
4
5
6

基础结构图

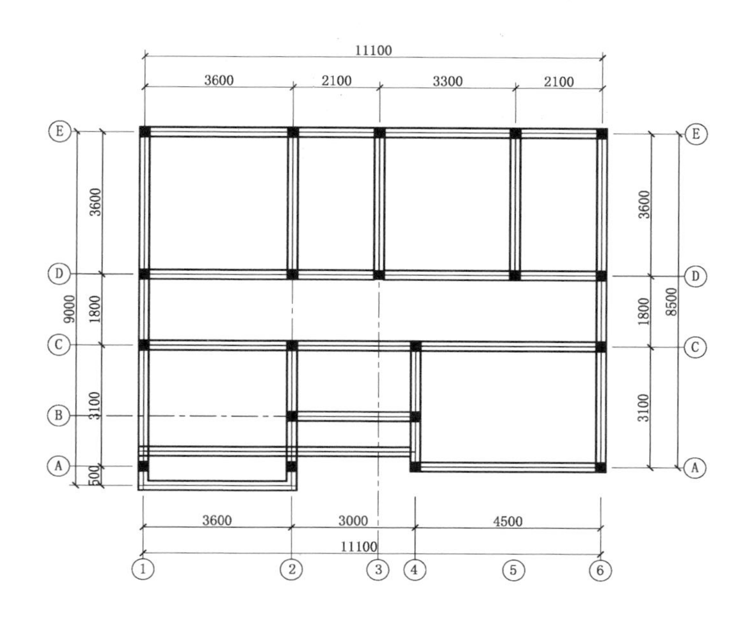
11100
3600
2100
3300
2100
E
D
C
B
A
3600
1800
9000
3100
500
3600
1800
8500
3100
3600
3000
4500
11100
1
2
3
4
5
6

一层结构图

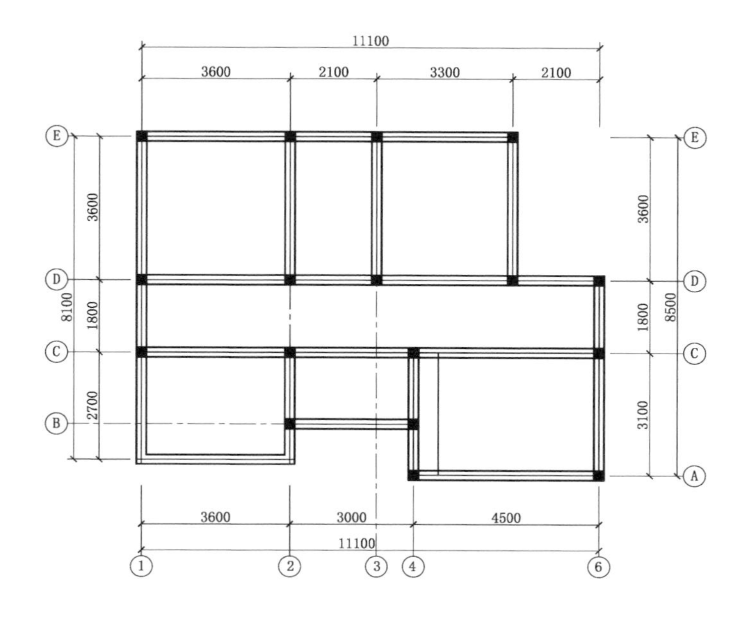
11100
3600
2100
3300
2100
E
D
C
B
A
3600
1800
8100
2700
3600
1800
8500
3100
3600
3000
4500
11100
1
2
3
4
6

二层结构图

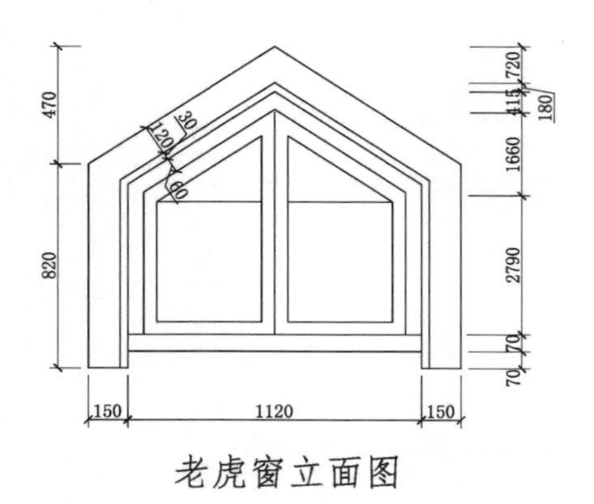

老虎窗立面图

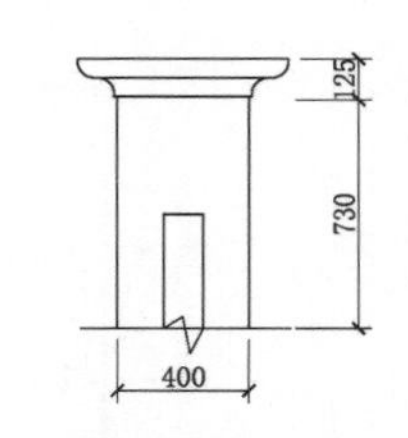

外墙罗马柱详图

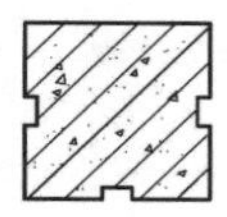

阳台柱断面图

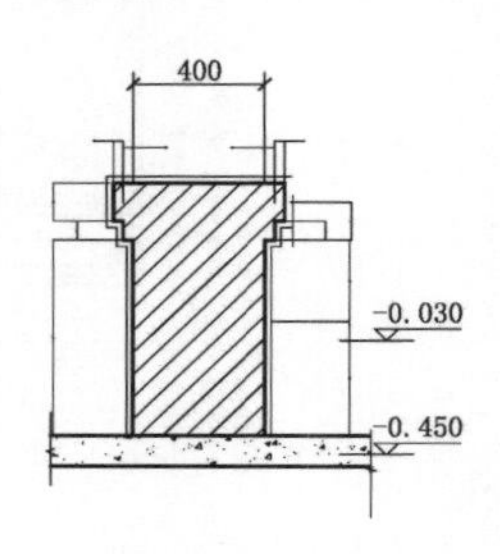

台阶侧墙详图

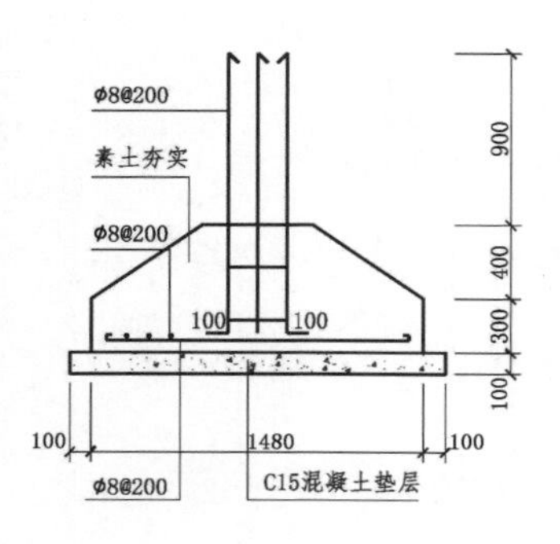

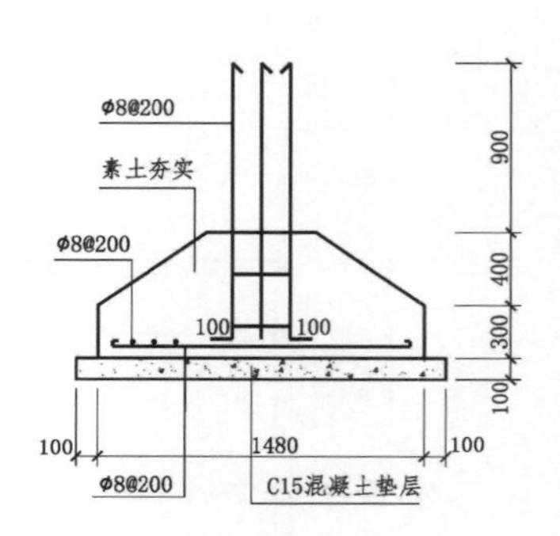

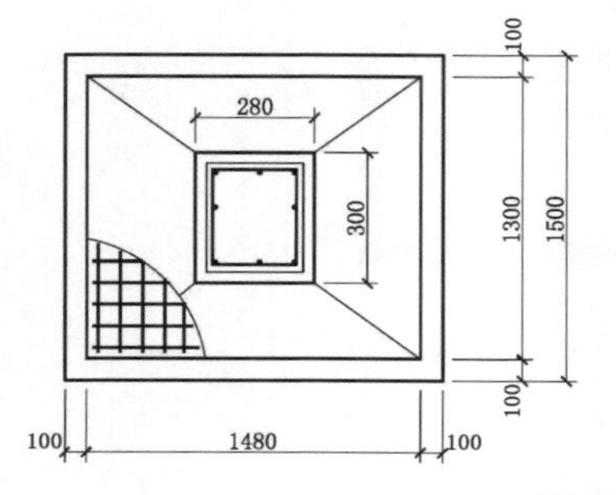

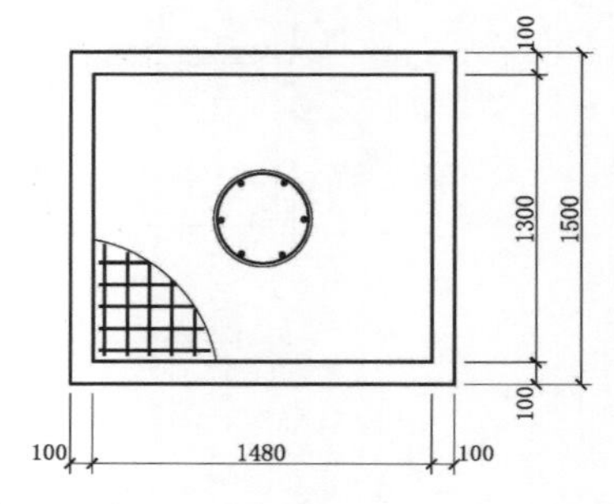

地面基础节点大样图

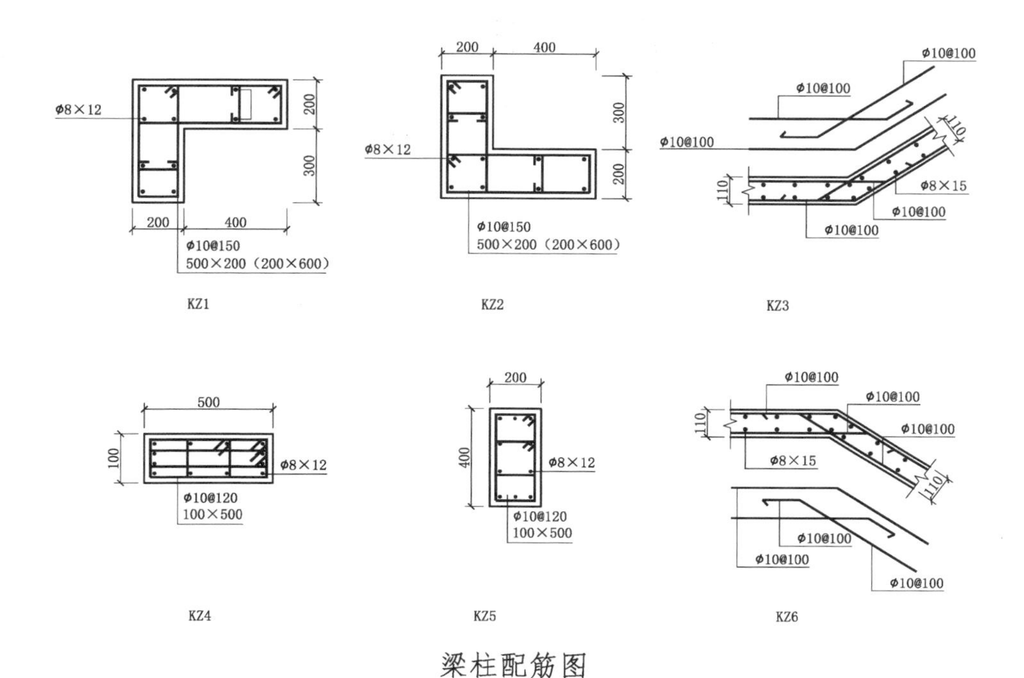

梁柱配筋图

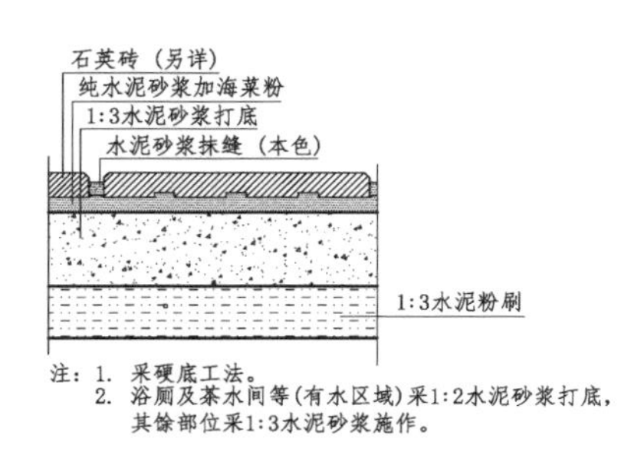

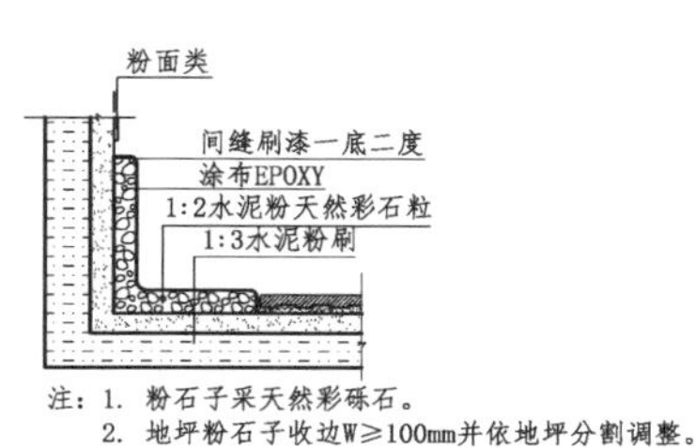

石英砖地坪大样图

粉石子踢脚大样图

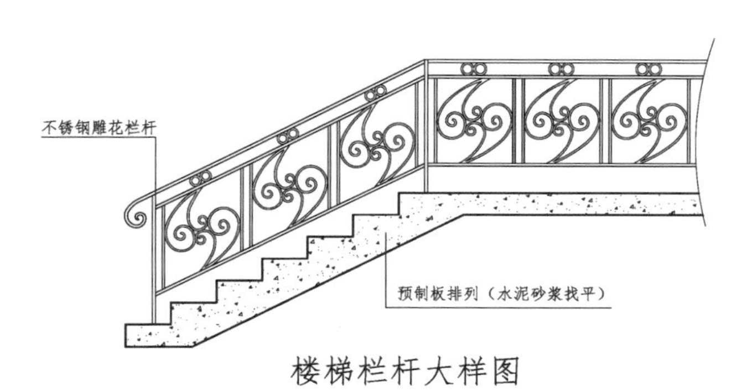

楼梯栏杆大样图

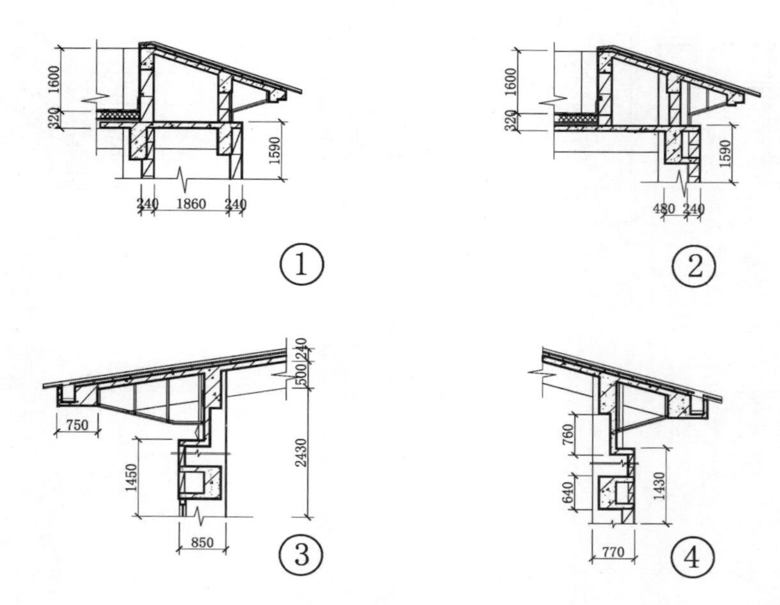

屋顶坡面节点大样图

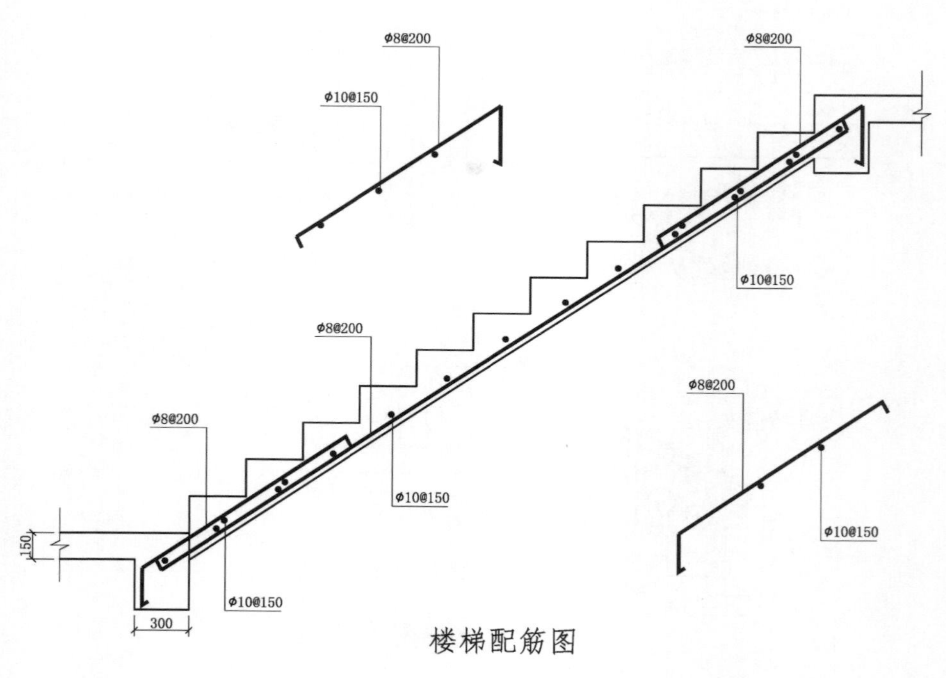

楼梯配筋图

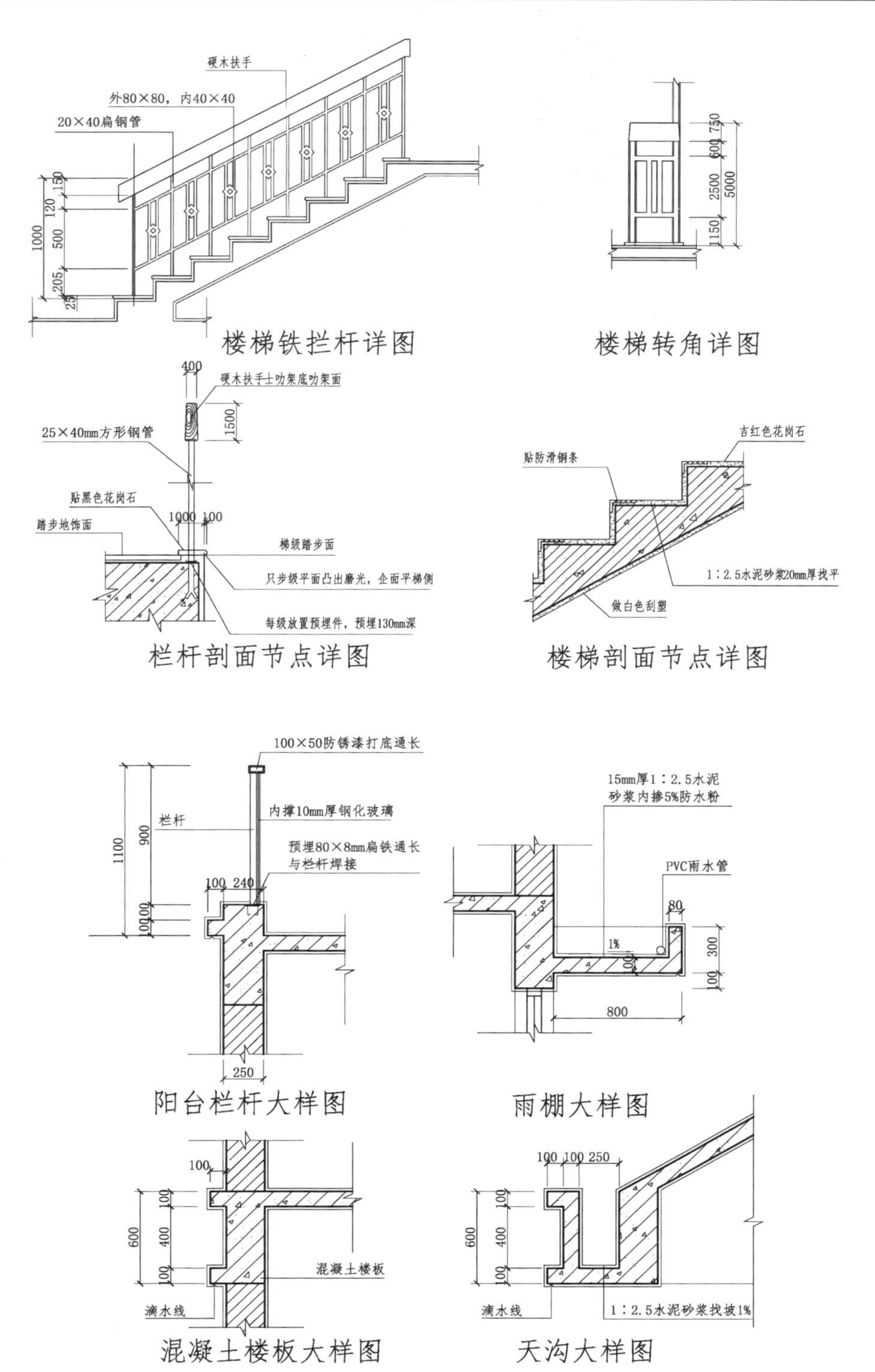

楼梯铁拦杆详图

楼梯转角详图

栏杆剖面节点详图

楼梯剖面节点详图

阳台栏杆大样图

雨棚大样图

混凝土楼板大样图

天沟大样图

No.13 组合走廊住宅

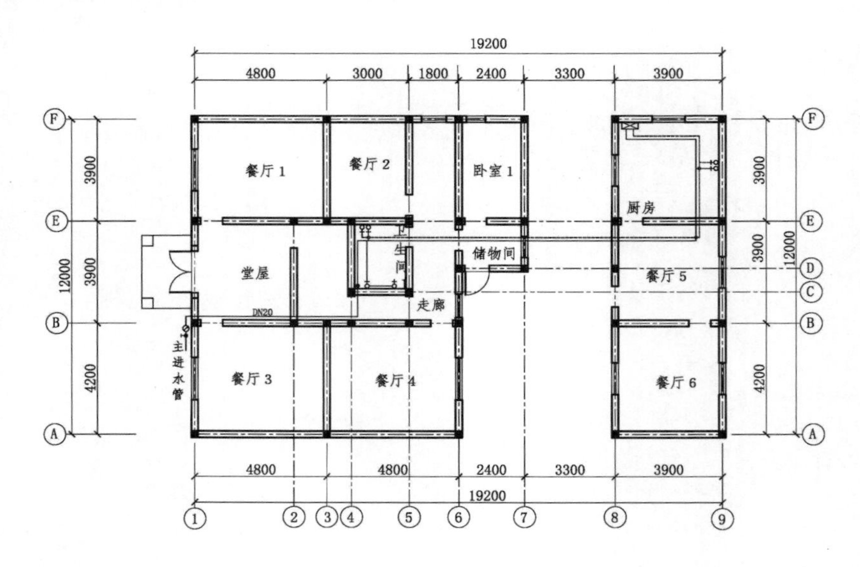

一楼进水布置图

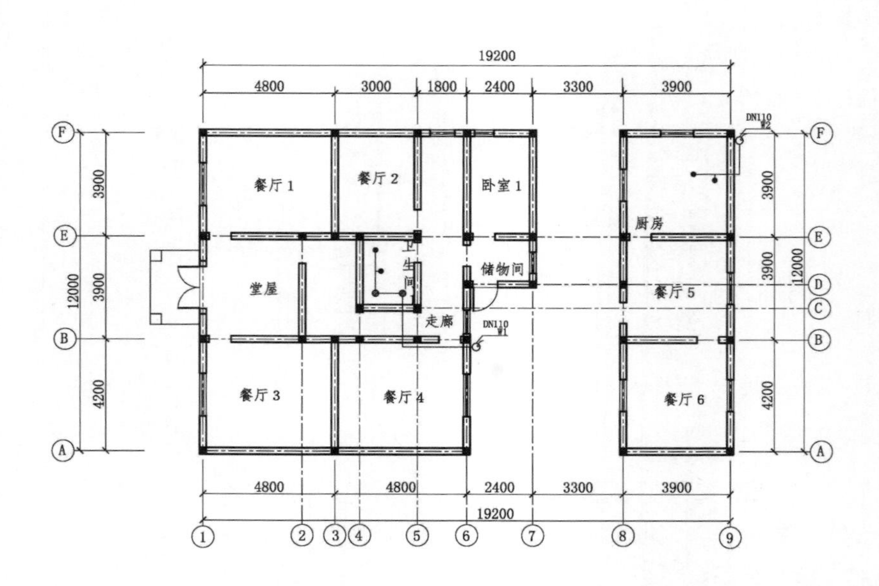

一楼排水布置图

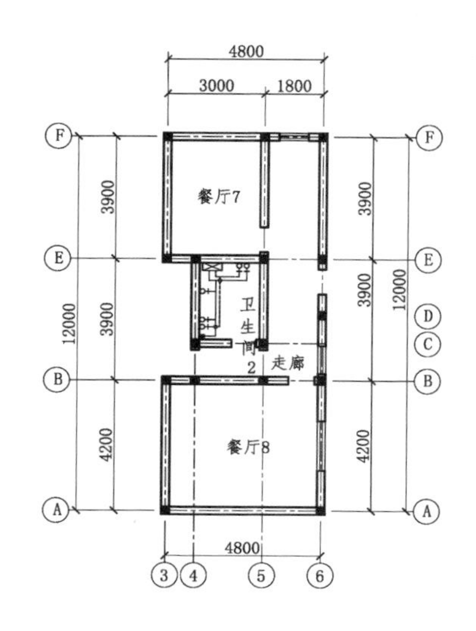

二楼给水布置图

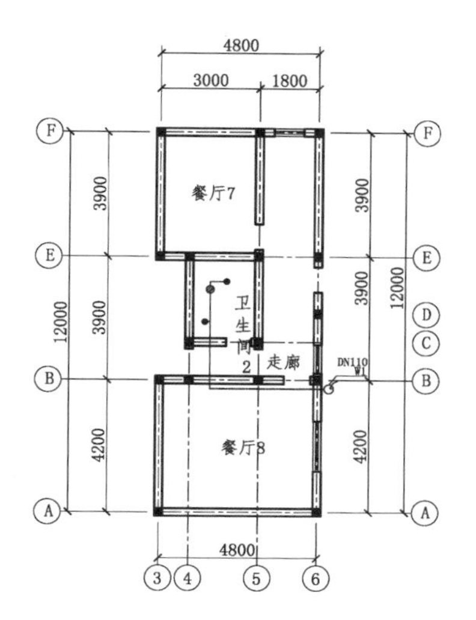

二楼排水布置图

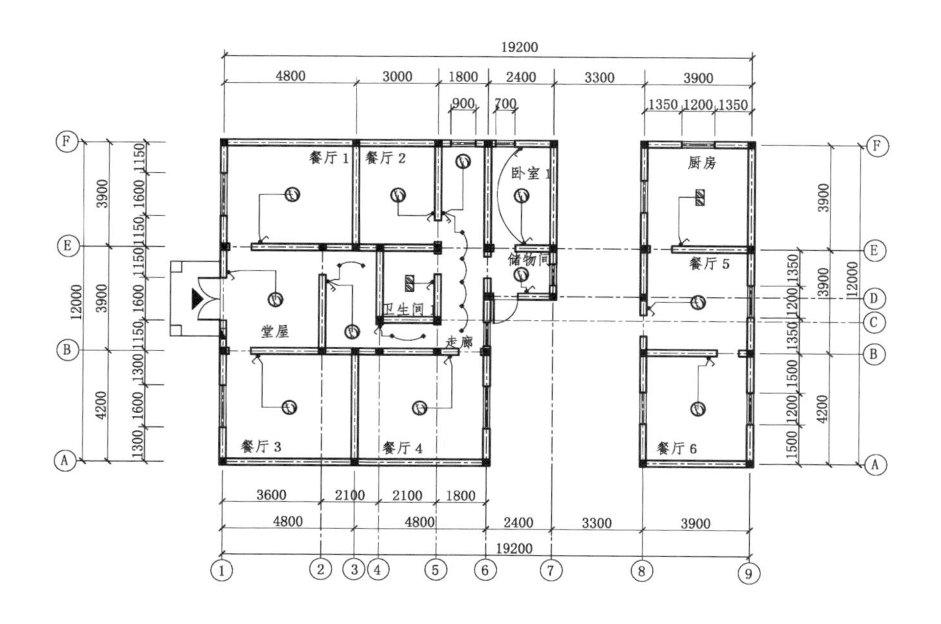

一楼灯具开关布置图

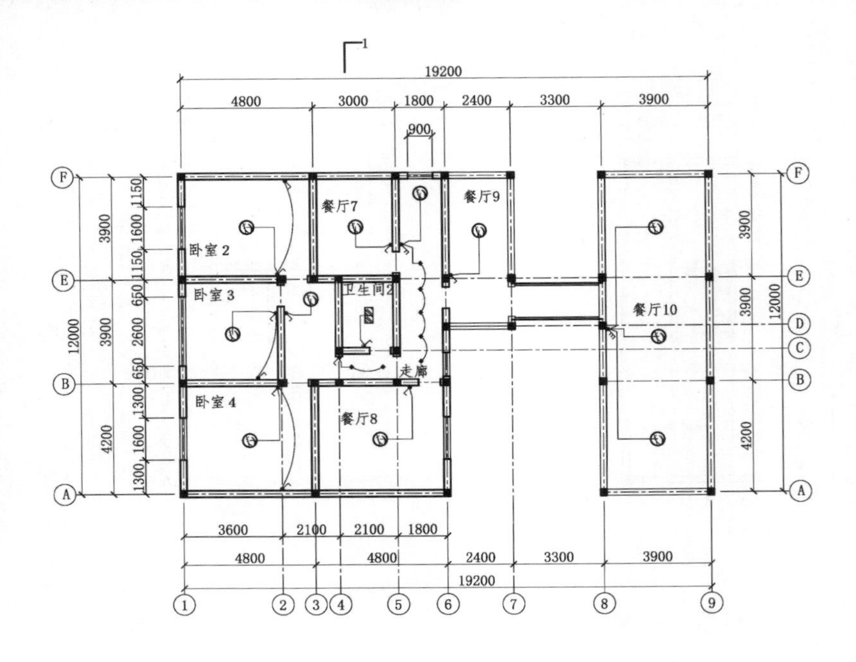

二楼灯具开关布置图

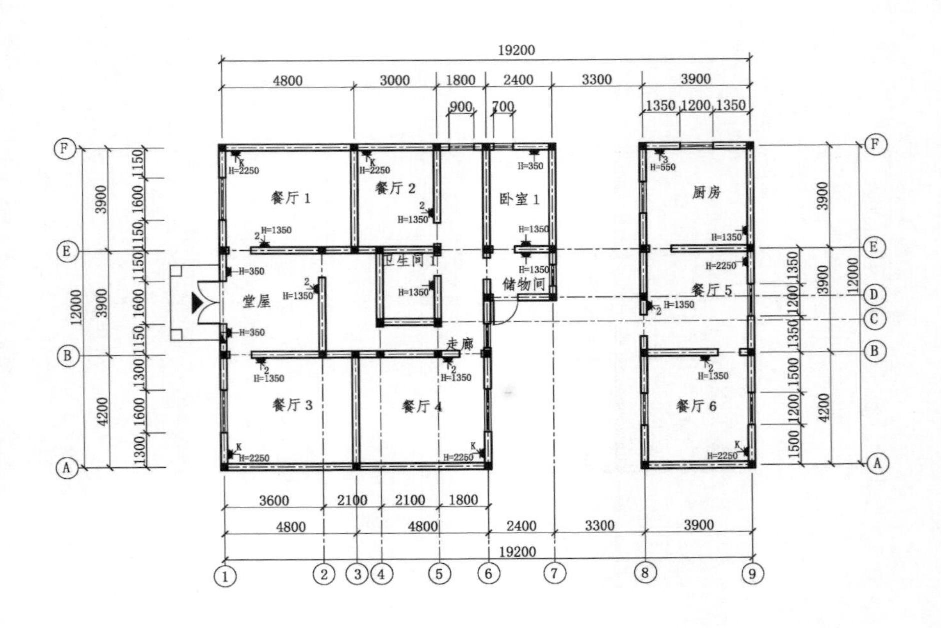

一楼插座布置图

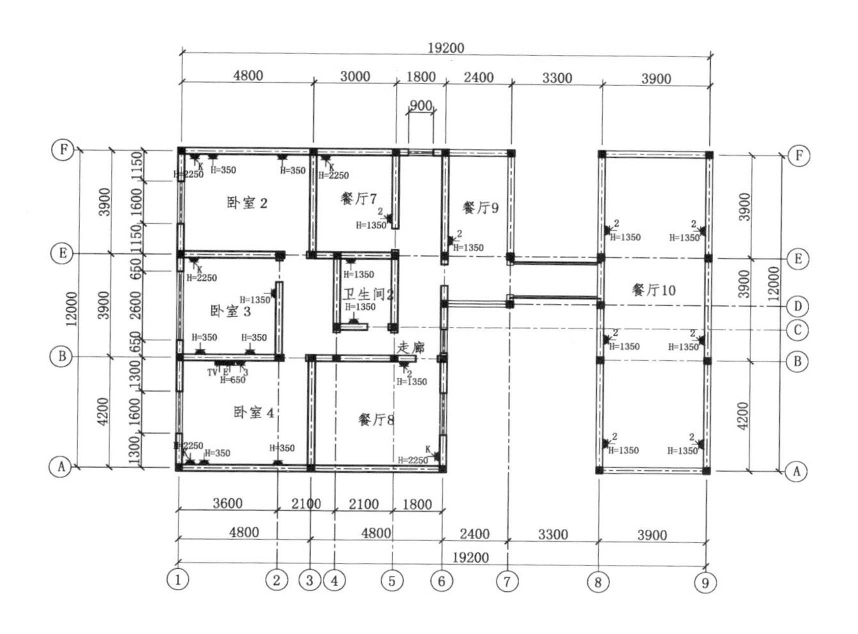

二楼插座布置图

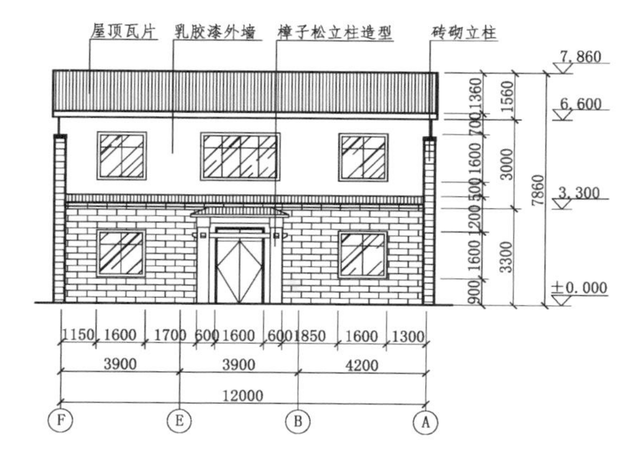

北1立面图

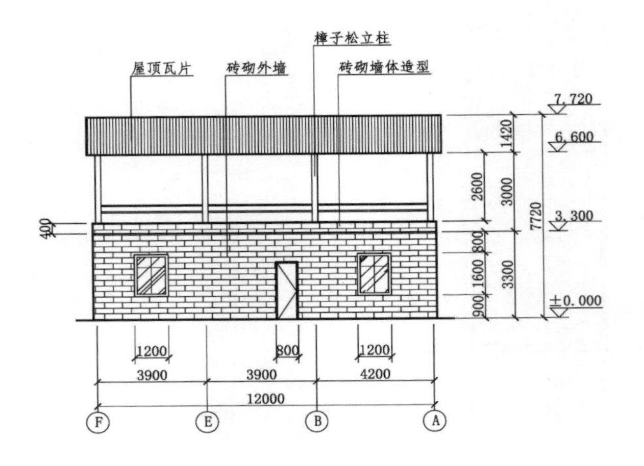

樟子松立柱
屋顶瓦片
砖砌外墙
砖砌墙体造型
7.720
6.600
3.300
±0.000
1420
2600
3000
7720
400
800
1600
900
3300
1200
800
1200
3900
3900
4200
12000
F
E
B
A

北2立面图

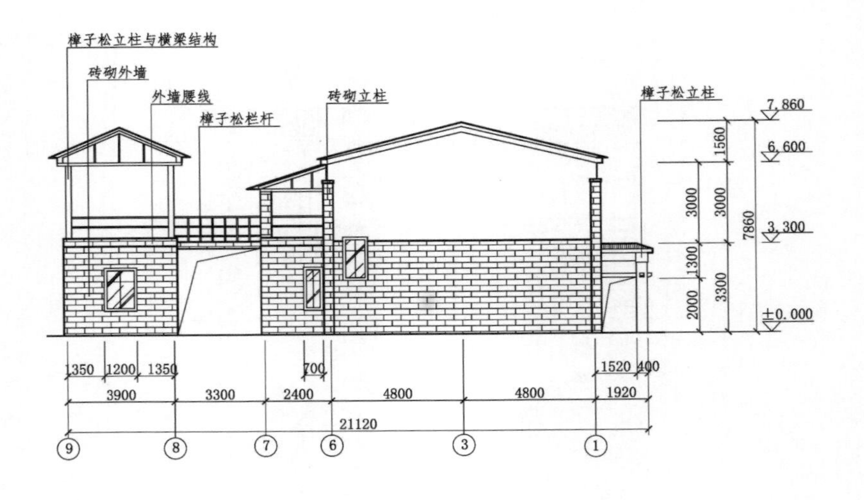

樟子松立柱与横梁结构
砖砌外墙
外墙腰线
樟子松栏杆
砖砌立柱
樟子松立柱
7.860
6.600
3.300
±0.000
1560
3000
3000
7860
1300
2000
3300
1350
1200
1350
700
1520
400
3900
3300
2400
4800
4800
1920
21120
9
8
7
6
3
1

东立面图

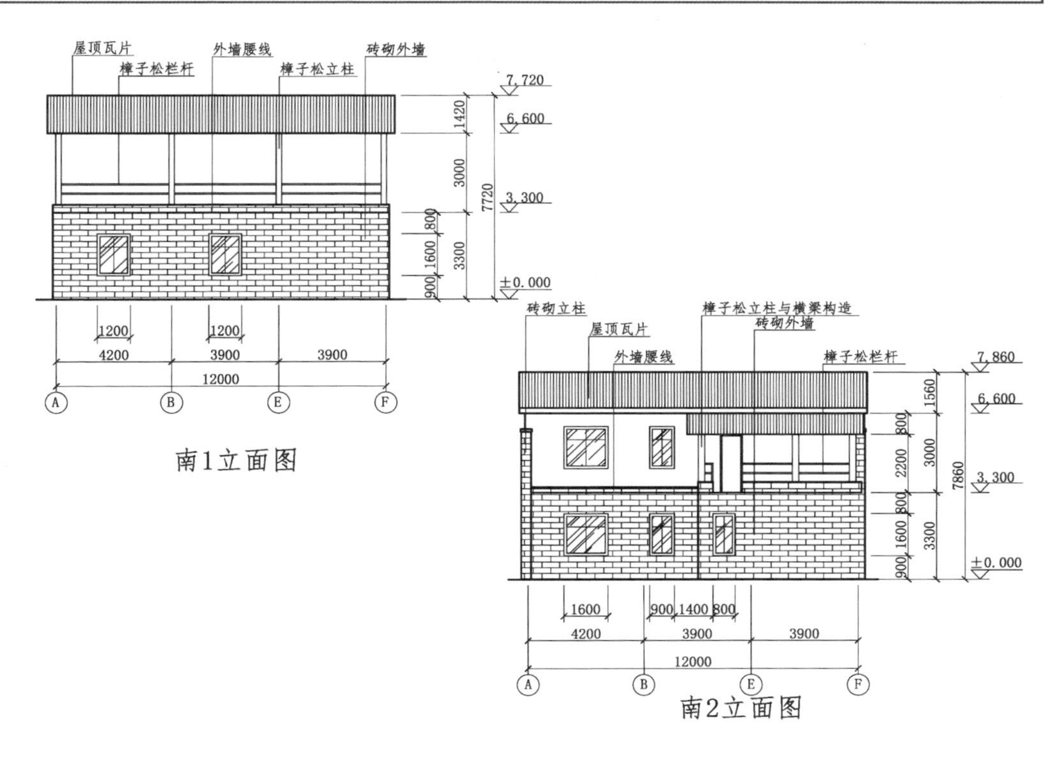

南1立面图

南2立面图

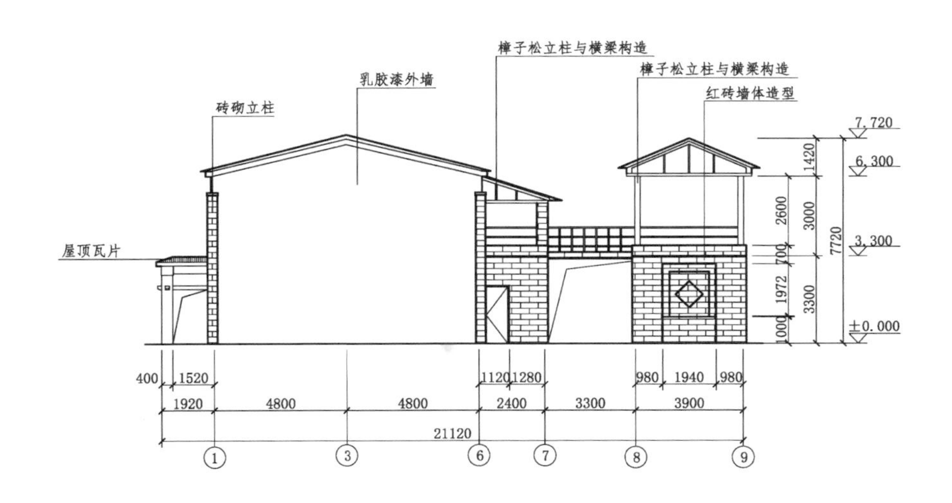

西立面图

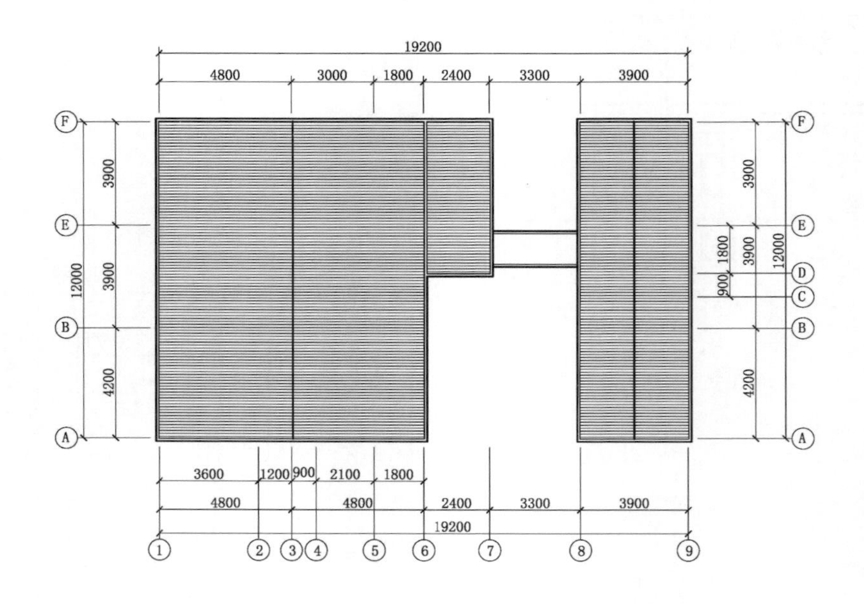

屋顶平面布置图

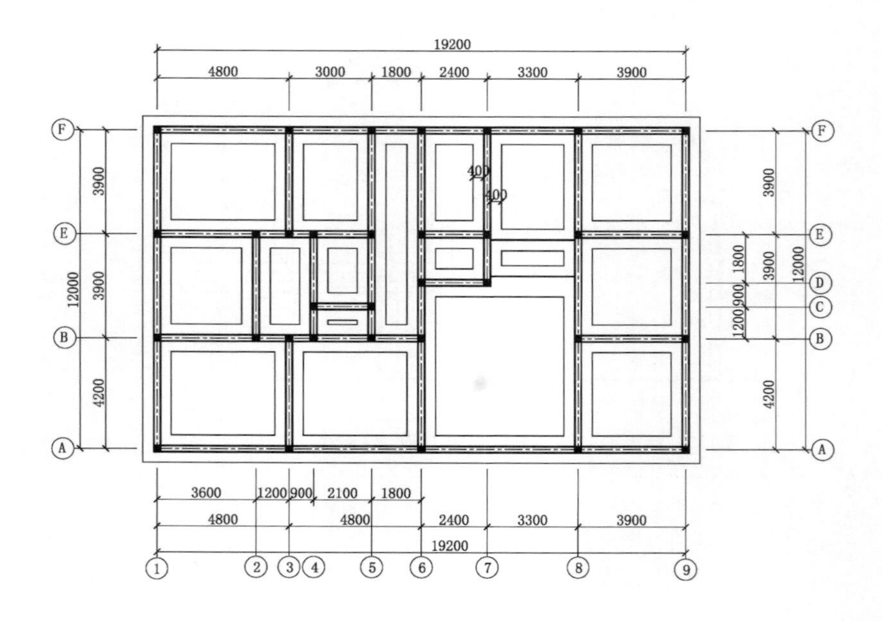

基础结构图

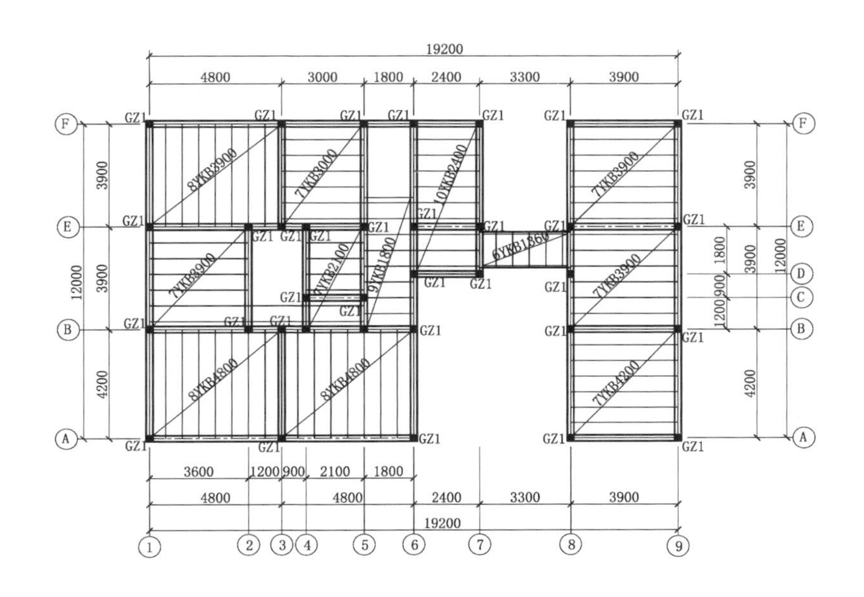

一层结构图

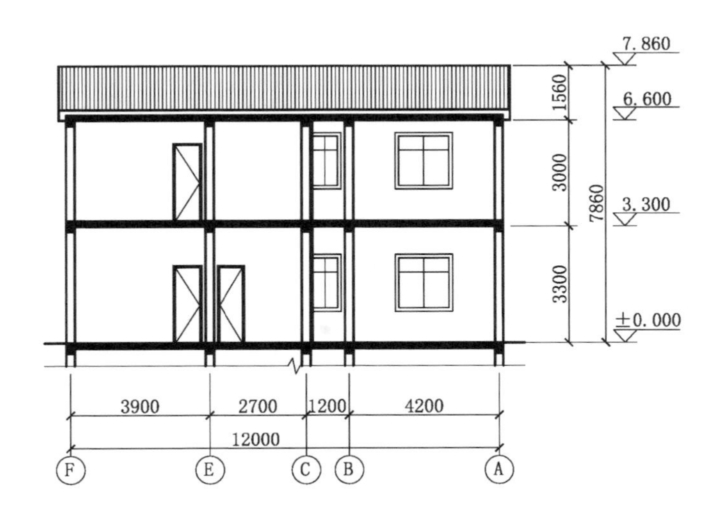

1-1剖面图

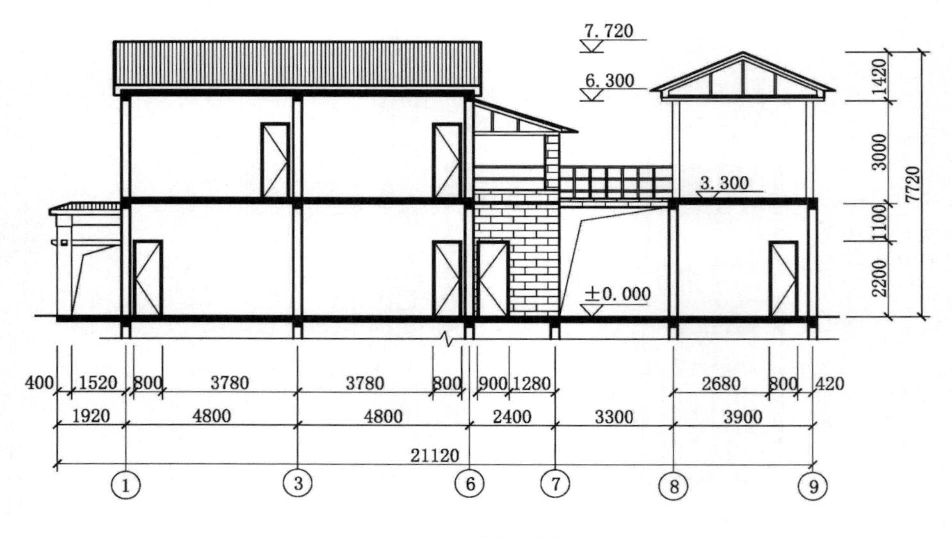
7.720
6.300
3.300
±0.000
1420
3000
1100
2200
7720
400
1520
800
3780
3780
800
900
1280
2680
800
420
1920
4800
4800
2400
3300
3900
21120
1
3
6
7
8
9

2-2剖面图

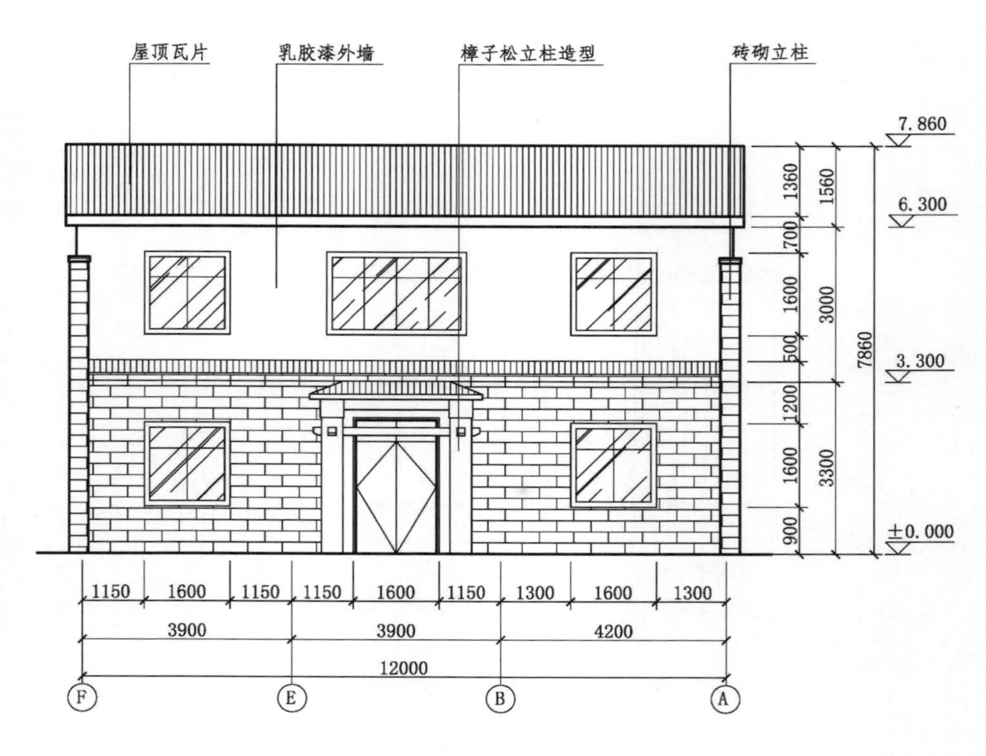
屋顶瓦片
乳胶漆外墙
樟子松立柱造型
砖砌立柱
7.860
6.300
3.300
±0.000
1360
700
1600
500
1200
1600
900
1560
3000
3300
7860
1150
1600
1150
1150
1600
1150
1300
1600
1300
3900
3900
4200
12000
F
E
B
A

北1立面图

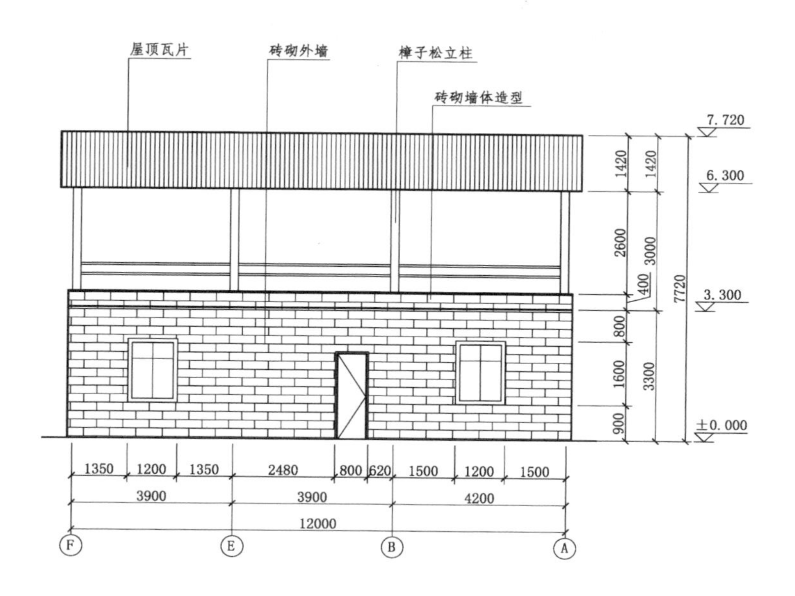
屋顶瓦片
砖砌外墙
樟子松立柱
砖砌墙体造型
7.720
6.300
3.300
±0.000
1420
1420
2600
3000
400
7720
800
1600
3300
900
1350
1200
1350
2480
800
620
1500
1200
1500
3900
3900
4200
12000
F
E
B
A

北2立面图

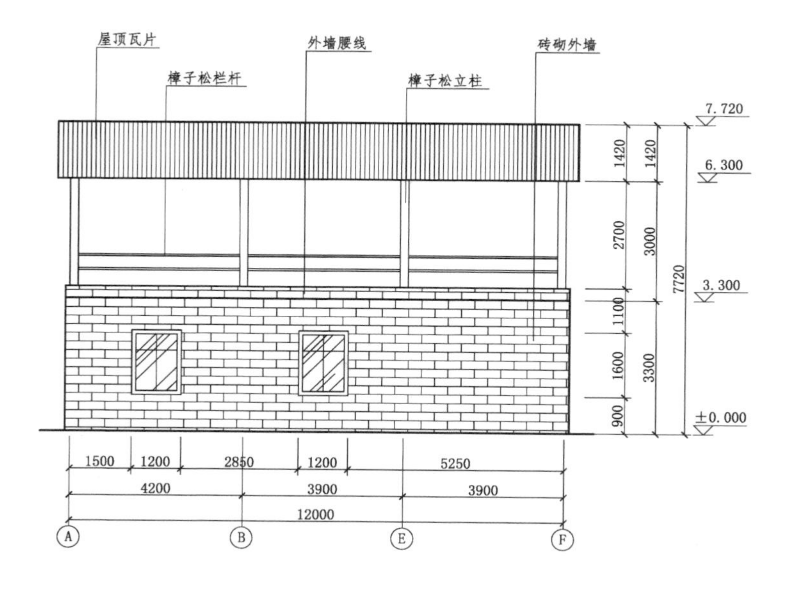
屋顶瓦片
樟子松栏杆
外墙腰线
樟子松立柱
砖砌外墙
7.720
6.300
3.300
±0.000
1420
1420
2700
3000
7720
1100
1600
3300
900
1500
1200
2850
1200
5250
4200
3900
3900
12000
A
B
E
F

南1立面图

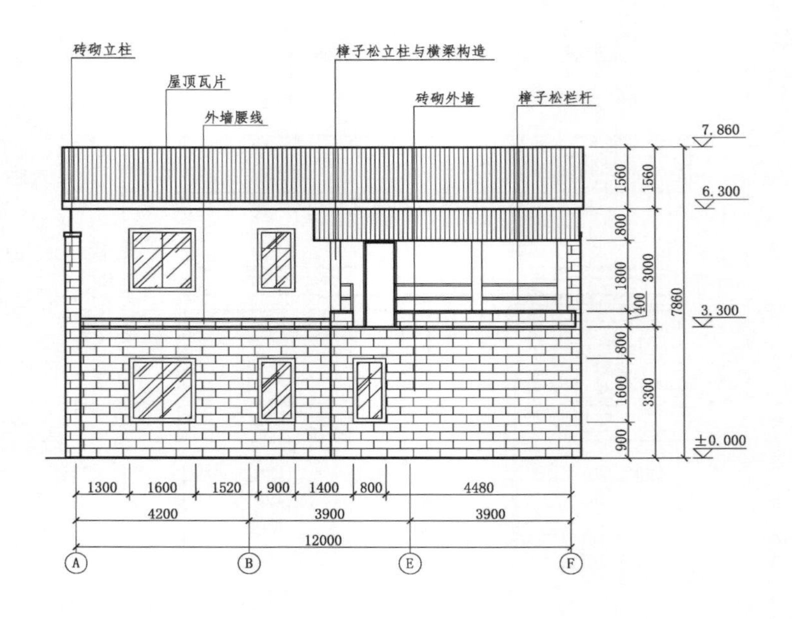
砖砌立柱
屋顶瓦片
外墙腰线
樟子松立柱与横梁构造
砖砌外墙
樟子松栏杆
7.860
6.300
3.300
±0.000
1560
1560
800
1800
3000
400
7860
800
1600
3300
900
1300
1600
1520
900
1400
800
4480
4200
3900
3900
12000
A
B
E
F

南2立面图

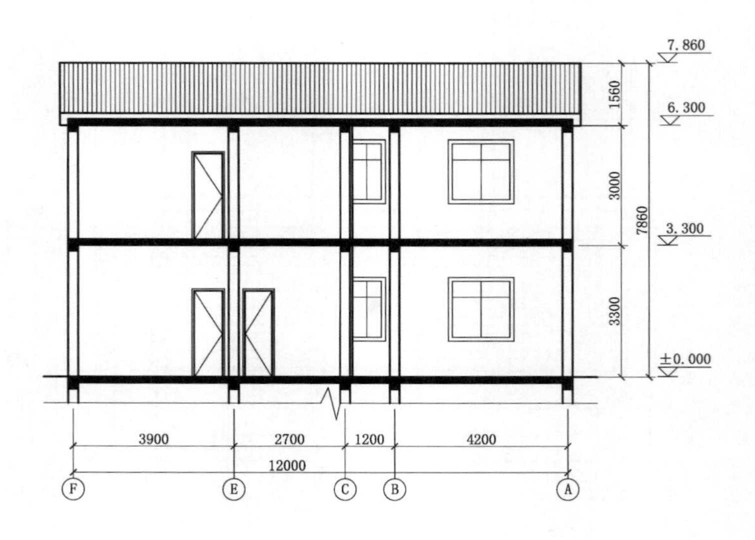
7.860
6.300
3.300
±0.000
1560
3000
7860
3300
3900
2700
1200
4200
12000
F
E
C
B
A

1-1剖面图

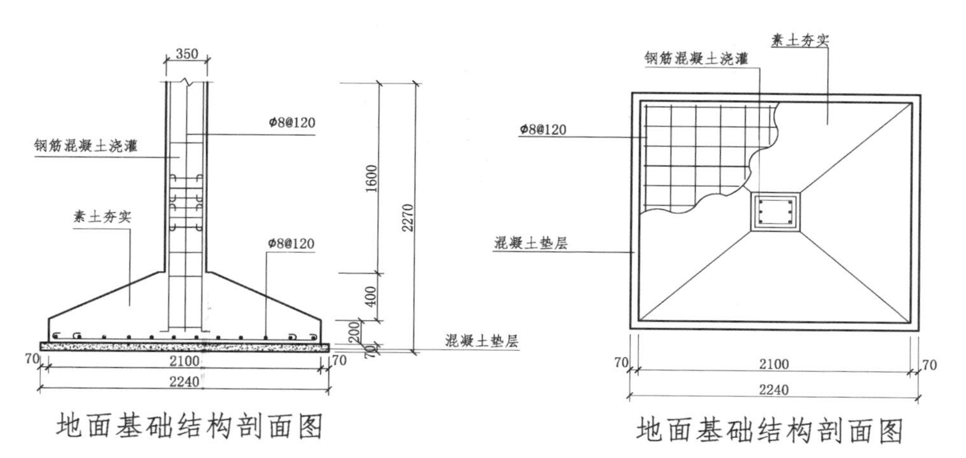

地面基础结构剖面图　　　　地面基础结构剖面图

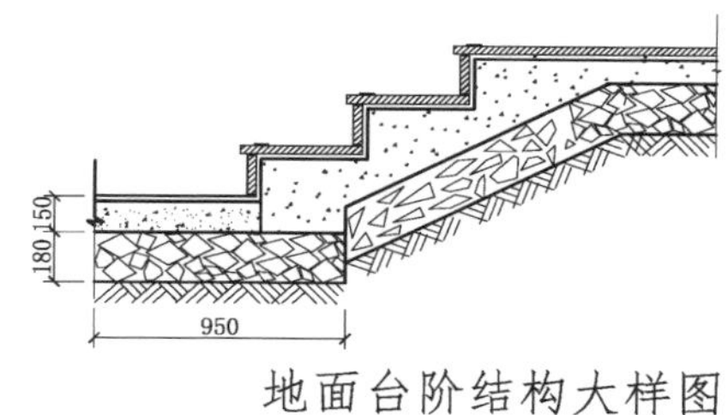

地面台阶结构大样图

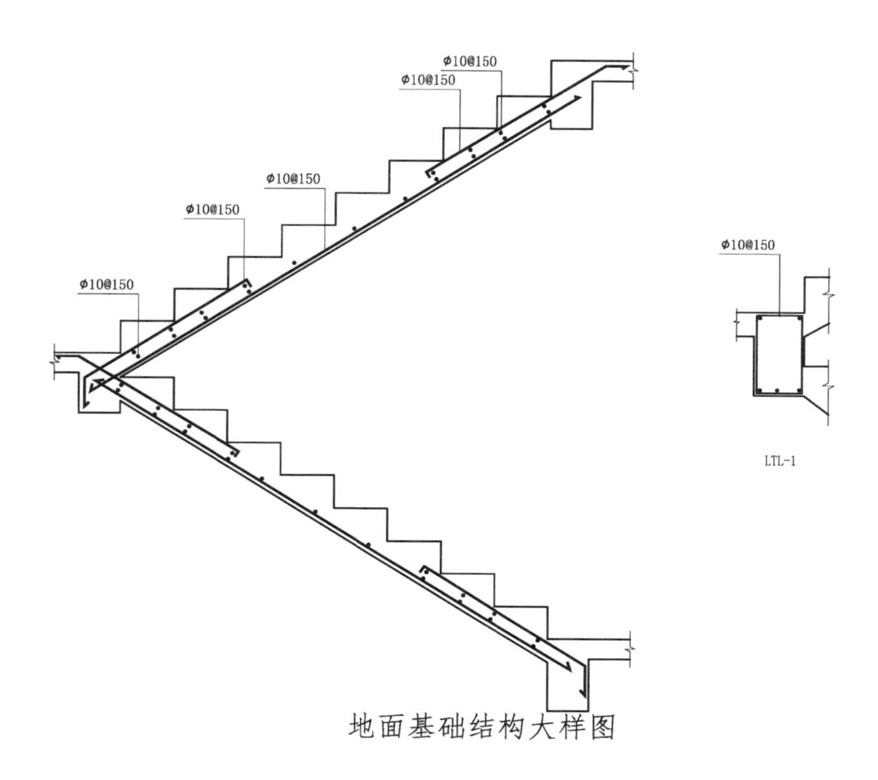

地面基础结构大样图

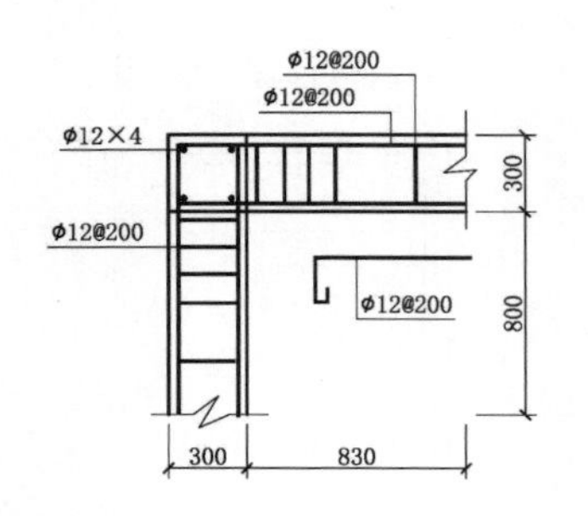

圈梁转角处钢筋构造详图（一）

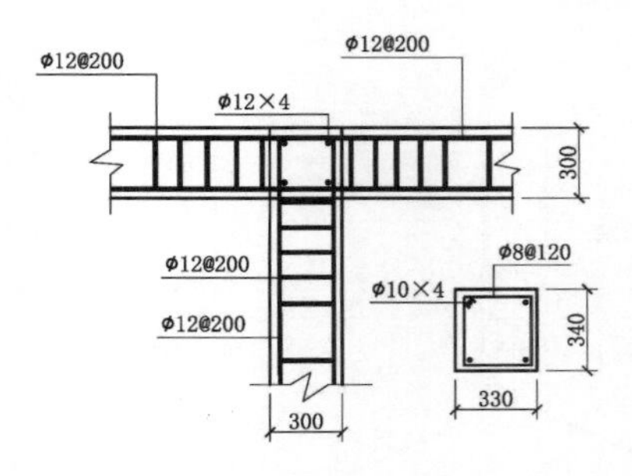

圈梁丁字处钢筋构造详图（一）

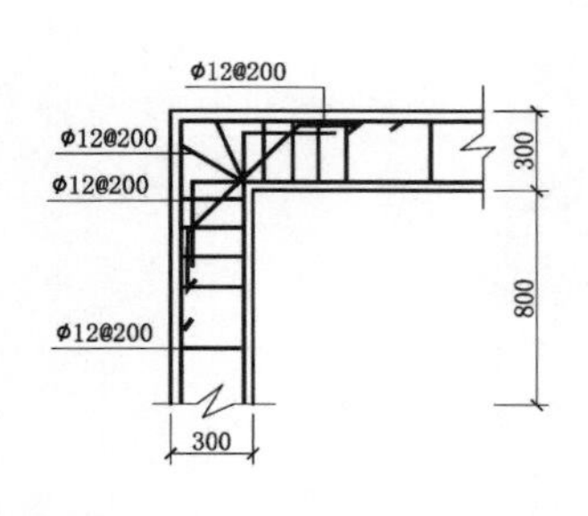

圈梁转角处钢筋构造详图（二）

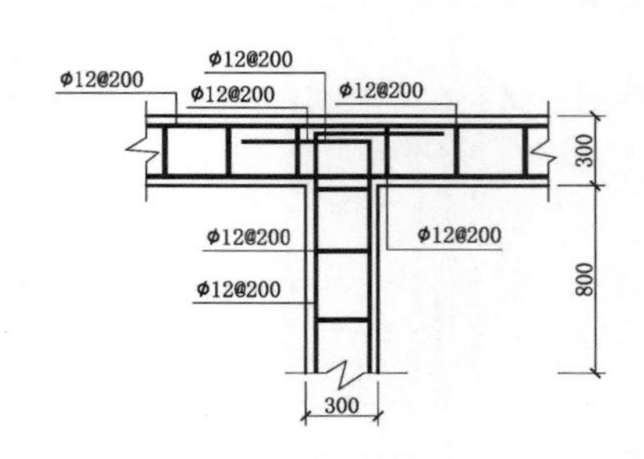

圈梁丁字处钢筋构造详图（二）

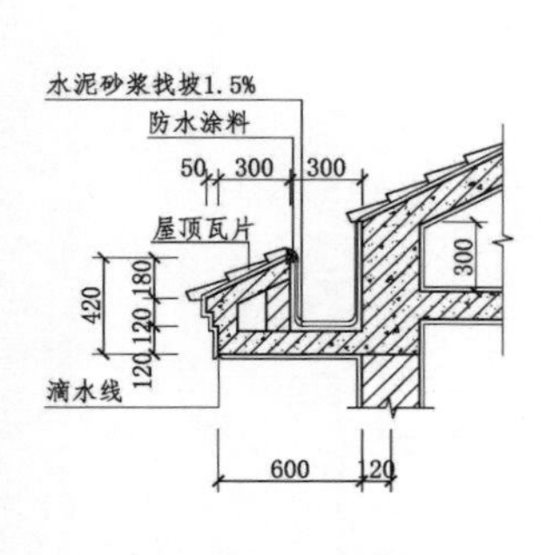

屋顶檐口大样图

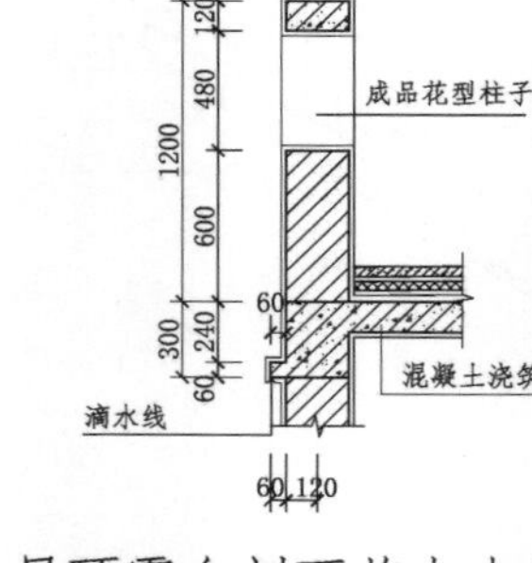

屋顶露台剖面节点大样图

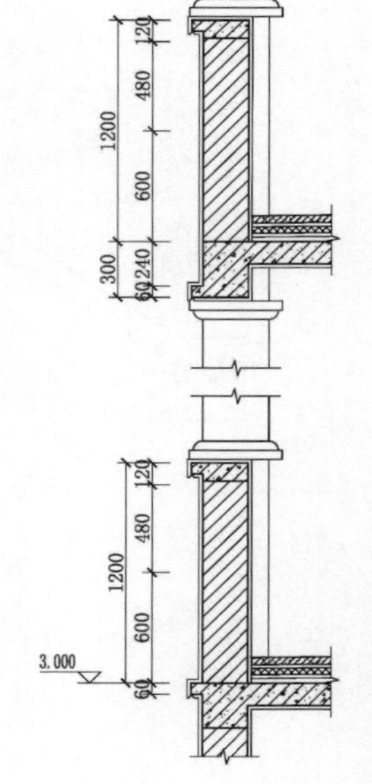

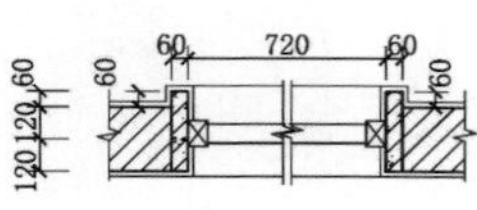

老虎窗剖面节点大样图

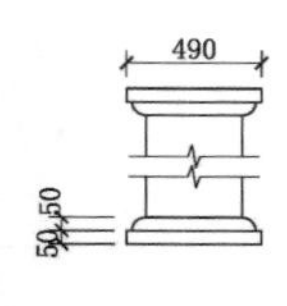

室内梁柱节点大样图

外墙梁柱节点大样图

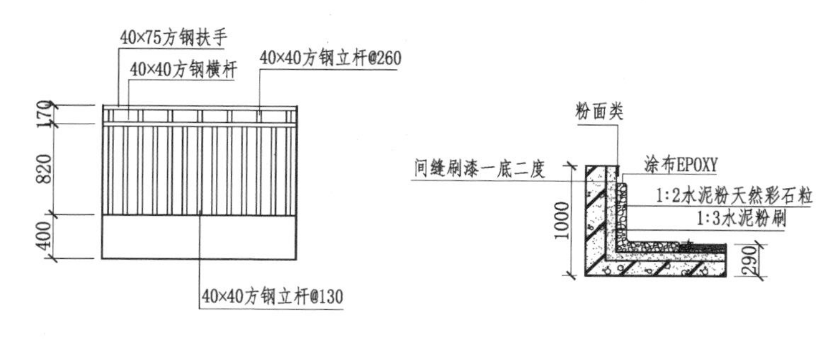

阳台栏杆详图　　　　粉石子踢脚大样图

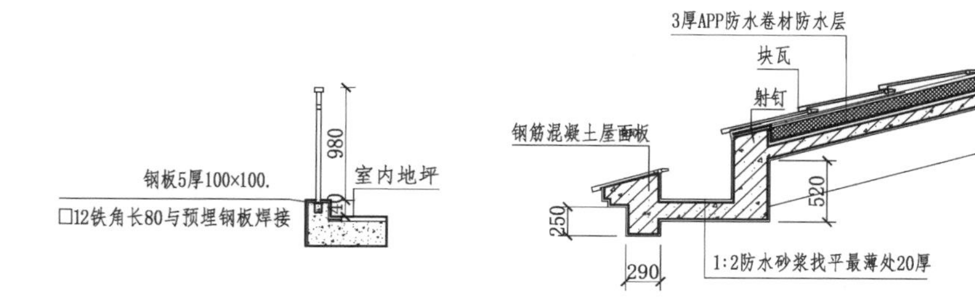

阳台栏杆剖面图　　　　屋面檐口详图

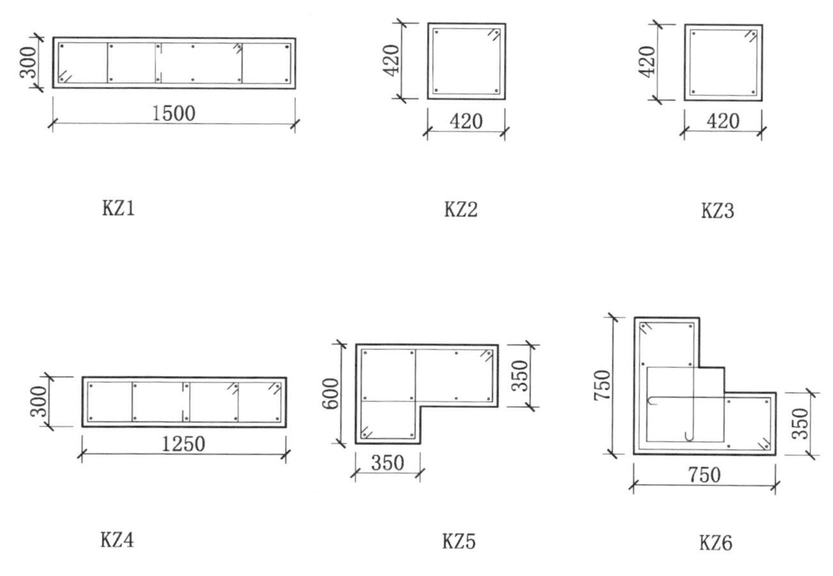

梁柱配筋图

No.14 江南庭院别墅

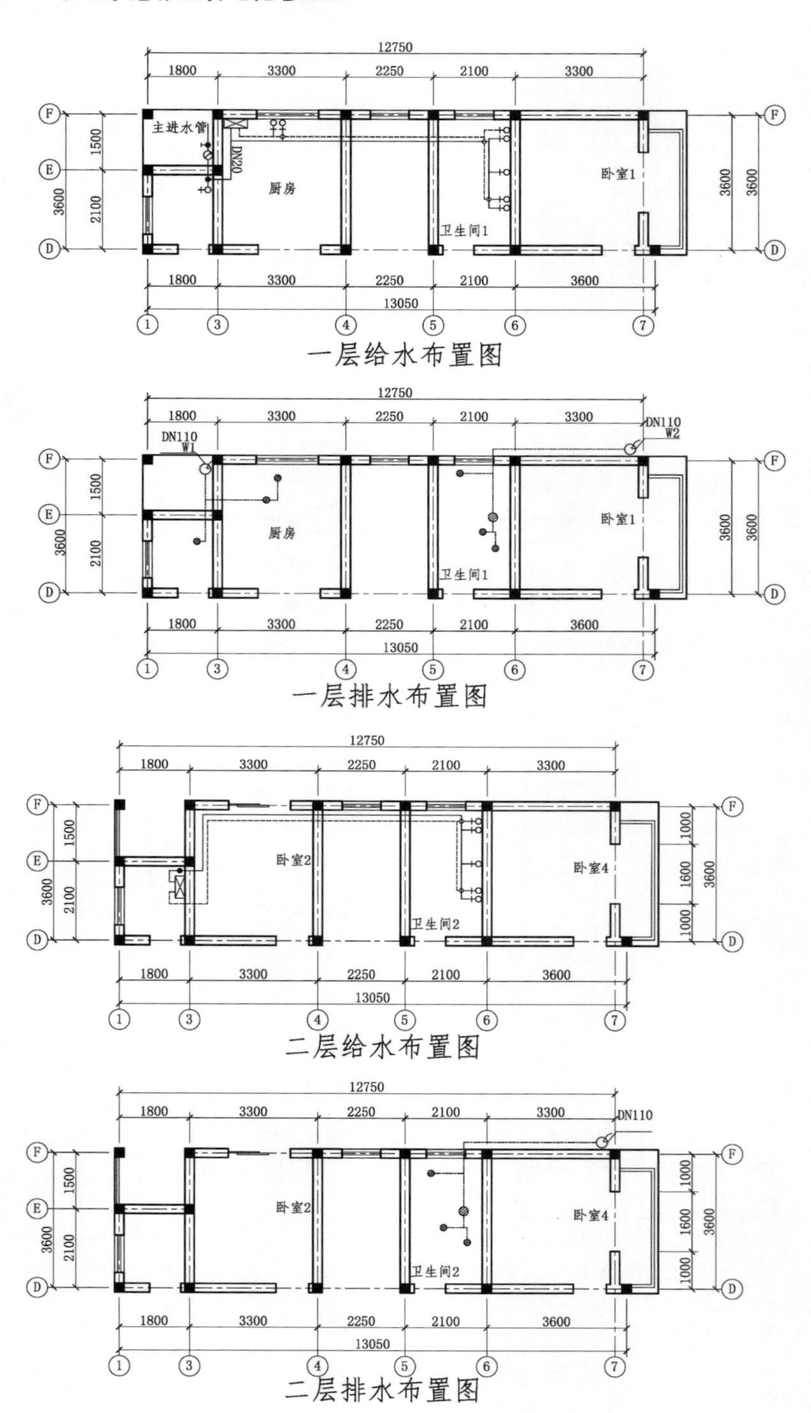

12750
1800
3300
2250
2100
3300
主进水管
DN20
厨房
卧室1
卫生间1
13050
3600
一层给水布置图
DN110
W1
W2
一层排水布置图
卧室2
卧室4
卫生间2
1000
1600
二层给水布置图
二层排水布置图

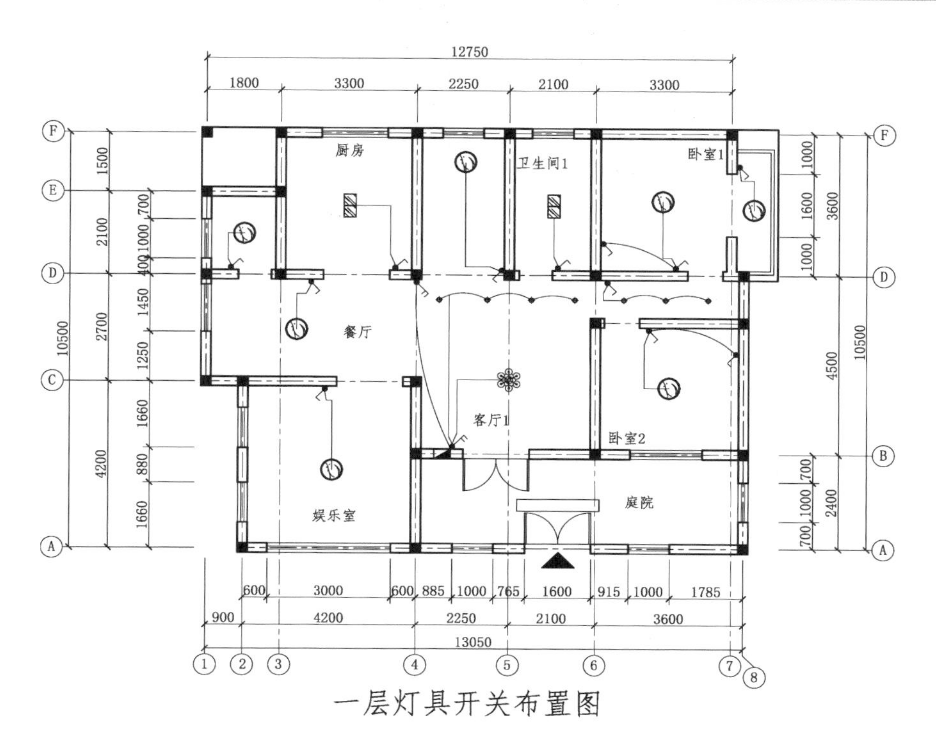

一层灯具开关布置图

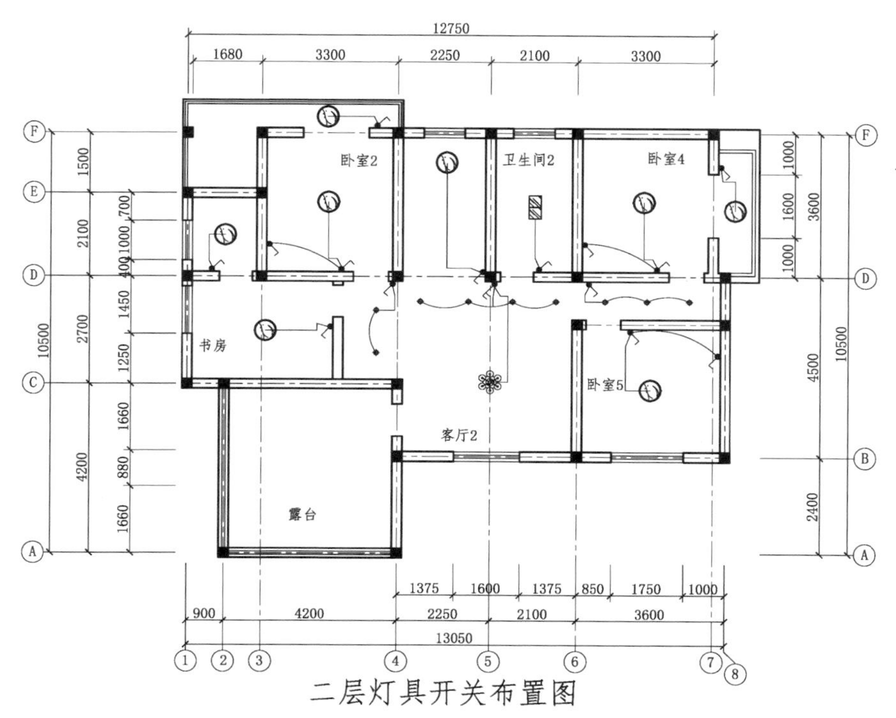

二层灯具开关布置图

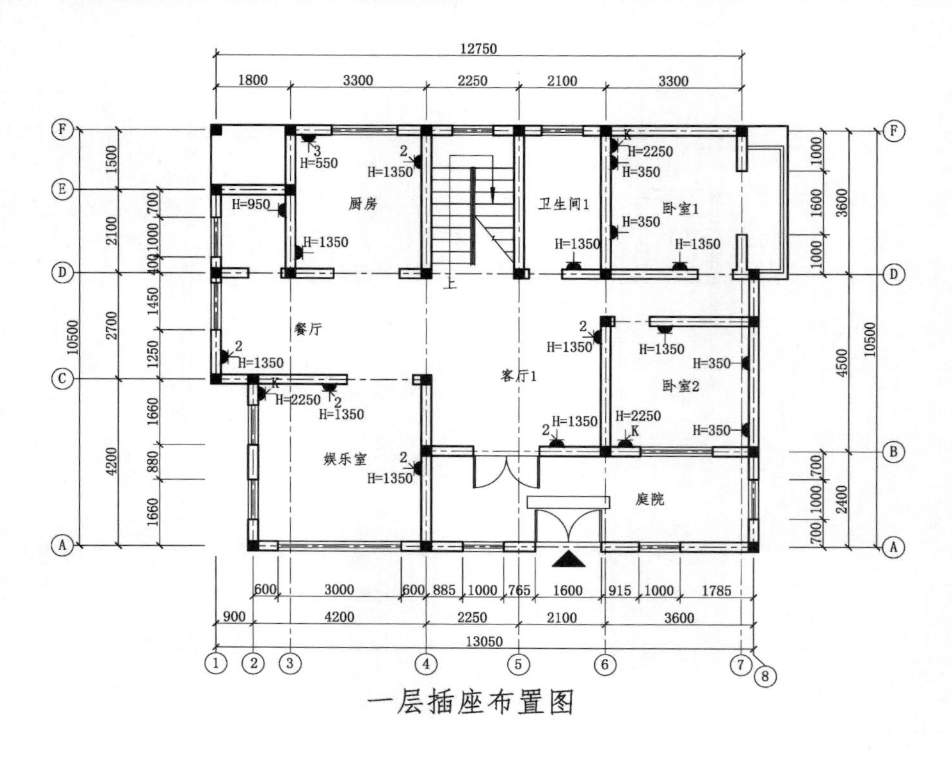

一层插座布置图

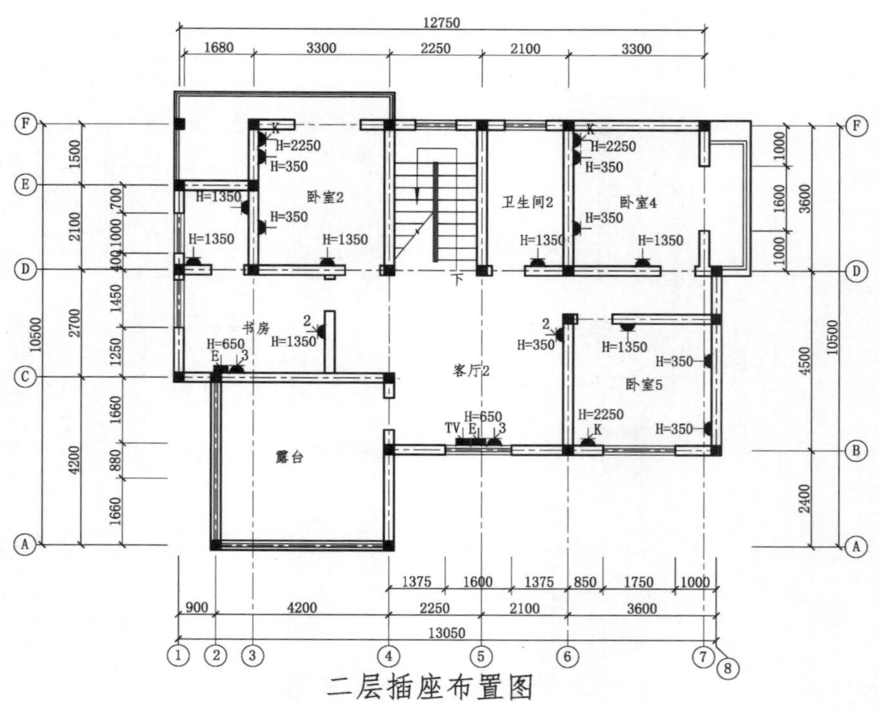

二层插座布置图

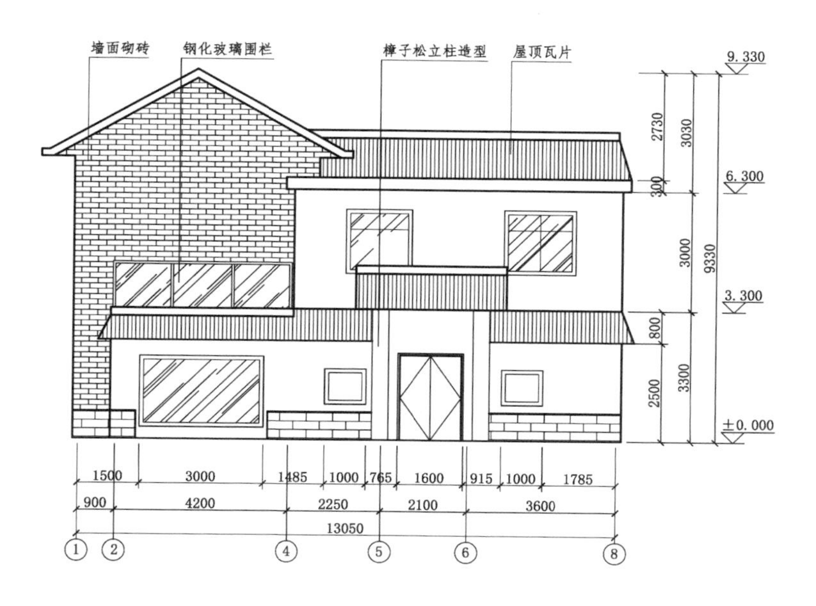
墙面砌砖
钢化玻璃围栏
樟子松立柱造型
屋顶瓦片
9.330
6.300
3.300
±0.000
2730
3030
300
3000
9330
800
3300
2500
1500
3000
1485
1000
765
1600
915
1000
1785
900
4200
2250
2100
3600
13050
1
2
4
5
6
8

西立面图

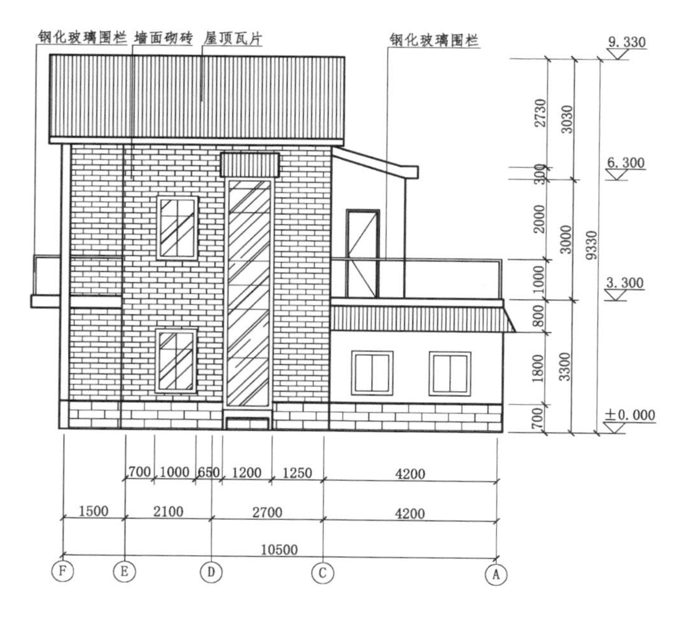
钢化玻璃围栏
墙面砌砖
屋顶瓦片
钢化玻璃围栏
9.330
6.300
3.300
±0.000
2730
3030
300
2000
3000
9330
1000
800
1800
3300
700
700
1000
650
1200
1250
4200
1500
2100
2700
4200
10500
F
E
D
C
A

北立面图

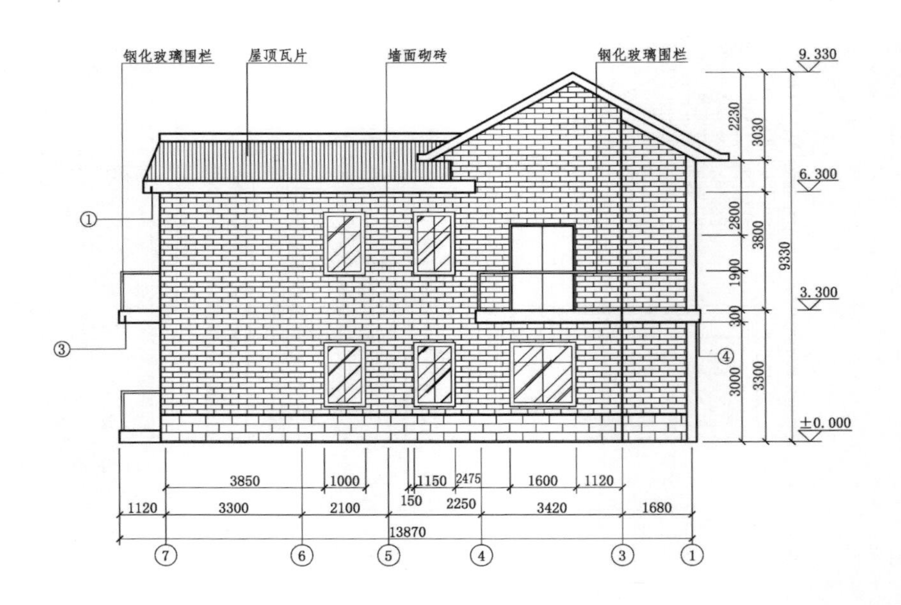
钢化玻璃围栏
屋顶瓦片
墙面砌砖
钢化玻璃围栏
9.330
6.300
3.300
±0.000
2230
3030
2800
3800
9330
1900
300
3000
3300
3850
1000
1150
2475
1600
1120
150
2250
1120
3300
2100
3420
1680
13870

东立面图

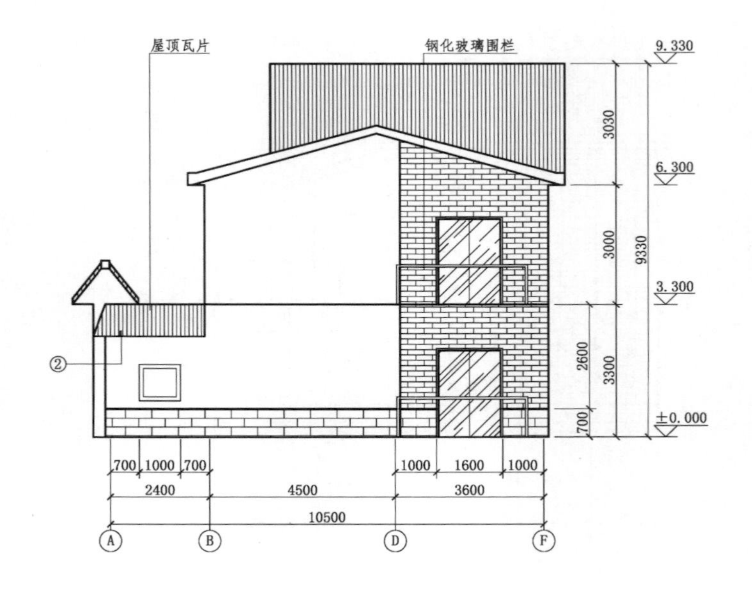
屋顶瓦片
钢化玻璃围栏
9.330
6.300
3.300
±0.000
3030
3000
9330
2600
3300
700
1000
1600
2400
4500
3600
10500

南立面图

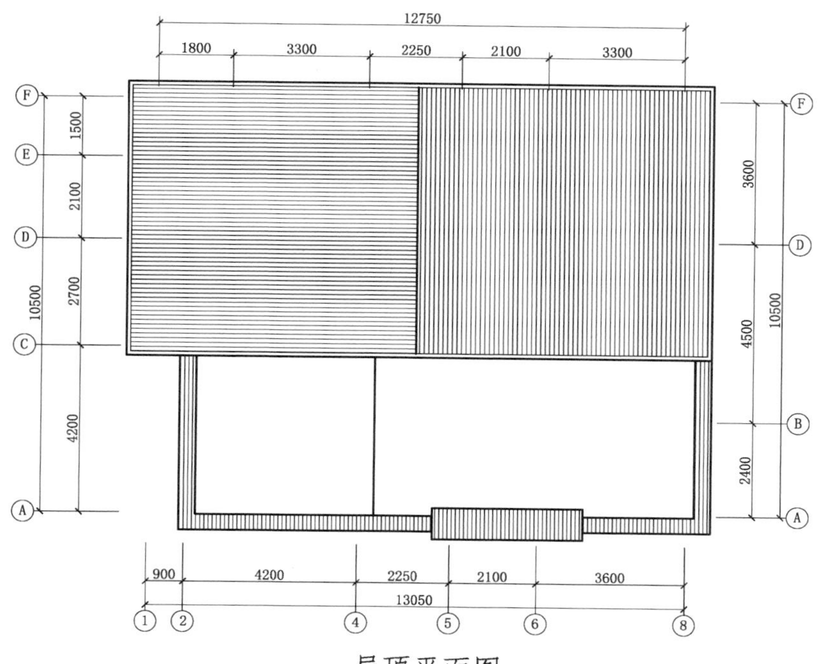
12750
1800
3300
2250
2100
3300
1500
2100
2700
4200
10500
3600
4500
2400
900
4200
2250
2100
3600
13050

屋顶平面图

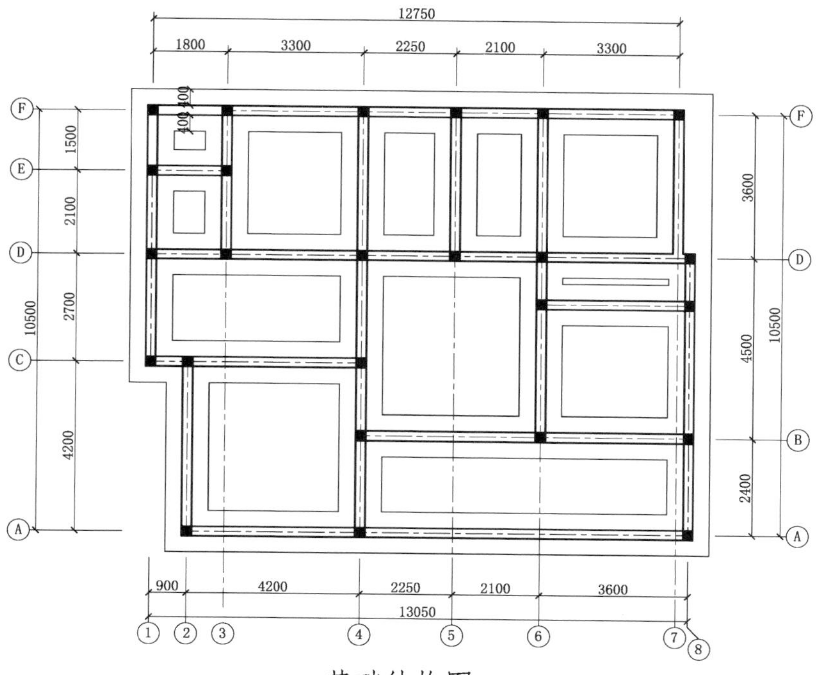
12750
1800
3300
2250
2100
3300
1500
2100
2700
4200
10500
3600
4500
2400
900
4200
2250
2100
3600
13050

基础结构图

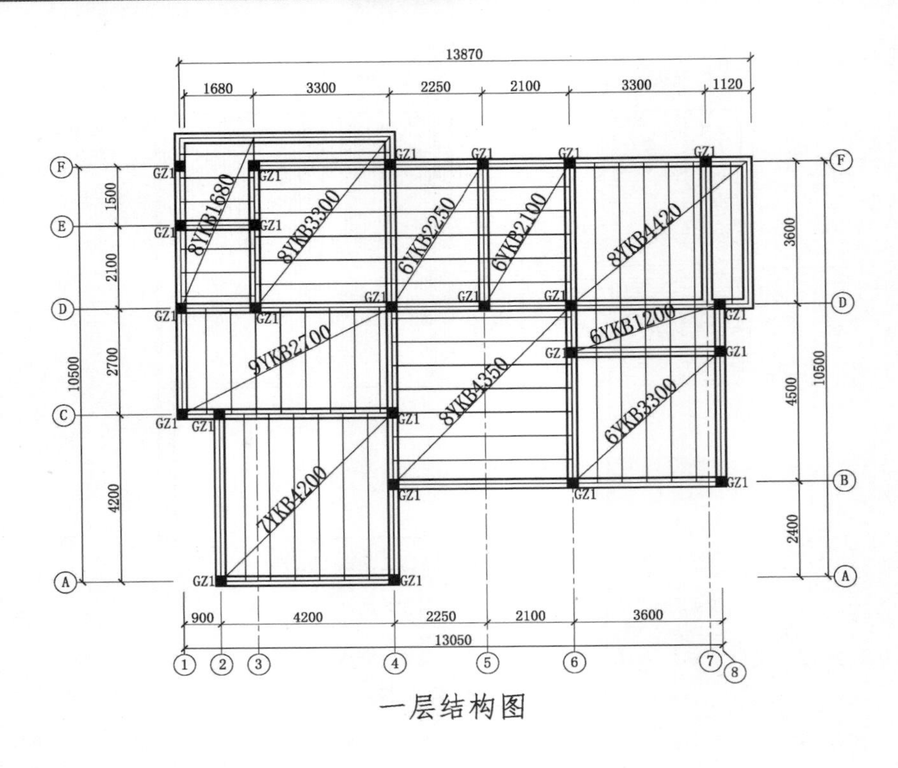
13870
1680
3300
2250
2100
3300
1120
F
E
D
C
B
A
1500
2100
2700
4200
10500
3600
4500
2400
GZ1
8YKB1680
8YKB3300
6YKB2250
6YKB2100
8YKB4420
9YKB2700
8YKB4350
6YKB1200
6YKB3300
7YKB4200
900
4200
2250
2100
3600
13050
1
2
3
4
5
6
7
8

一层结构图

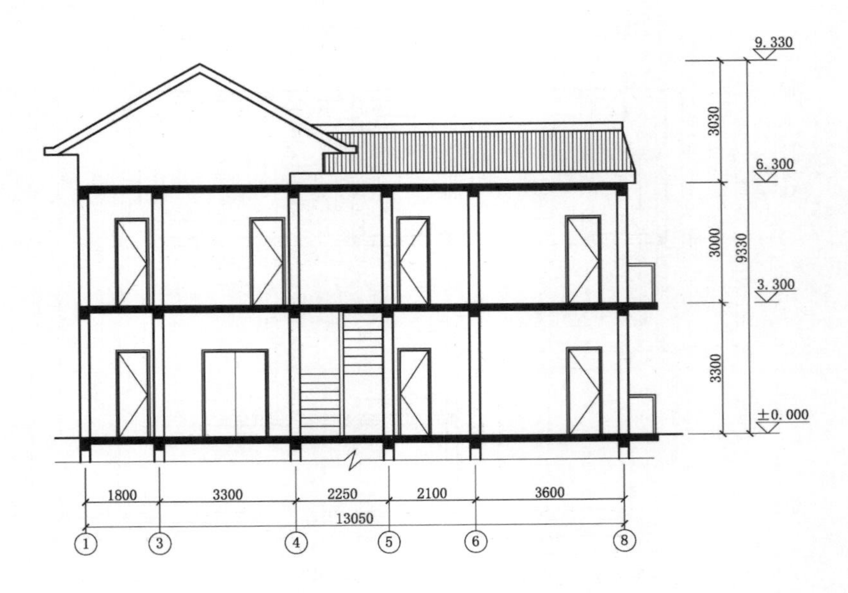
9.330
6.300
3.300
±0.000
3030
3000
3300
9330
1800
3300
2250
2100
3600
13050
1
3
4
5
6
8

2-2剖面图

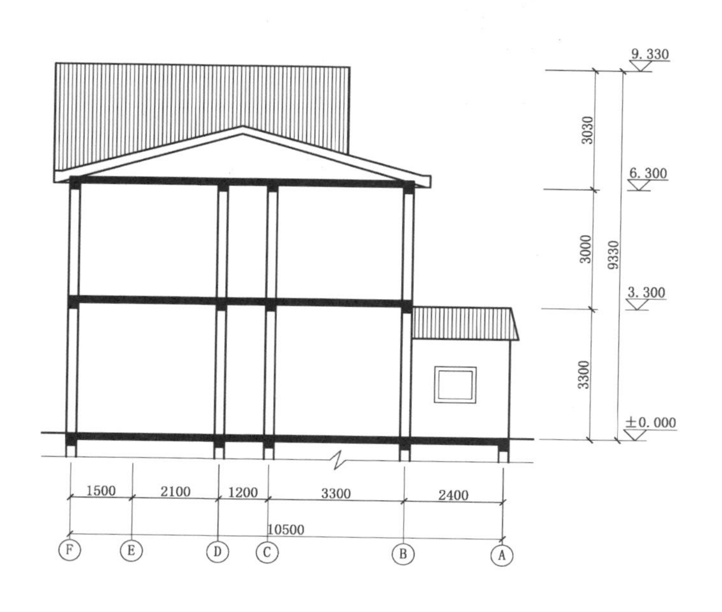

1-1剖面图

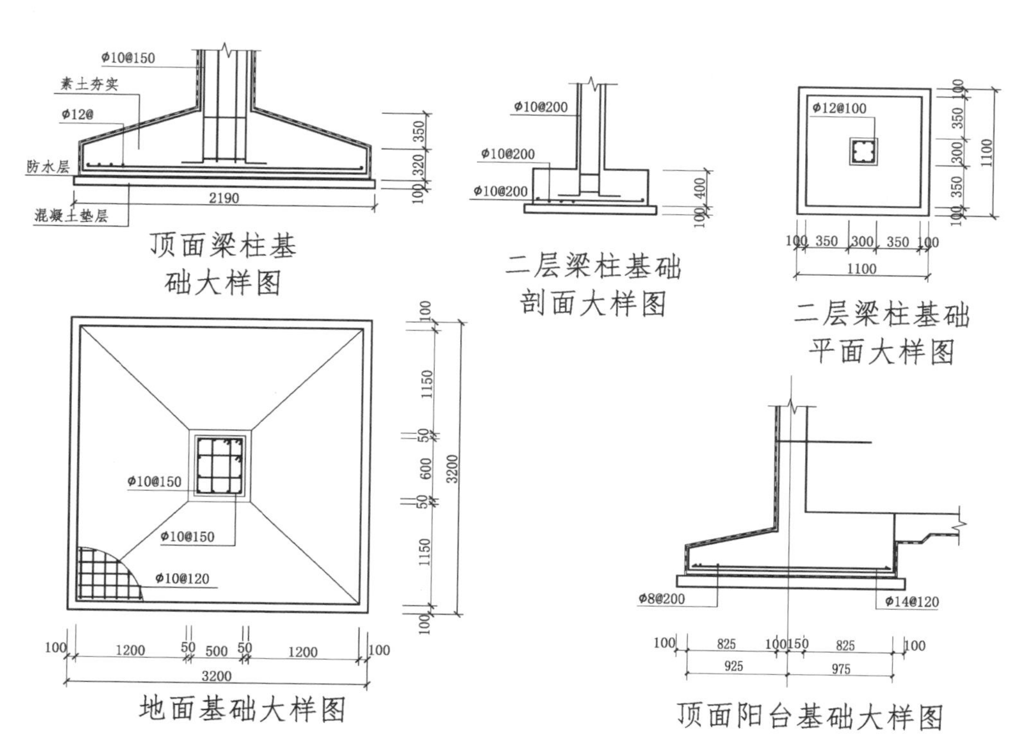

顶面梁柱基础大样图

二层梁柱基础剖面大样图

二层梁柱基础平面大样图

地面基础大样图

顶面阳台基础大样图

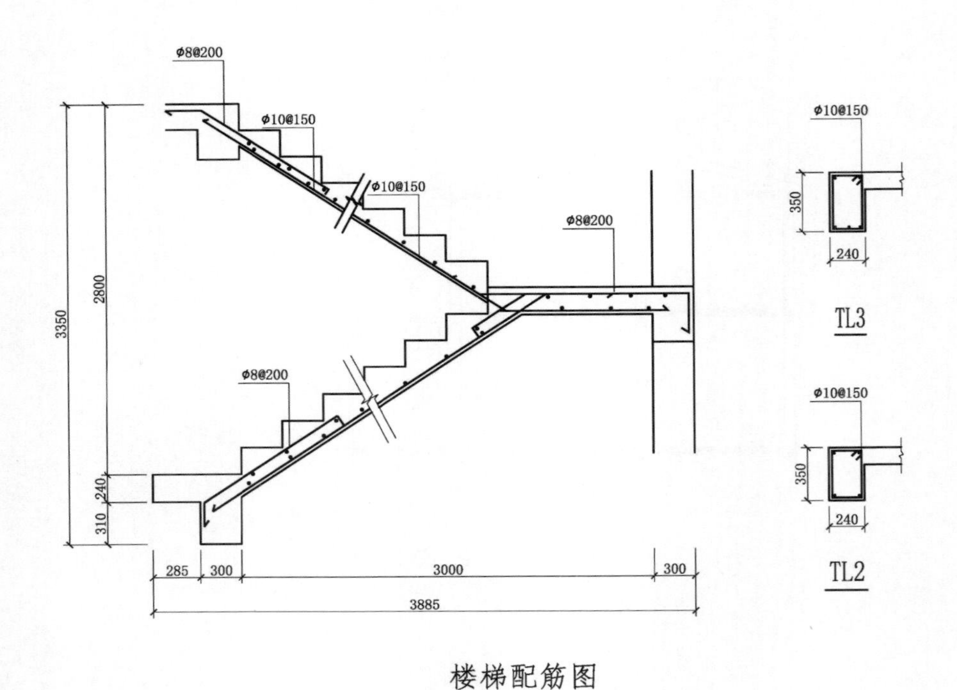

楼梯配筋图

①

②

③

④

屋檐大样图

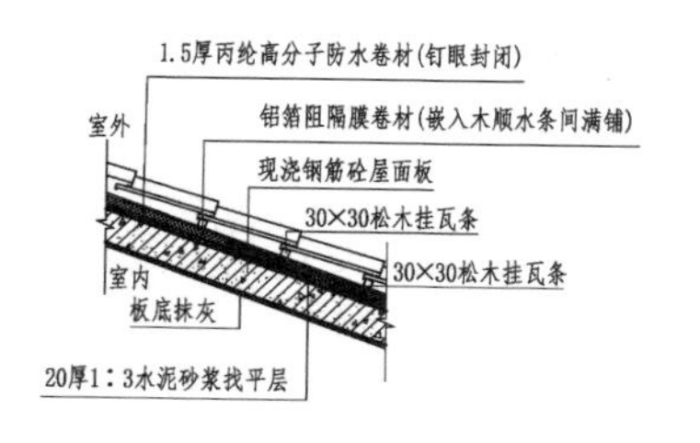

坡屋面构造做法剖面图

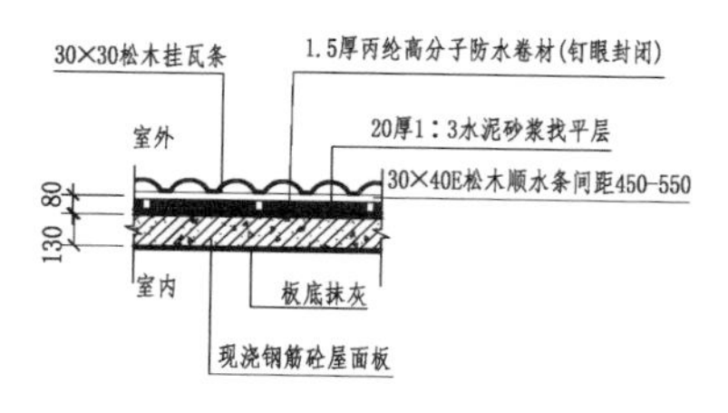

坡屋面构造做法剖面图

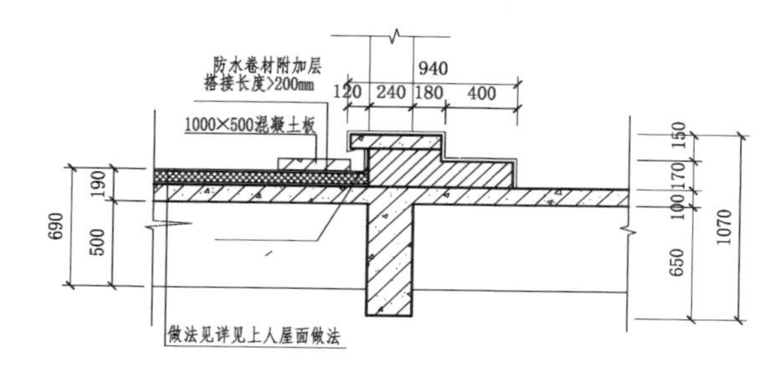

出屋面台阶大样图

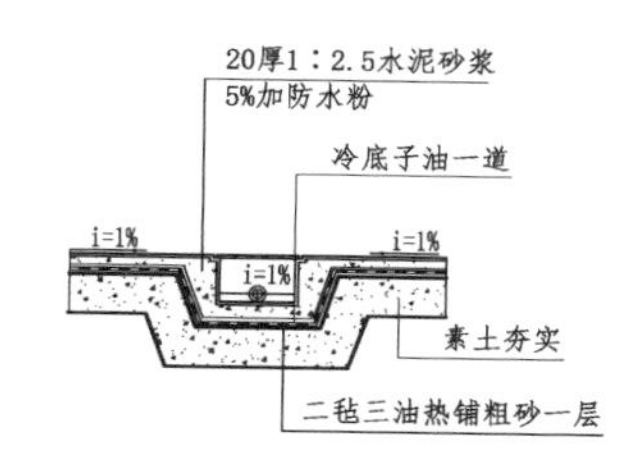

地沟做法大样图

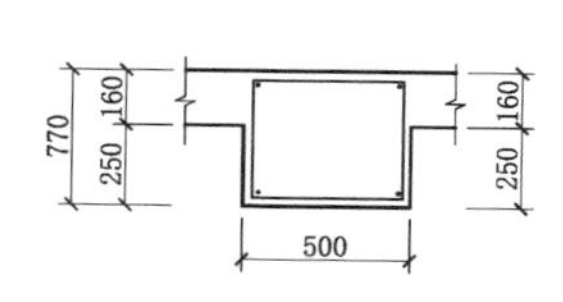

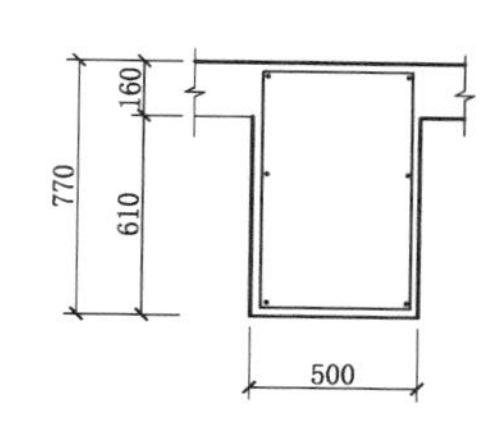

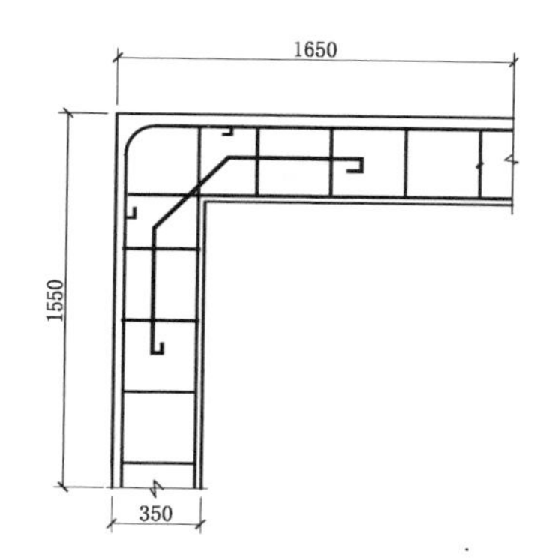

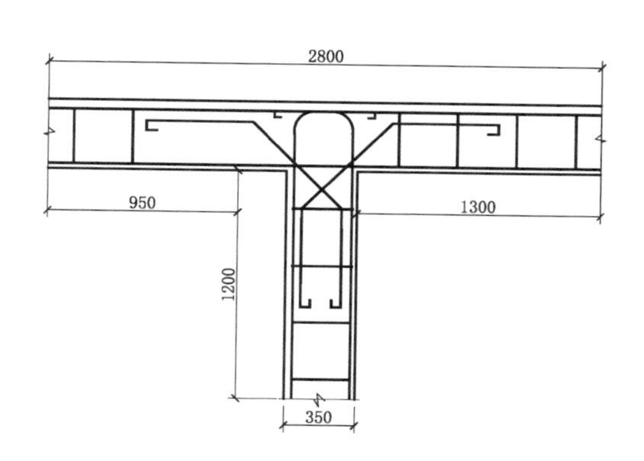

梁柱结构图

No.15 联排组合住宅

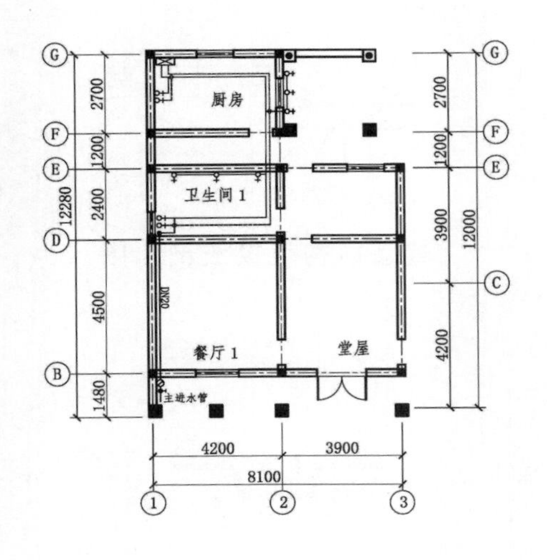

一层给水布置图

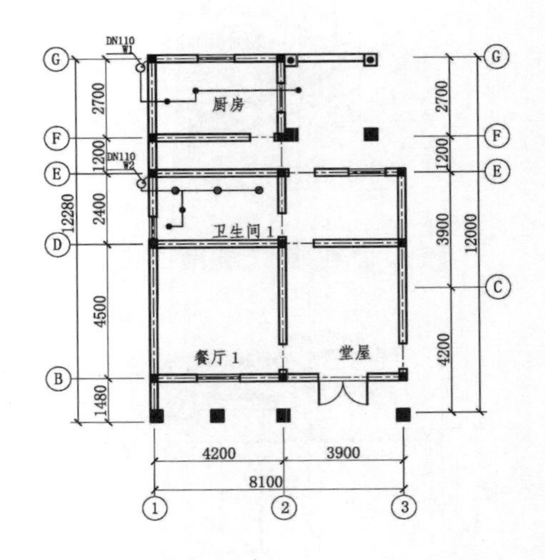

一层排水布置图

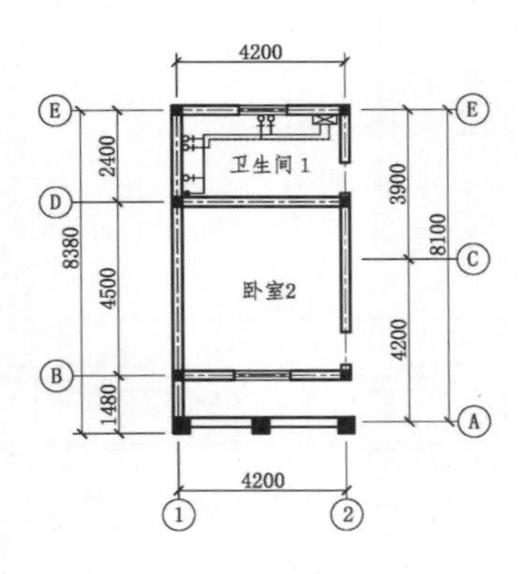

二层给水布置图

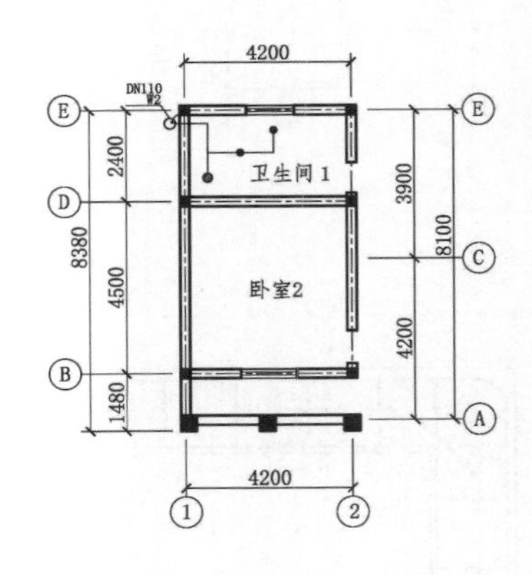

二层排水布置图

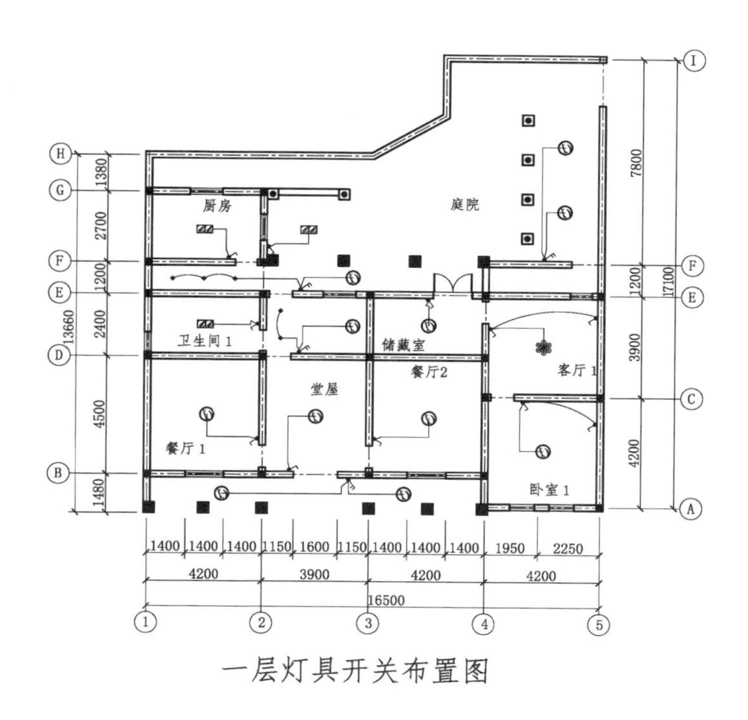

一层灯具开关布置图

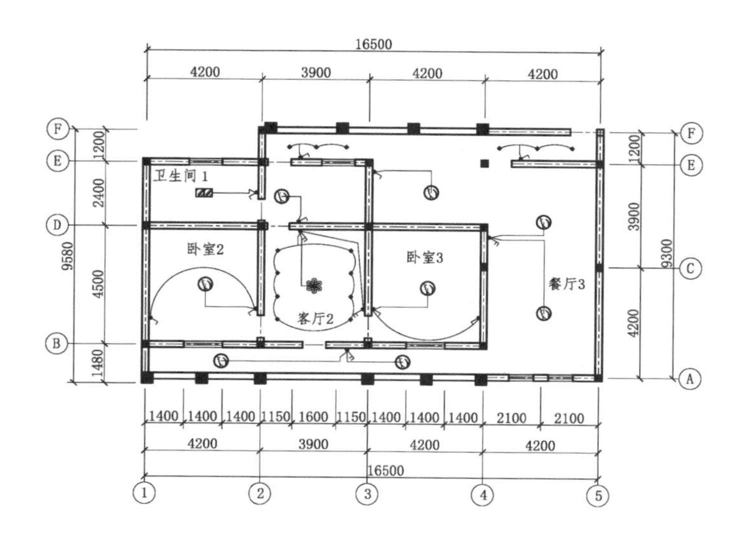

二层灯具开关布置图

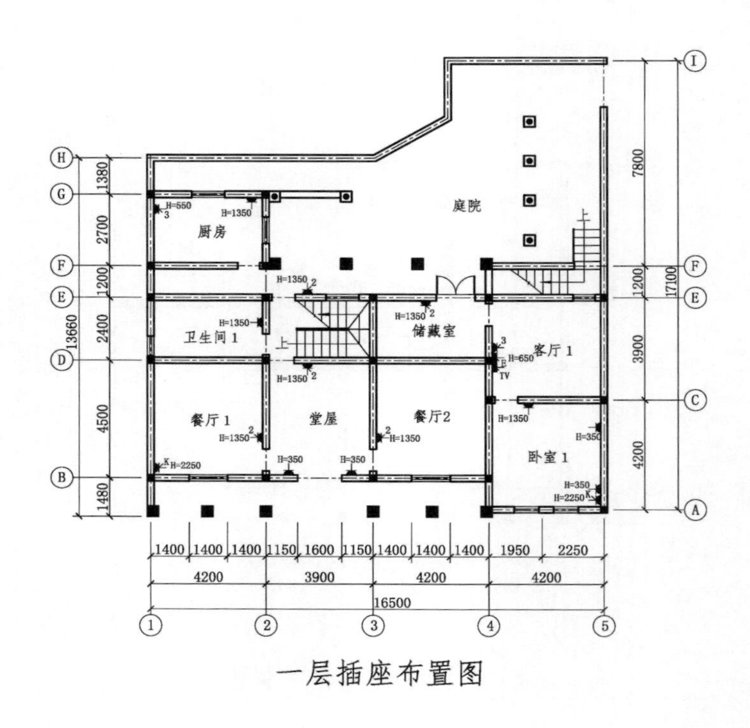

一层插座布置图

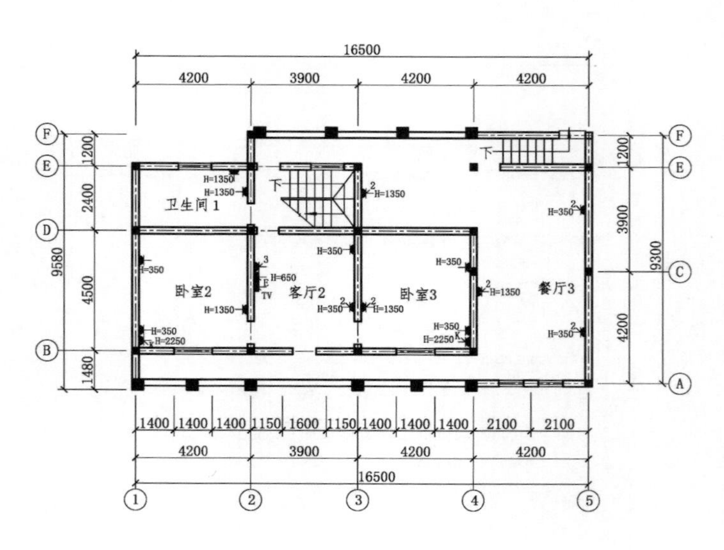

二层插座布置图

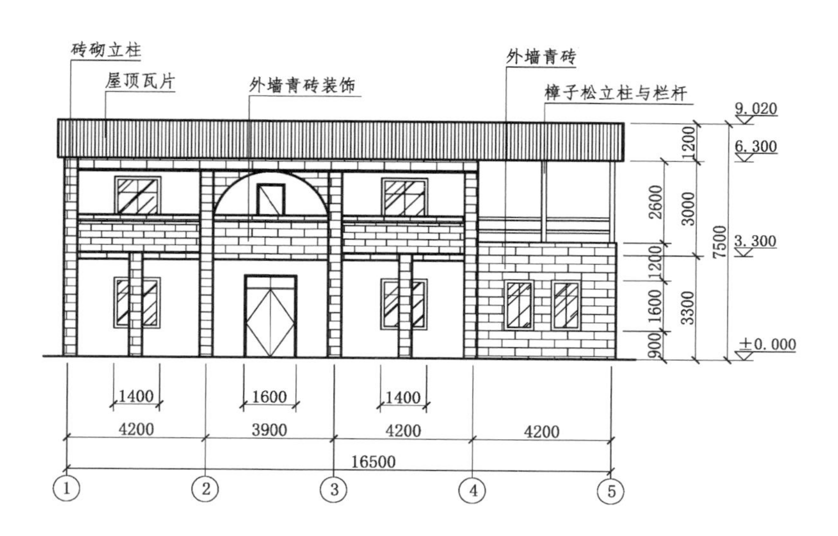
砖砌立柱
屋顶瓦片
外墙青砖装饰
外墙青砖
樟子松立柱与栏杆
9.020
6.300
3.300
±0.000
1200
2600
3000
7500
1200
1600
3300
900
1400
1600
1400
4200
3900
4200
4200
16500
1
2
3
4
5

北立面图

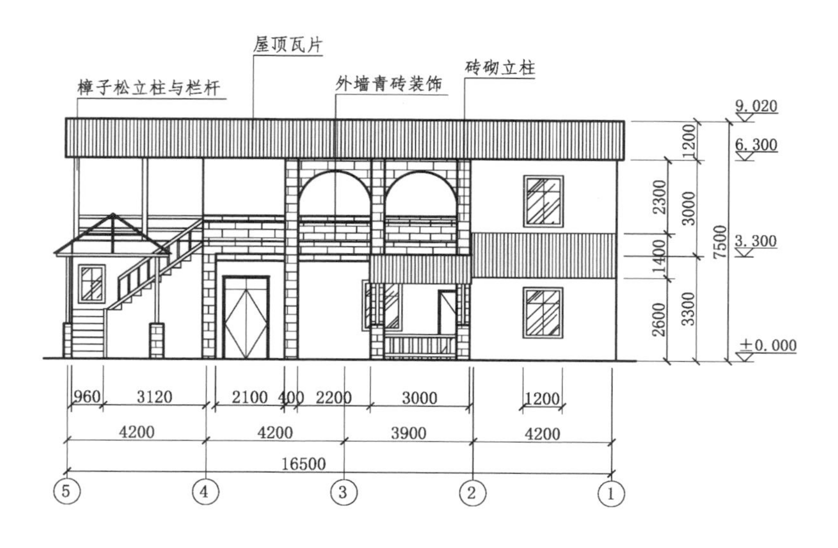
屋顶瓦片
砖砌立柱
樟子松立柱与栏杆
外墙青砖装饰
9.020
6.300
3.300
±0.000
1200
2300
3000
7500
1400
2600
3300
960
3120
2100
400
2200
3000
1200
4200
4200
3900
4200
16500
5
4
3
2
1

南立面图

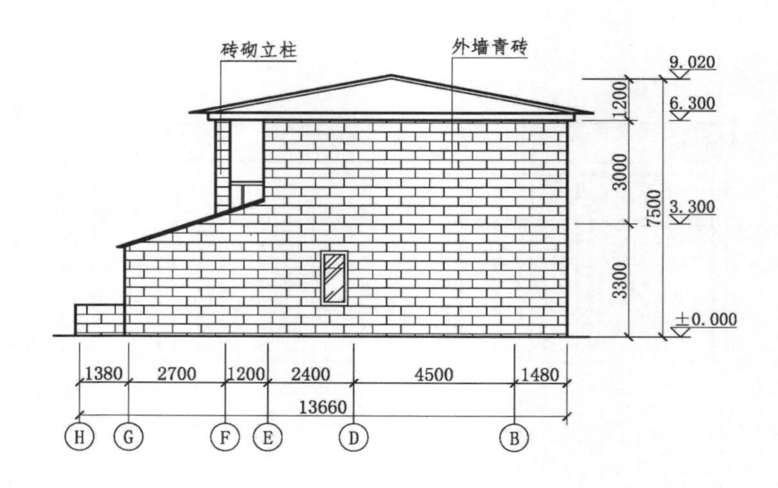
砖砌立柱
外墙青砖
9.020
6.300
1200
3000
7500
3.300
3300
±0.000
1380
2700
1200
2400
4500
1480
13660
H
G
F
E
D
B

东立面图

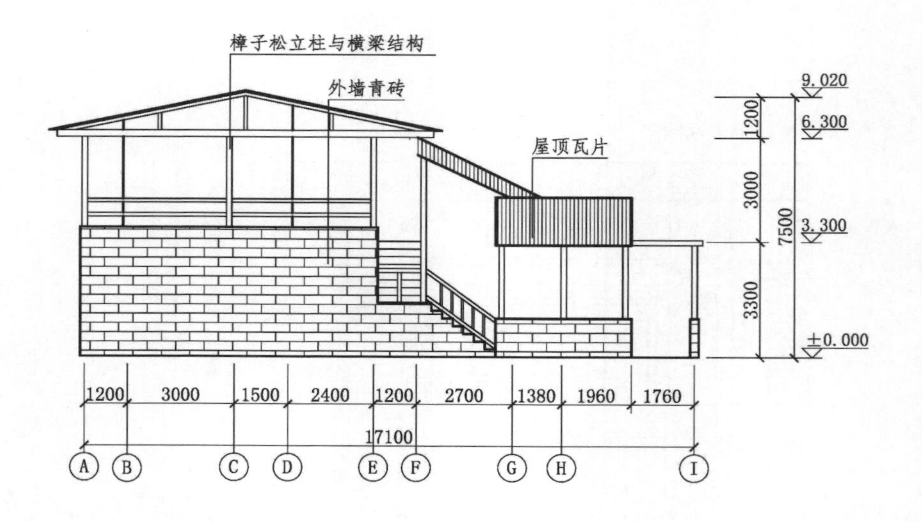
樟子松立柱与横梁结构
外墙青砖
屋顶瓦片
9.020
6.300
1200
3000
7500
3.300
3300
±0.000
1200
3000
1500
2400
1200
2700
1380
1960
1760
17100
A
B
C
D
E
F
G
H
I

西立面图

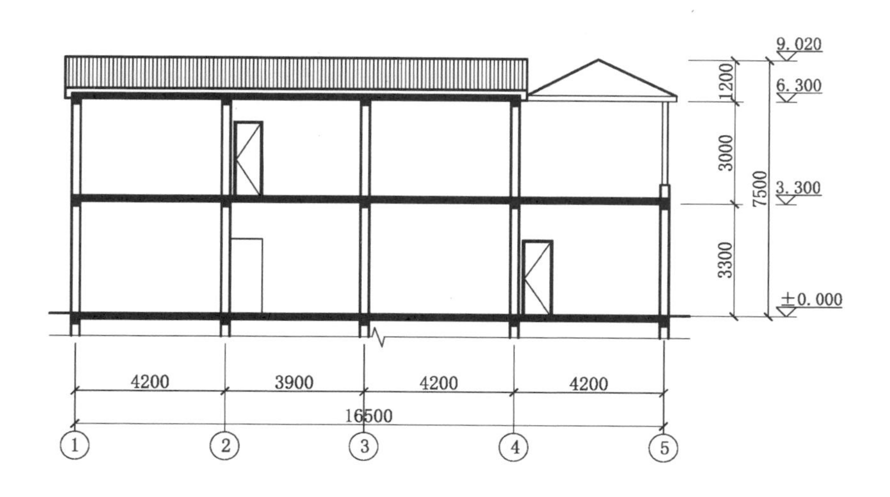
9.020
6.300
3.300
±0.000
1200
3000
3300
7500
4200
3900
4200
4200
16500
1
2
3
4
5

1-1剖面图

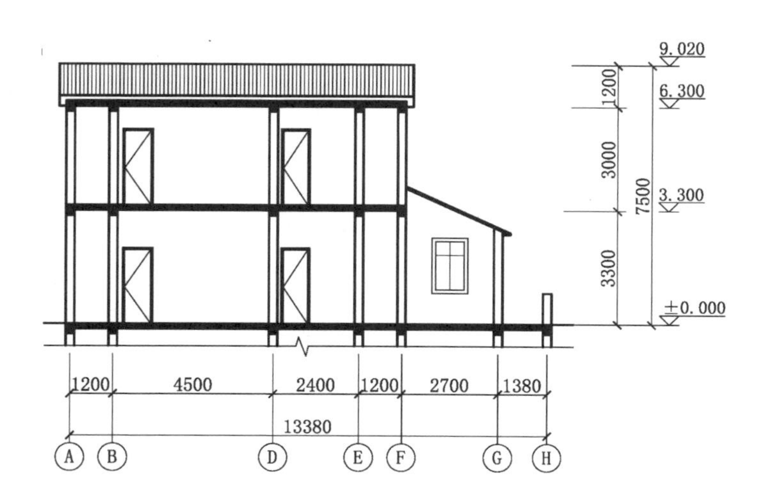
9.020
6.300
3.300
±0.000
1200
3000
3300
7500
1200
4500
2400
1200
2700
1380
13380
A
B
D
E
F
G
H

2-2剖面图

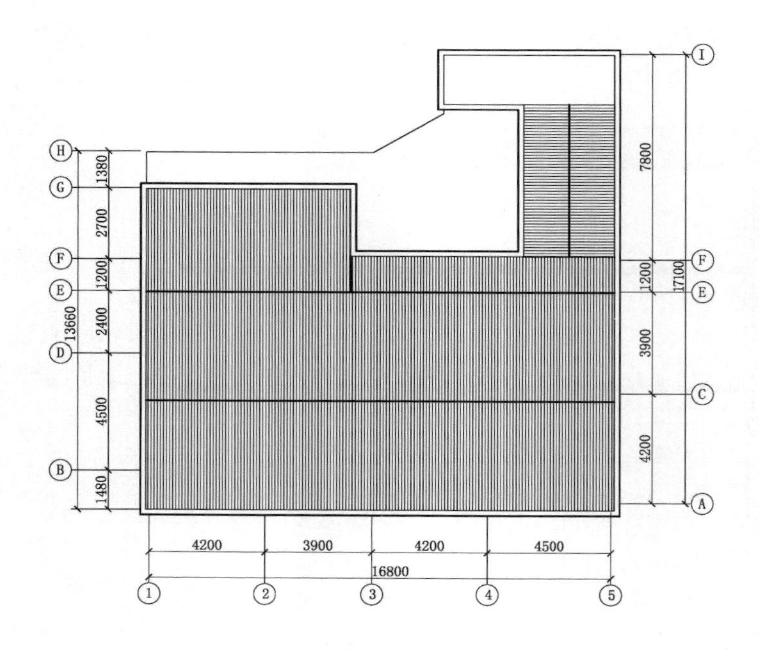
H
G
F
E
D
B
1380
2700
1200
2400
4500
1480
13660
I
F
E
C
A
7800
1200
3900
4200
17100
4200
3900
4200
4500
16800
1
2
3
4
5

顶面布置图

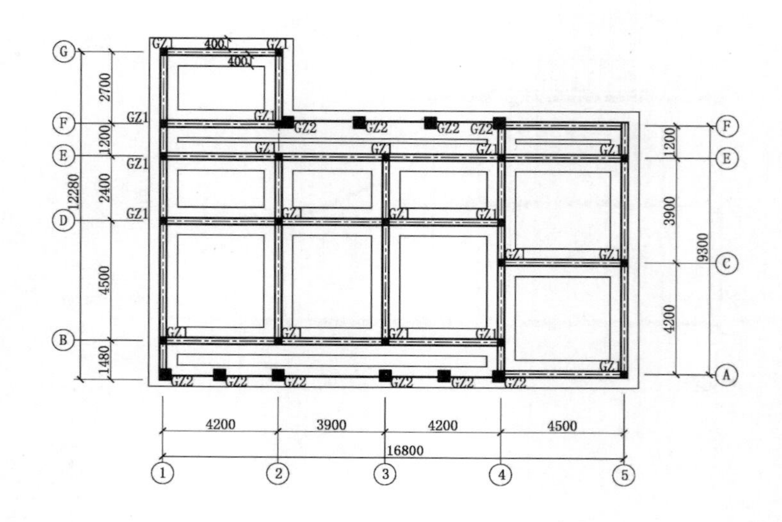
G
F
E
D
B
2700
1200
2400
4500
1480
12280
GZ1
GZ2
400
F
E
C
A
1200
3900
4200
9300
4200
3900
4200
4500
16800
1
2
3
4
5

基础结构图

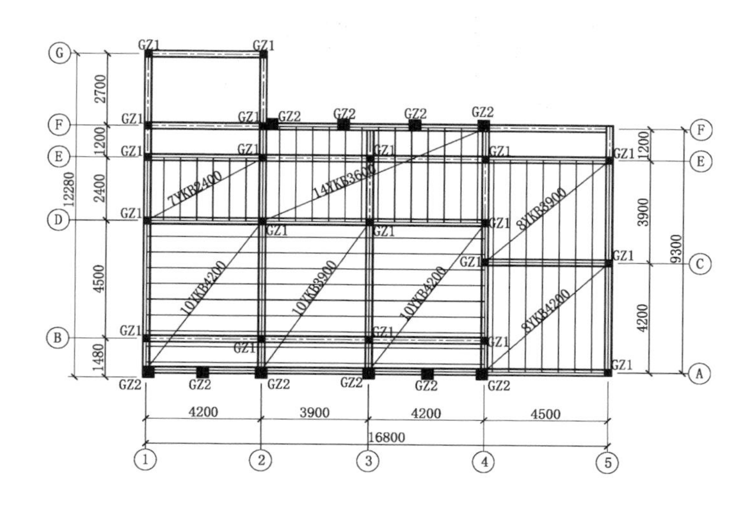

一层结构图

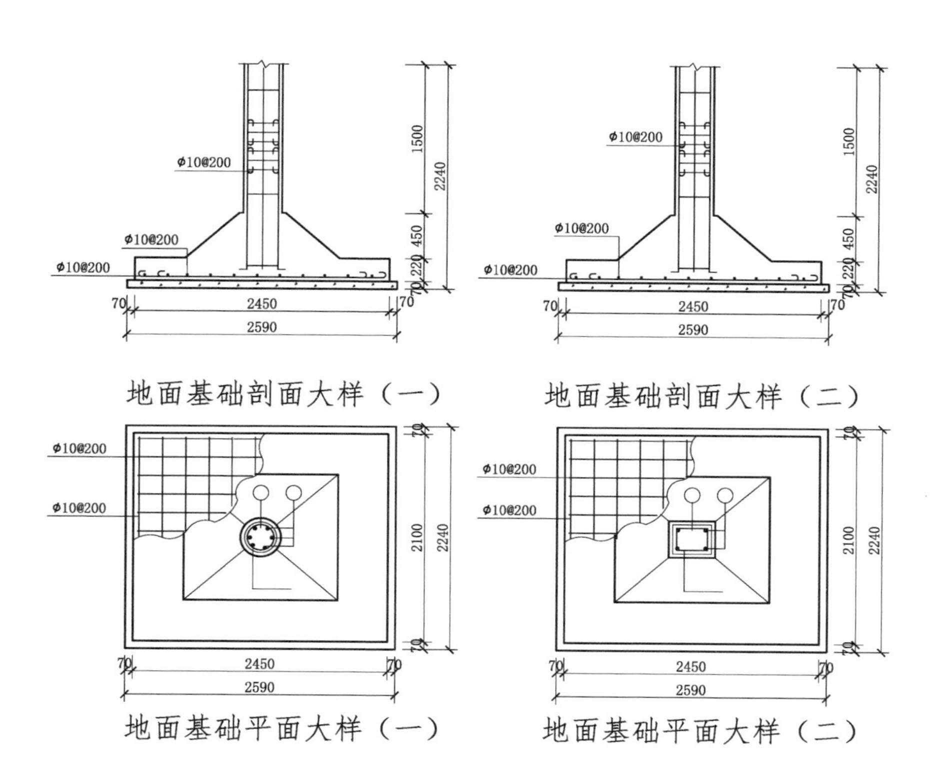

地面基础剖面大样（一）

地面基础剖面大样（二）

地面基础平面大样（一）

地面基础平面大样（二）

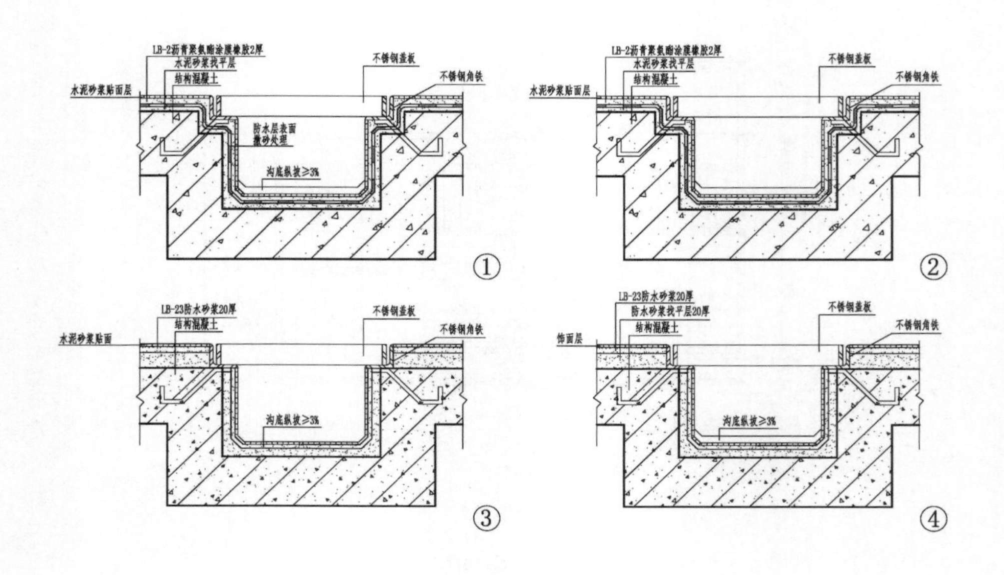

厨浴厕结构承槽明沟防水节点构造详图

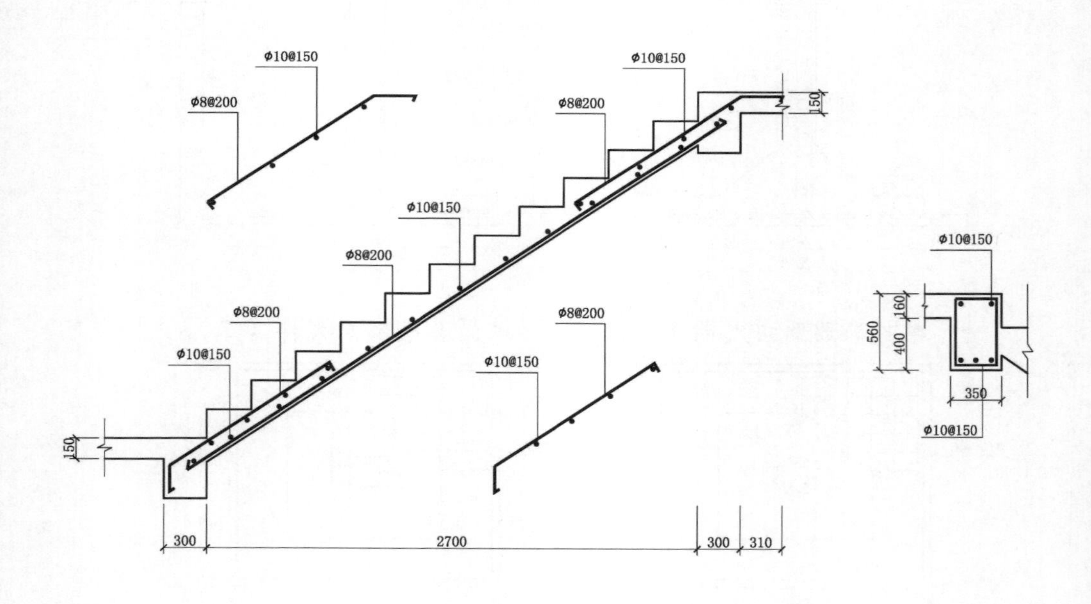

楼梯配筋图

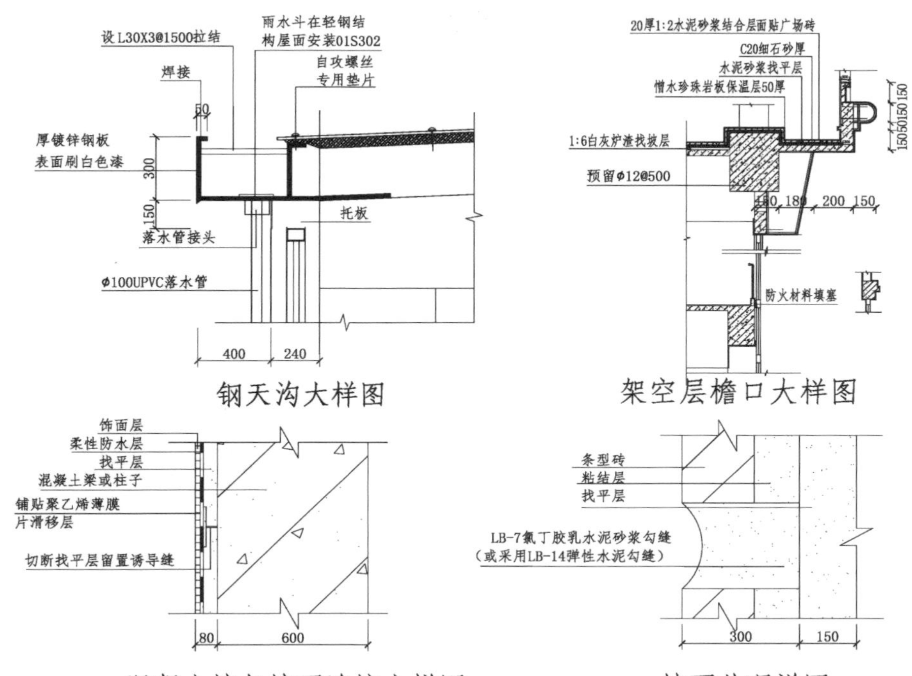

钢天沟大样图

架空层檐口大样图

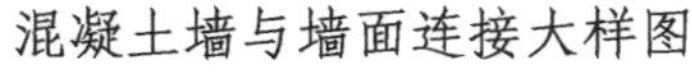

混凝土墙与墙面连接大样图

墙面处理详图

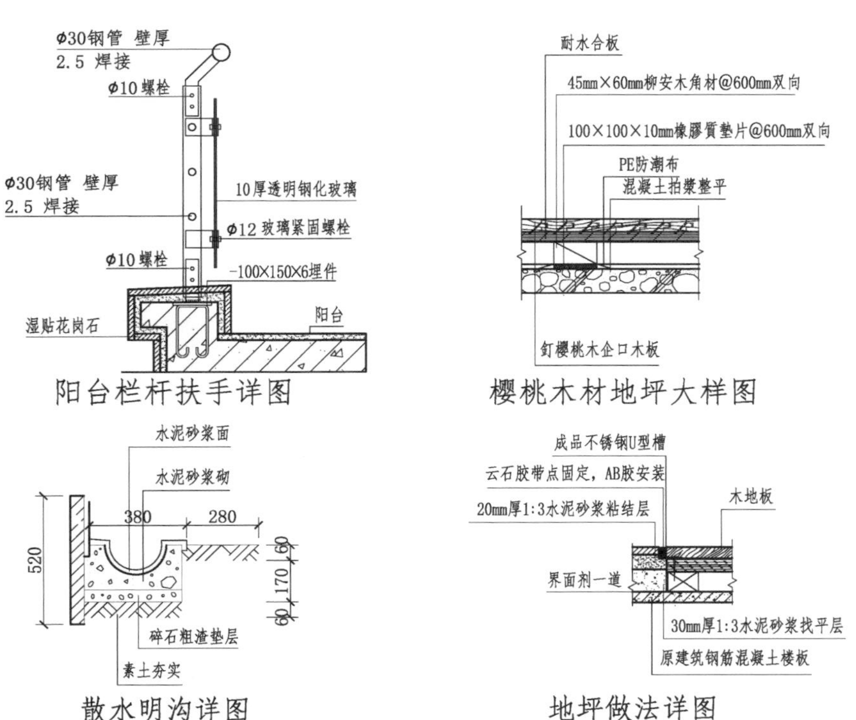

阳台栏杆扶手详图

樱桃木材地坪大样图

散水明沟详图

地坪做法详图

No.16 独院多露台住宅

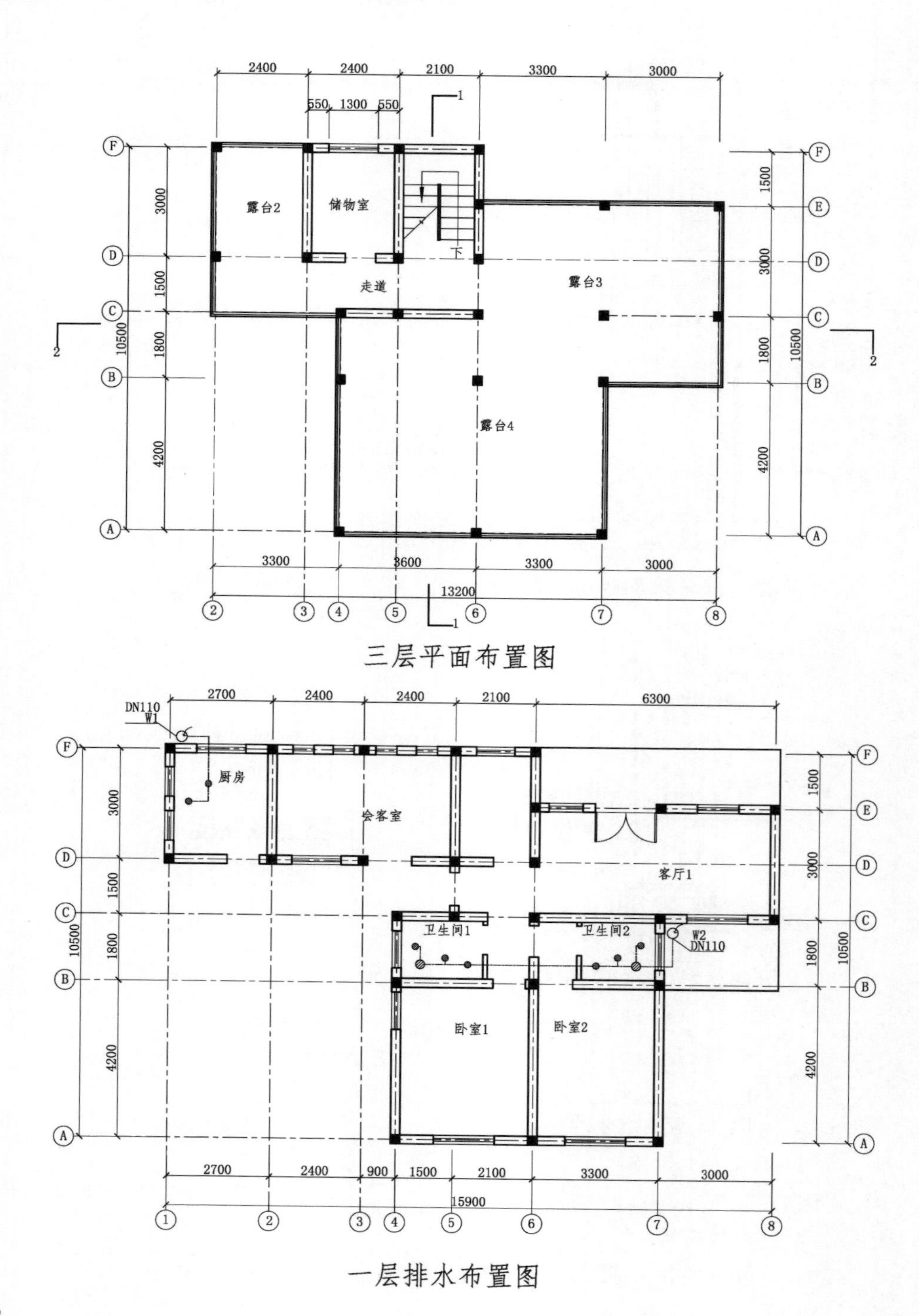

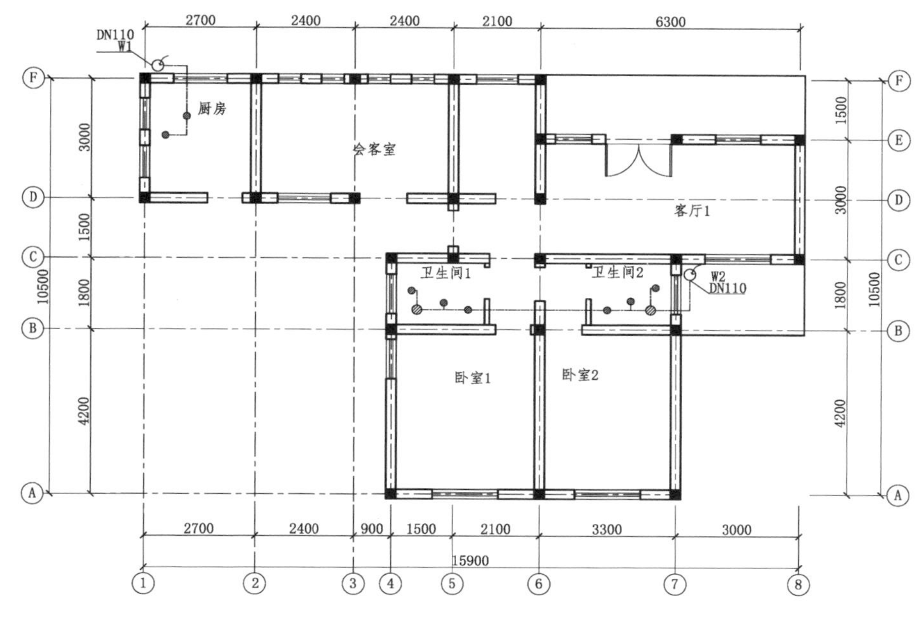

一层排水布置图

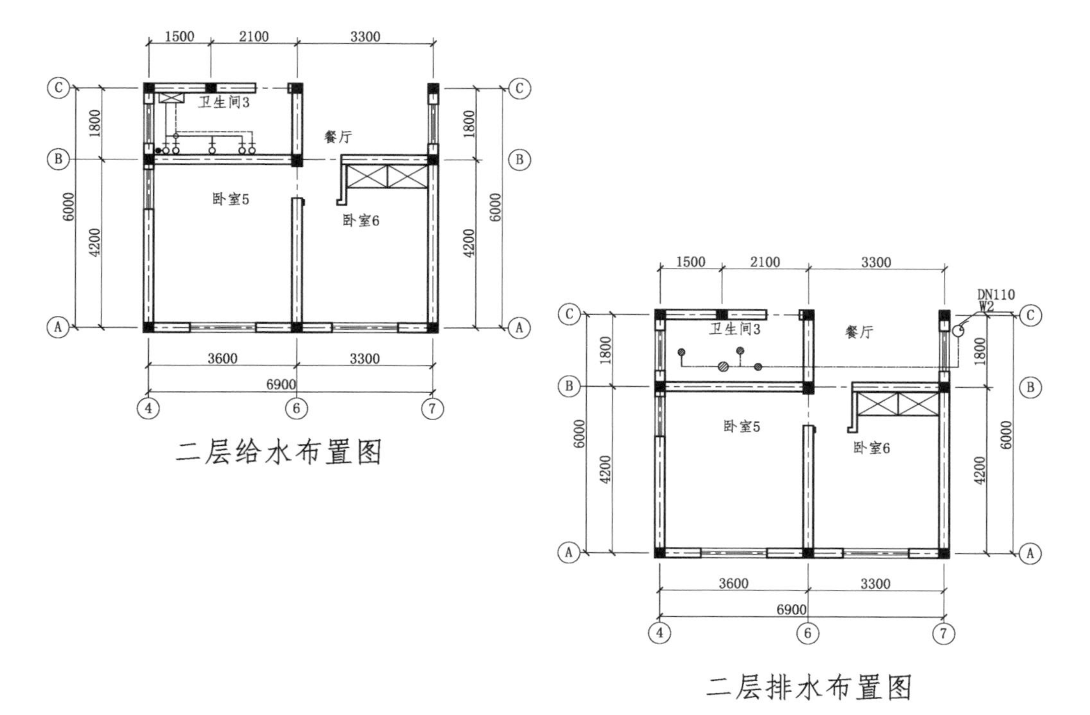

二层给水布置图

二层排水布置图

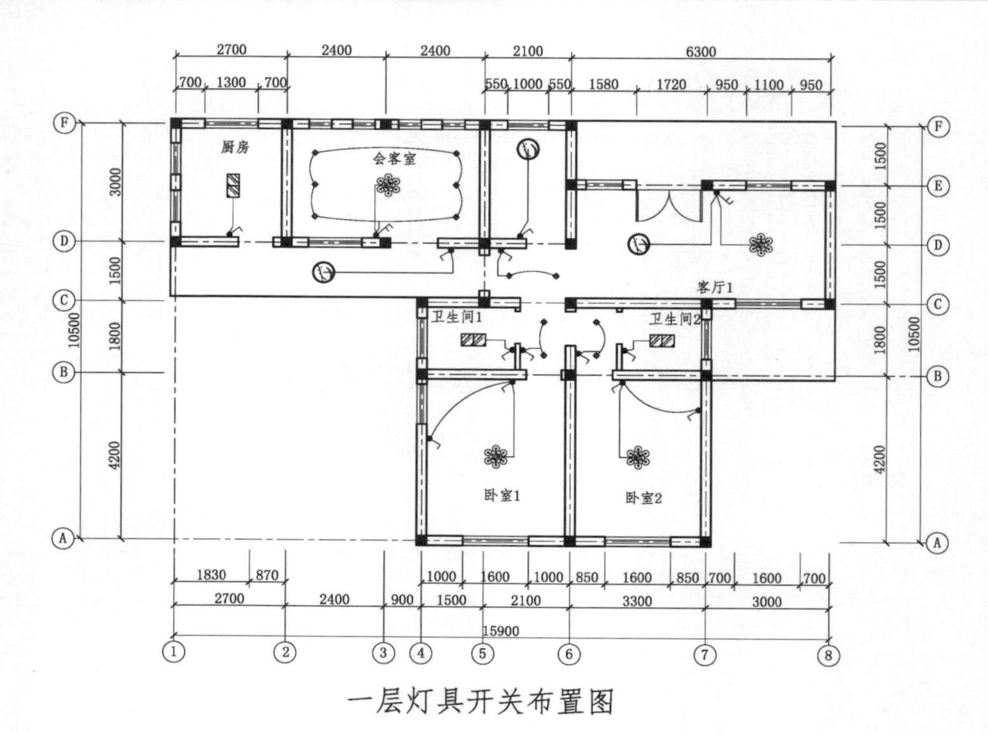

一层灯具开关布置图

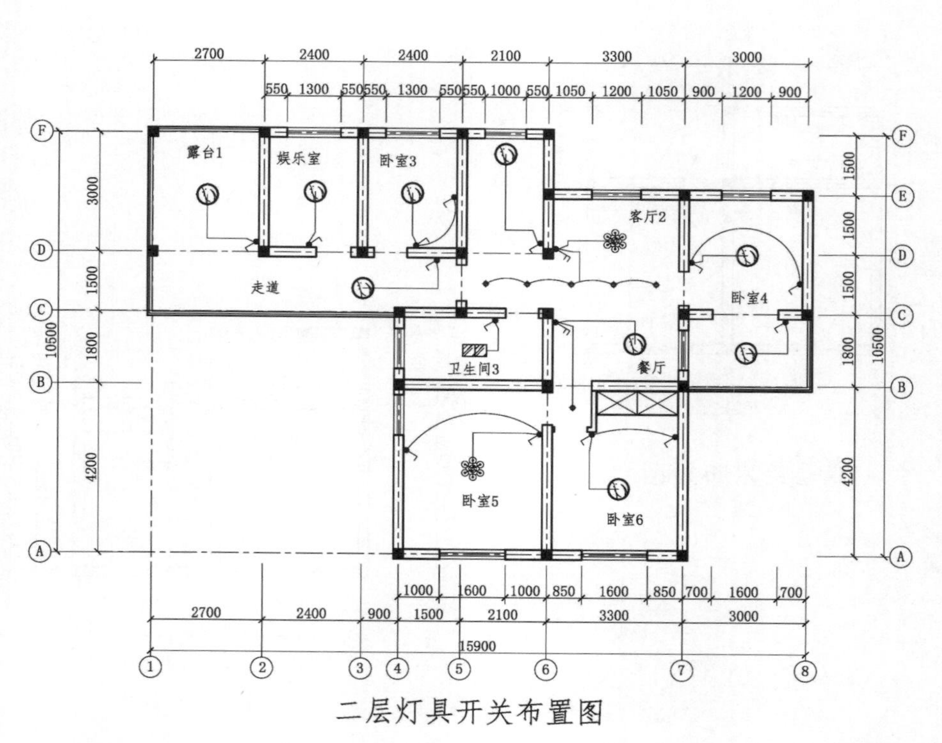

二层灯具开关布置图

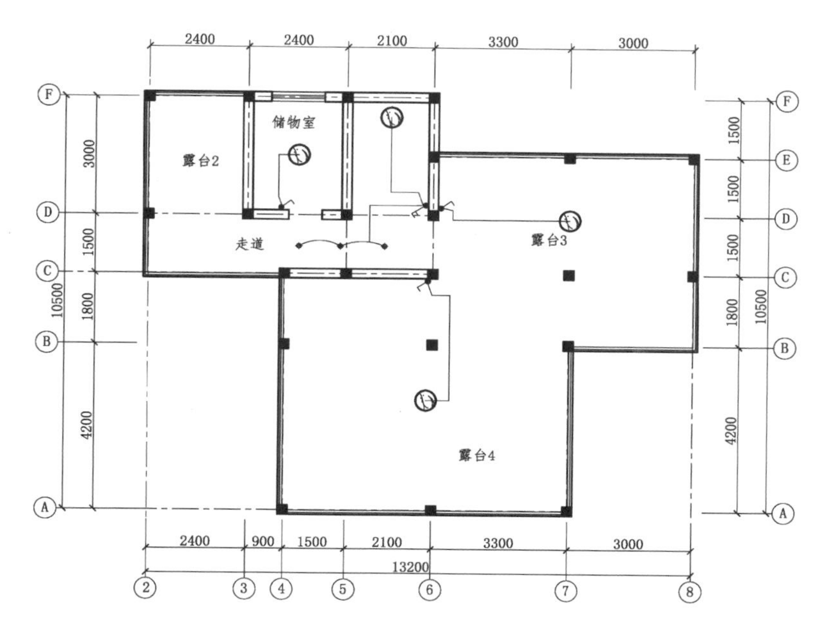

三层灯具开关布置图

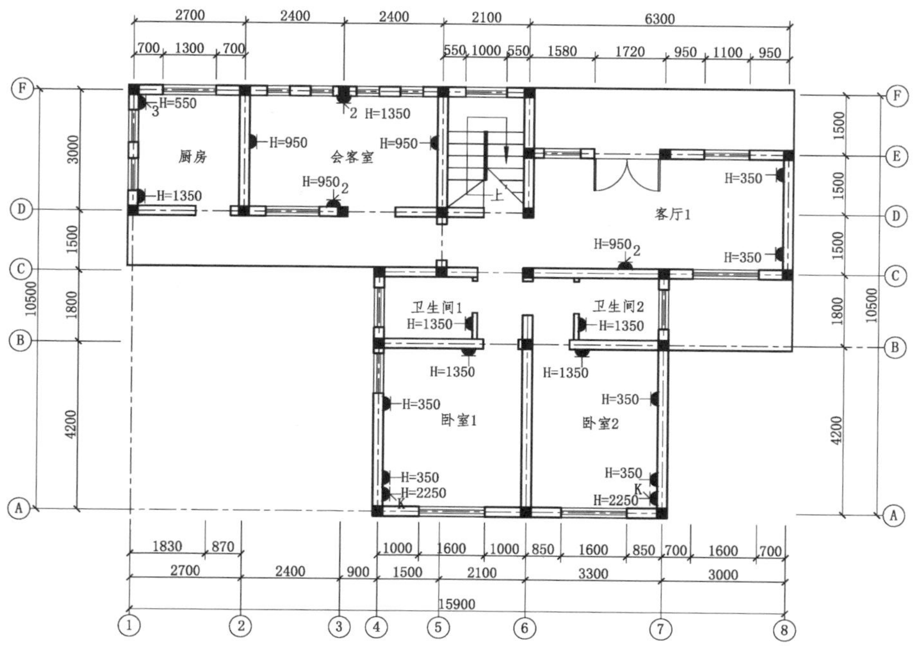

一层插座布置图

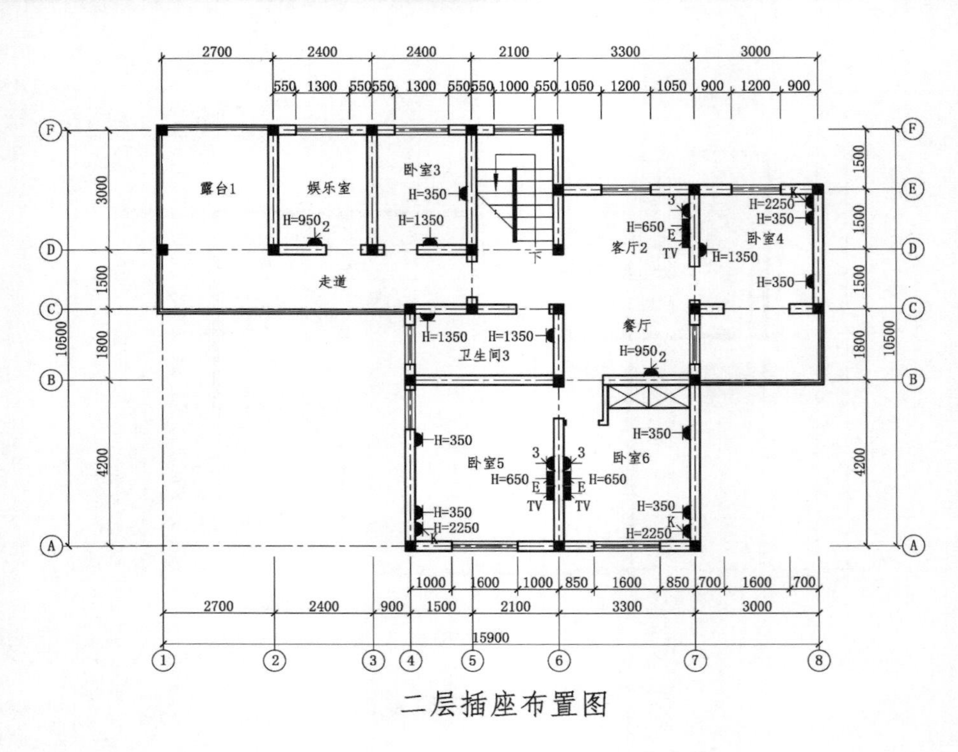

二层插座布置图

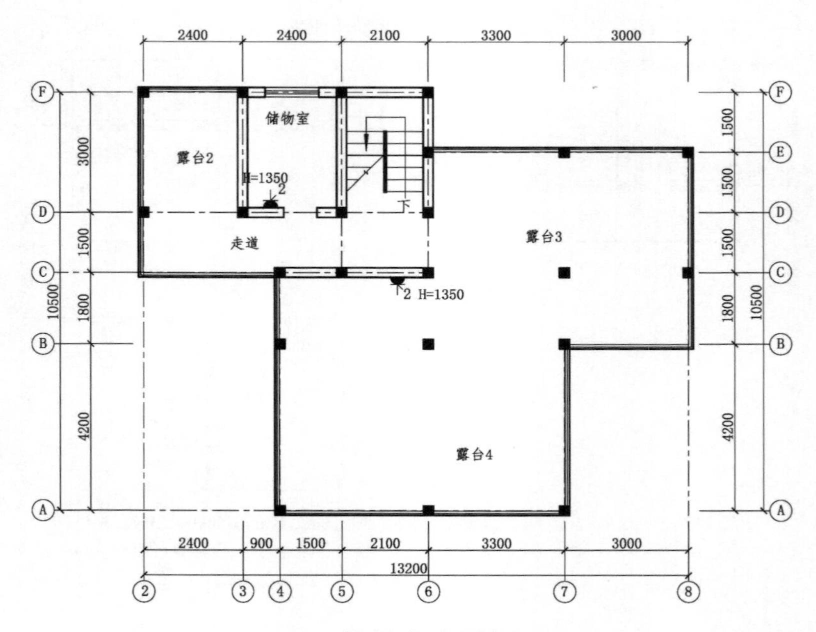

三层插座布置图

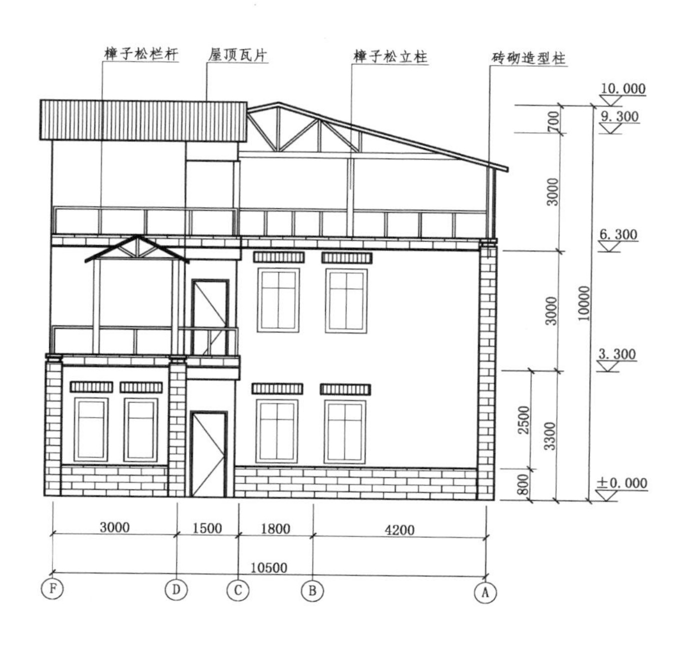
樟子松栏杆
屋顶瓦片
樟子松立柱
砖砌造型柱
10.000
9.300
6.300
3.300
±0.000
700
3000
3000
2500
3300
800
10000
3000
1500
1800
4200
10500
F
D
C
B
A

北立面图

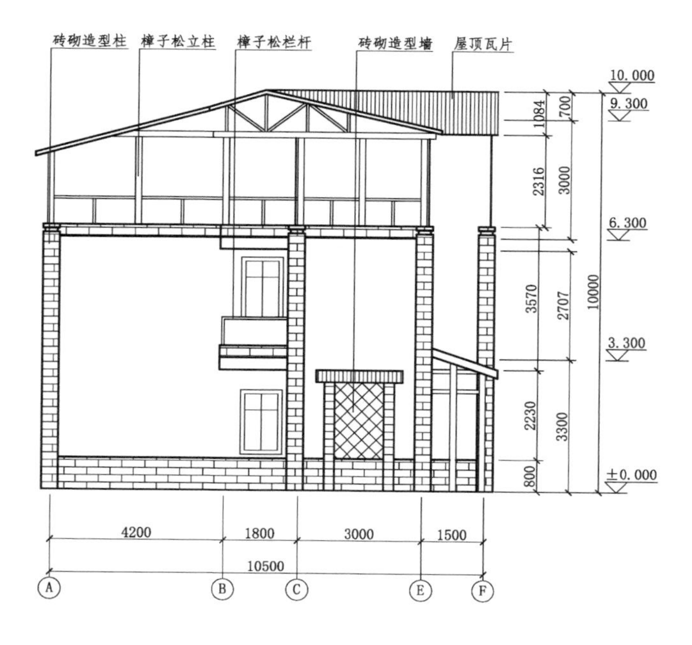
砖砌造型柱
樟子松立柱
樟子松栏杆
砖砌造型墙
屋顶瓦片
10.000
9.300
6.300
3.300
±0.000
1084
700
2316
3000
3570
2707
2230
3300
800
10000
4200
1800
3000
1500
10500
A
B
C
E
F

南立面图

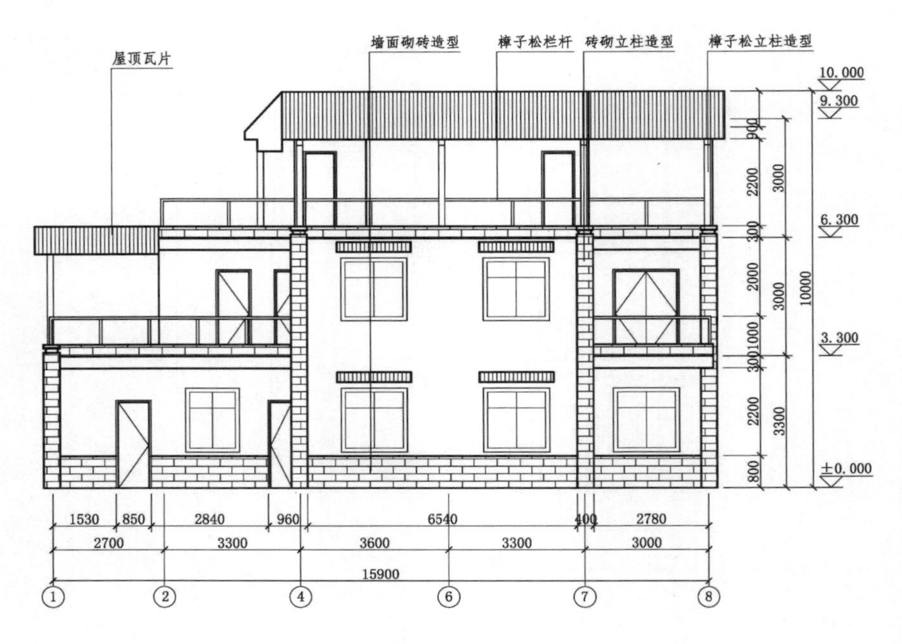
屋顶瓦片
墙面砌砖造型
樟子松栏杆
砖砌立柱造型
樟子松立柱造型
10.000
9.300
6.300
3.300
±0.000
900
2200
300
2000
1000
300
2200
800
3000
3000
3300
10000
1530
850
2840
960
6540
400
2780
2700
3300
3600
3300
3000
15900
1
2
4
6
7
8

西立面图

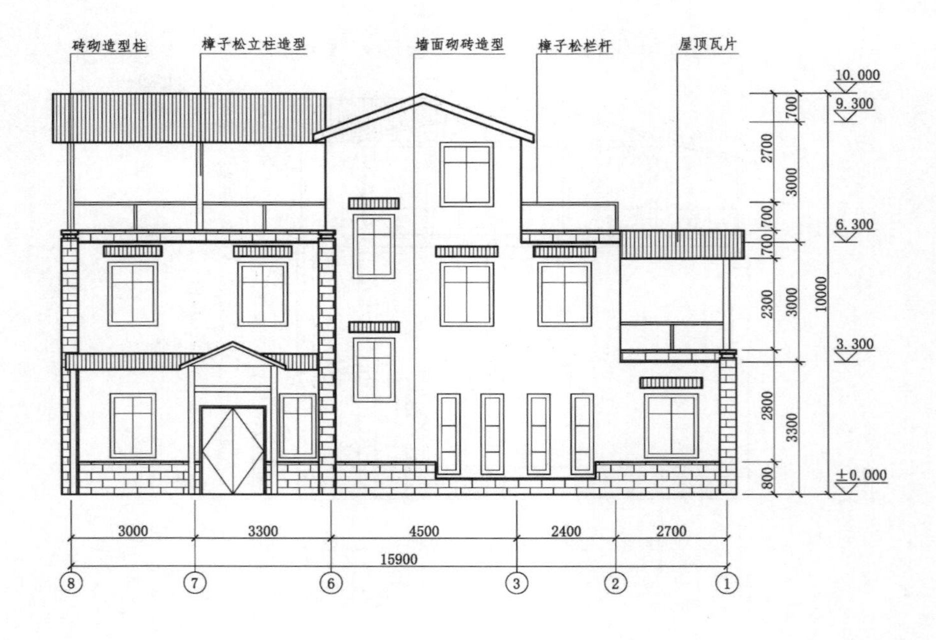
砖砌造型柱
樟子松立柱造型
墙面砌砖造型
樟子松栏杆
屋顶瓦片
10.000
9.300
6.300
3.300
±0.000
700
2700
700
700
2300
2800
800
3000
3000
3300
10000
3000
3300
4500
2400
2700
15900
8
7
6
3
2
1

东立面图

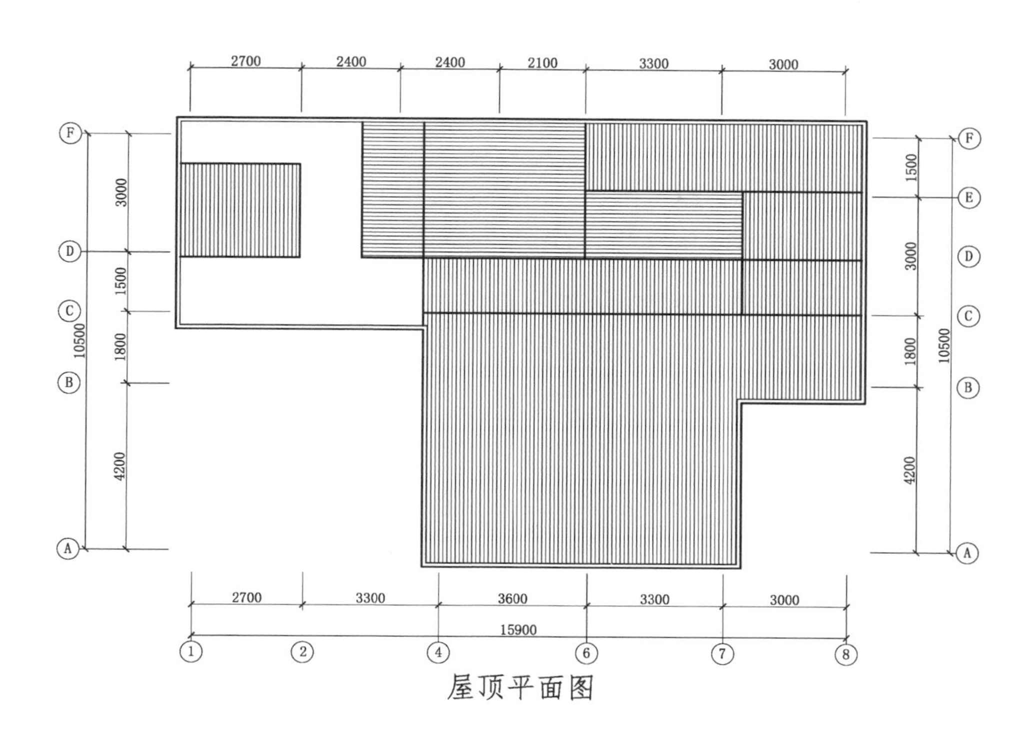
2700
2400
2400
2100
3300
3000
F
E
D
C
B
A
3000
1500
1800
4200
10500
3000
2700
3300
3600
15900
1
2
4
6
7
8

屋顶平面图

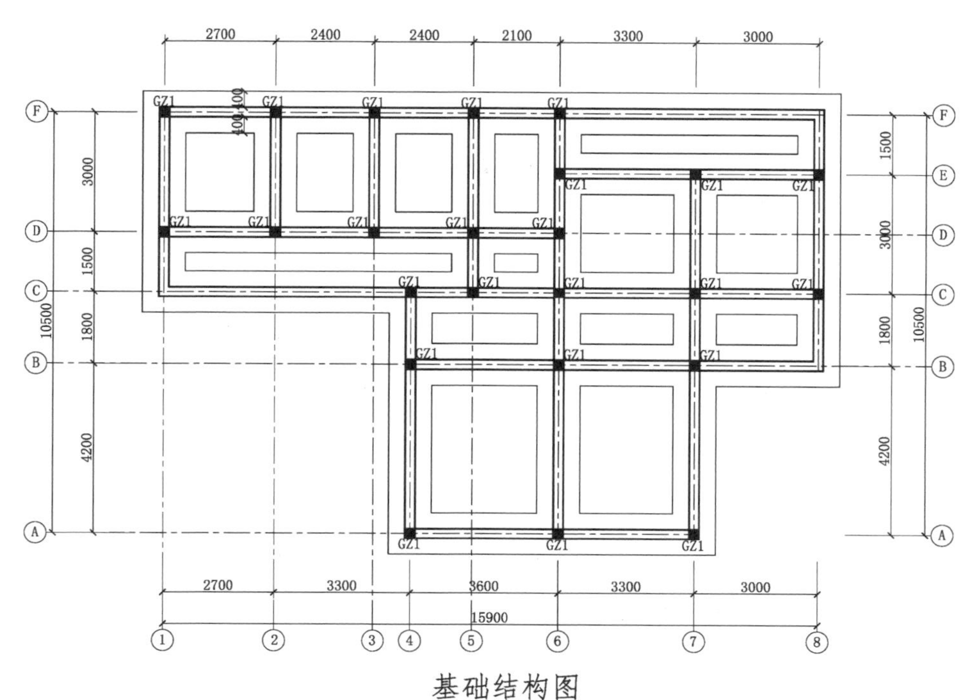
2700
2400
2400
2100
3300
3000
GZ1
400
400
F
E
D
C
B
A
3000
1500
1800
4200
10500
2700
3300
3600
15900
1
2
3
4
5
6
7
8

基础结构图

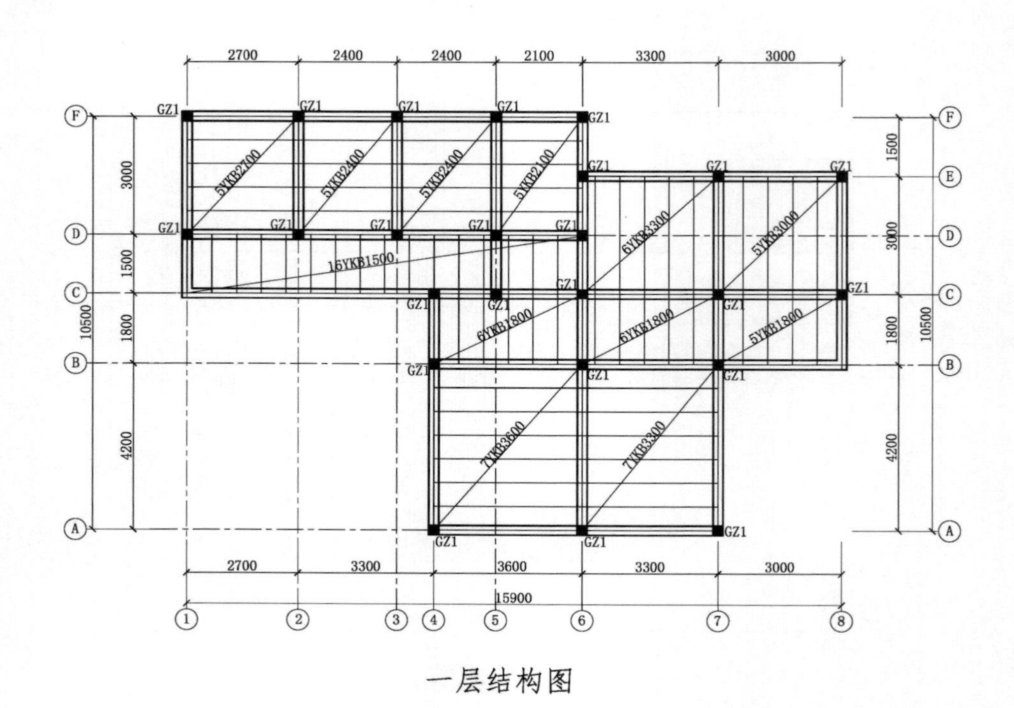

一层结构图

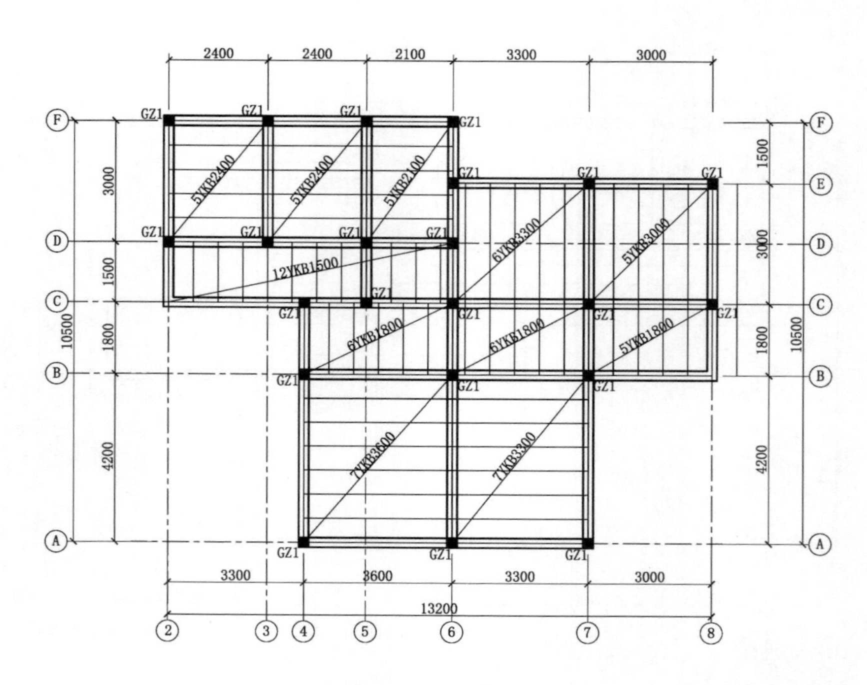

二层结构图

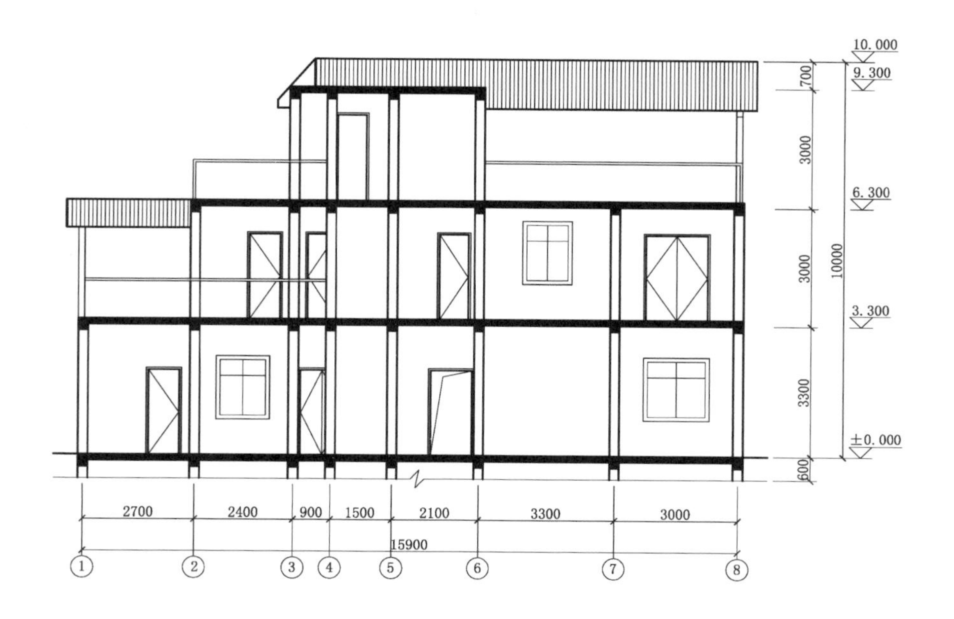
10.000
9.300
6.300
3.300
±0.000
700
3000
3000
3300
600
10000
2700
2400
900
1500
2100
3300
3000
15900
1
2
3
4
5
6
7
8

2-2剖面图

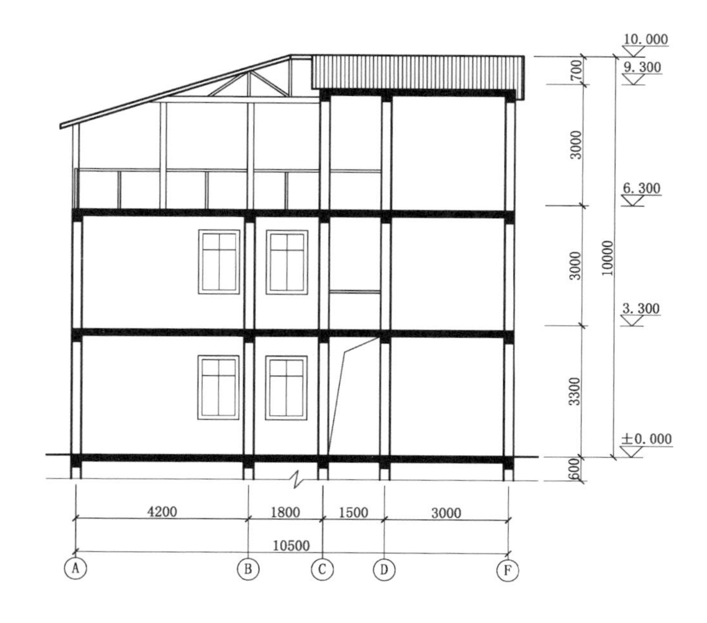
10.000
9.300
6.300
3.300
±0.000
700
3000
3000
3300
600
10000
4200
1800
1500
3000
10500
A
B
C
D
F

1-1剖面图

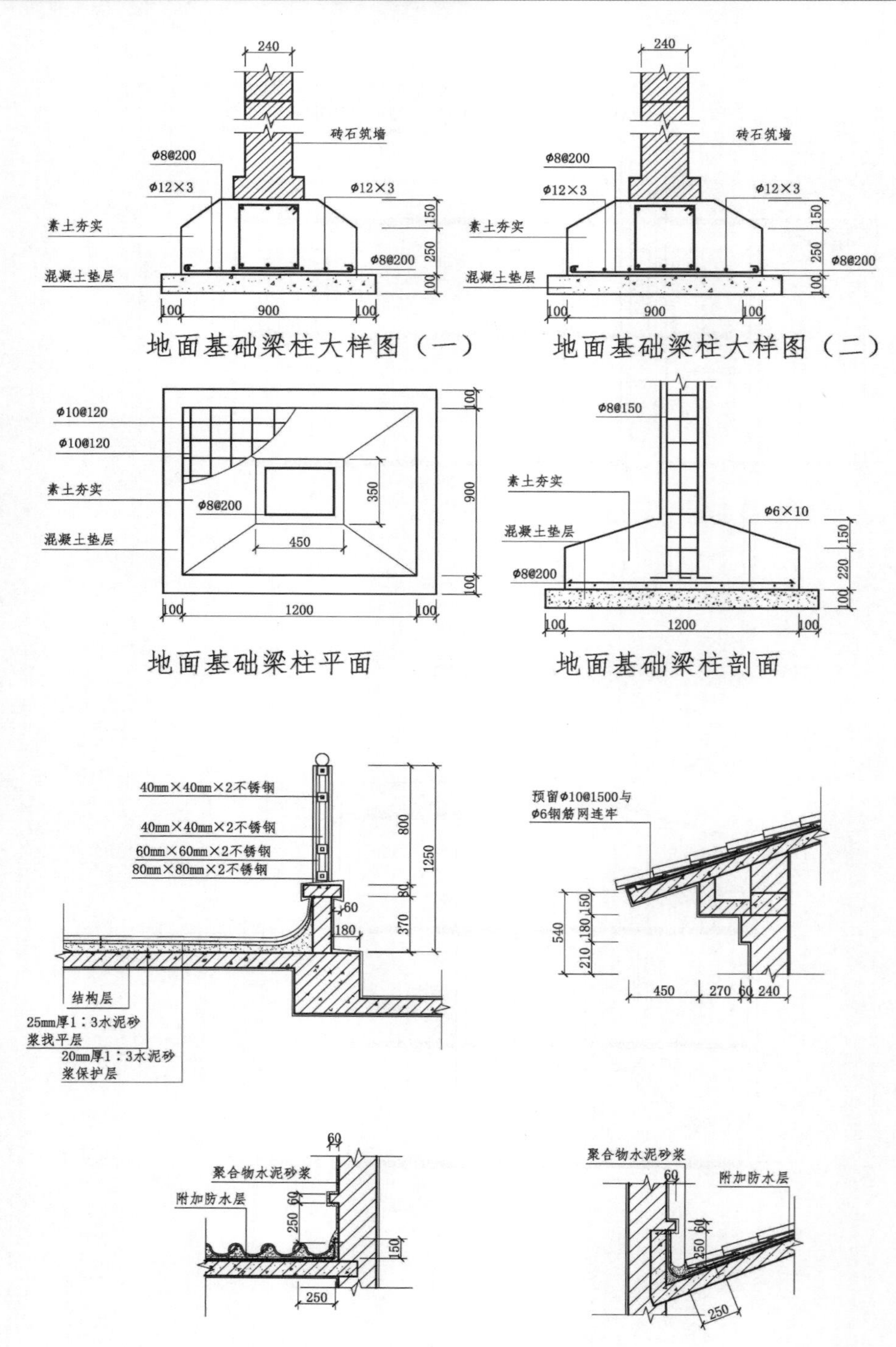
240
砖石筑墙
φ8@200
φ12×3
φ12×3
素土夯实
150
250
φ8@200
混凝土垫层
100
100
900
100
地面基础梁柱大样图（一）
240
砖石筑墙
φ8@200
φ12×3
φ12×3
素土夯实
150
250
φ8@200
混凝土垫层
100
100
900
100
地面基础梁柱大样图（二）
φ10@120
φ10@120
素土夯实
φ8@200
混凝土垫层
350
450
100
900
100
100
1200
100
地面基础梁柱平面
φ8@150
素土夯实
混凝土垫层
φ6×10
φ8@200
150
220
100
100
1200
100
地面基础梁柱剖面
40mm×40mm×2不锈钢
40mm×40mm×2不锈钢
60mm×60mm×2不锈钢
80mm×80mm×2不锈钢
800
1250
80
370
60
180
结构层
25mm厚1：3水泥砂浆找平层
20mm厚1：3水泥砂浆保护层
预留φ10@1500与φ6钢筋网连牢
540
150
180
210
450
270
60
240
60
聚合物水泥砂浆
附加防水层
60
250
150
250
聚合物水泥砂浆
60
附加防水层
60
250
250

屋坡面节点大样图

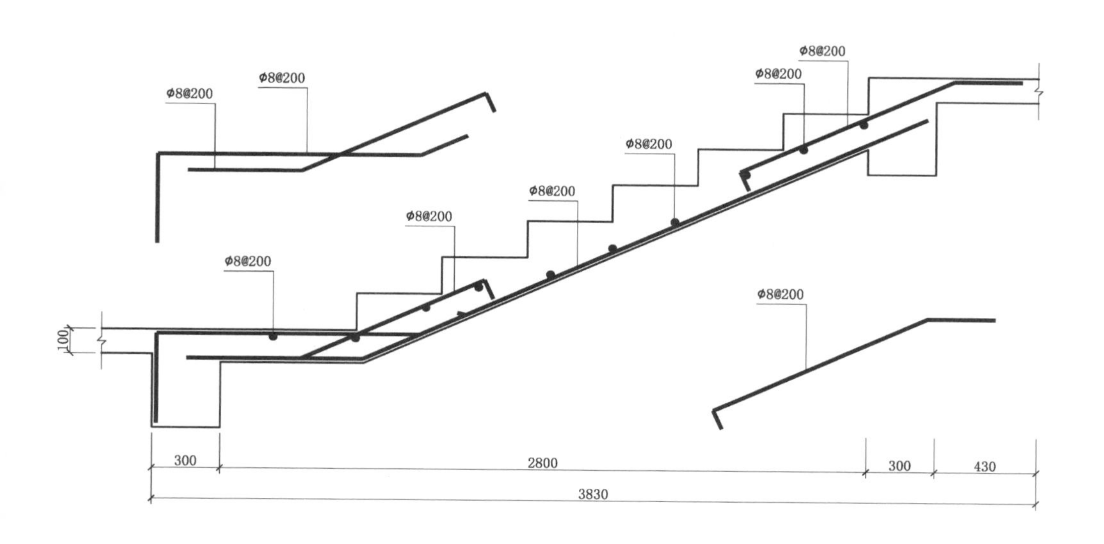

楼梯配筋图

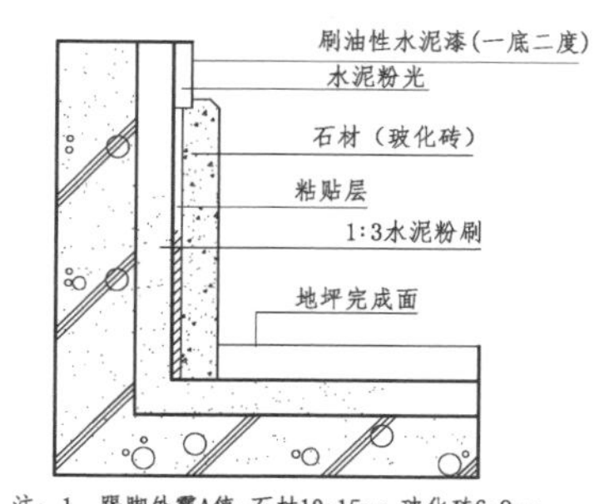

注：1. 踢脚外露A值：石材10~15mm，玻化砖6~9mm.
2. 墙面若为石材（玻化砖）饰材，A值另定.

石材（玻化砖）踢脚大样图

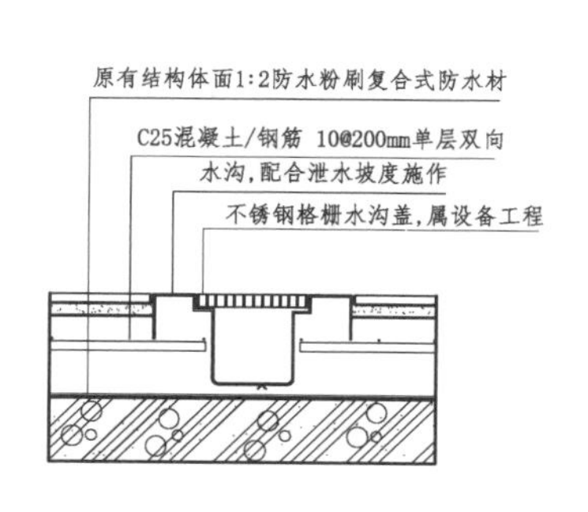

厨房地坪及截水沟大样图

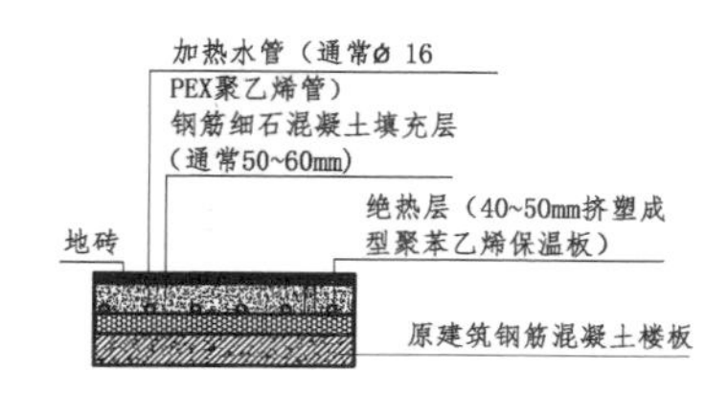

室内地面处理详图

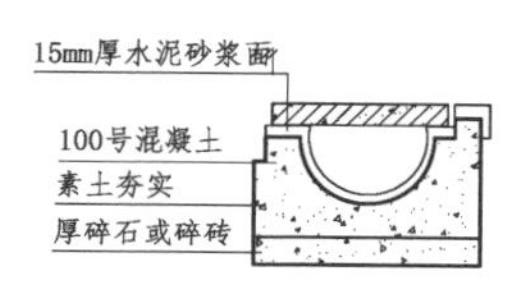

散水明沟详图

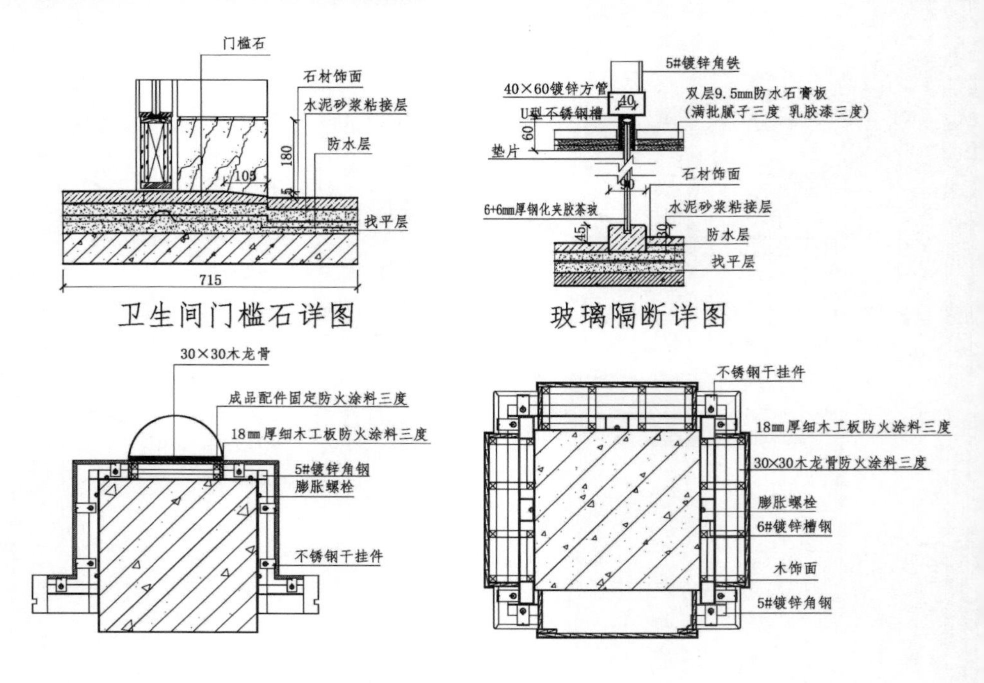

卫生间门槛石详图

玻璃隔断详图

室内立柱做详图

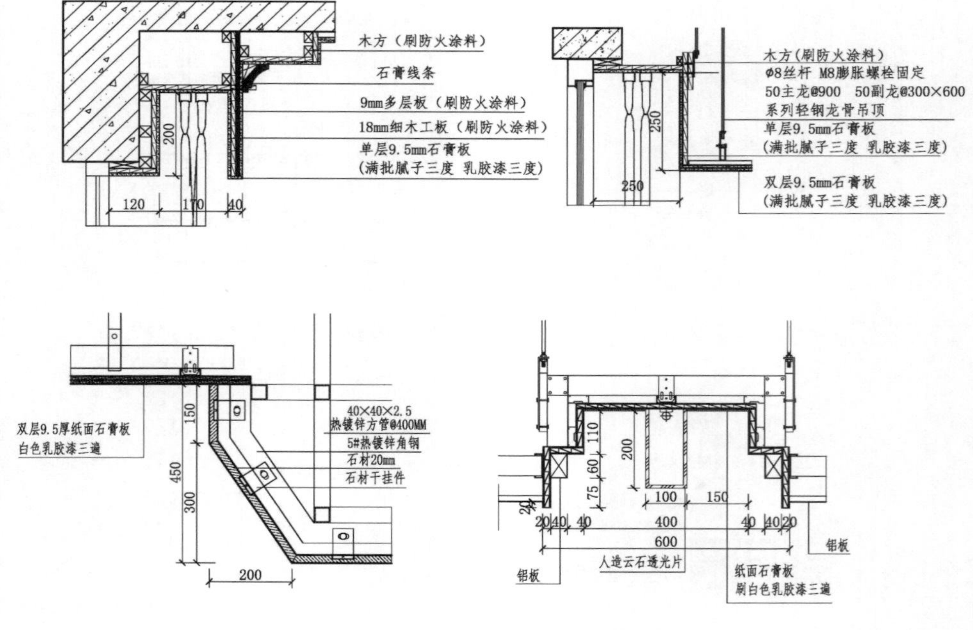

室内顶面与墙面相接详图

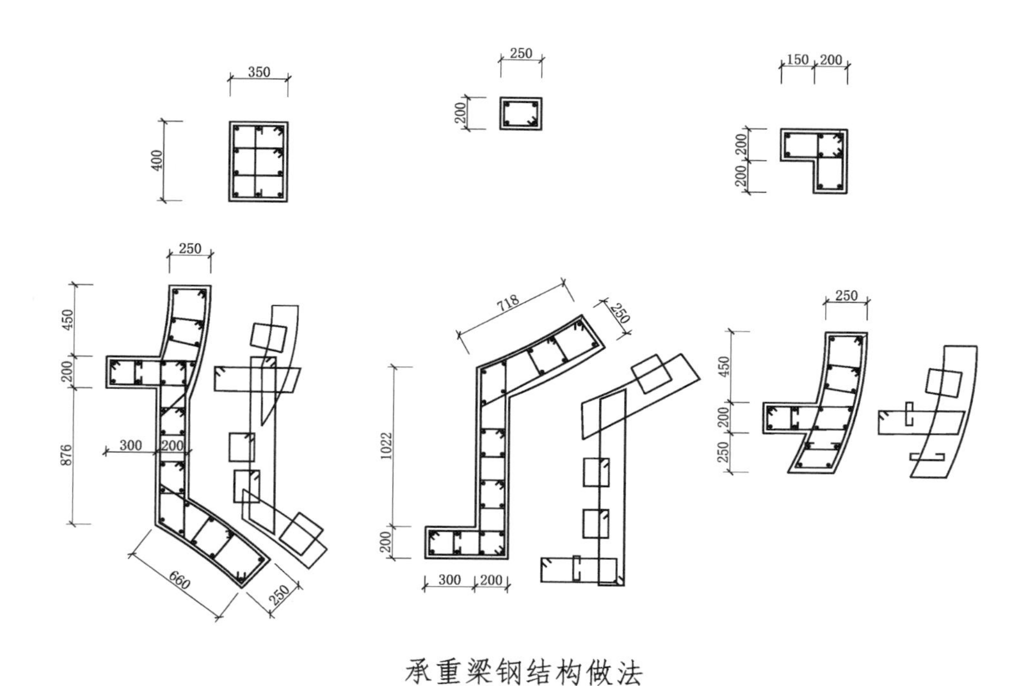
350
400
250
200
150
200
200
200
250
450
200
876
300
200
660
250
718
250
1022
200
300
200
250
450
200
250

承重梁钢结构做法

No.17 乡村办公室

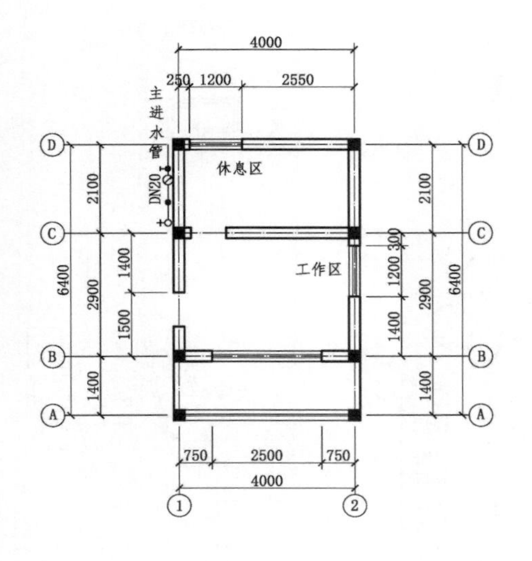

一层给水布置图

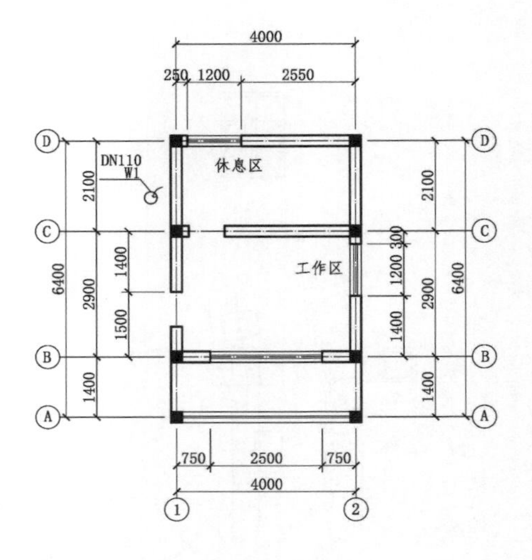

一层排水布置图

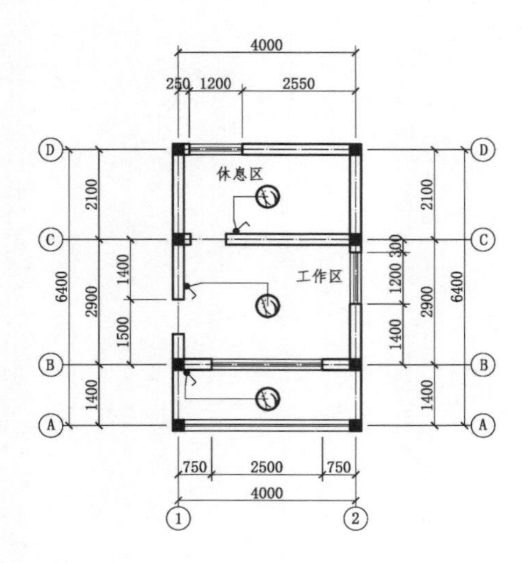

一层灯具开关布置图

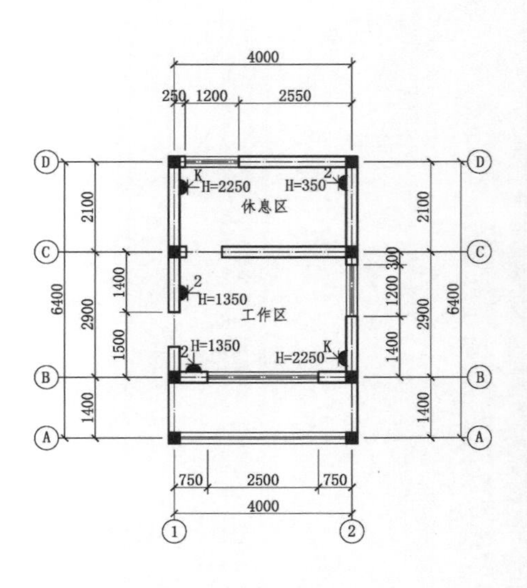

一层插座布置图

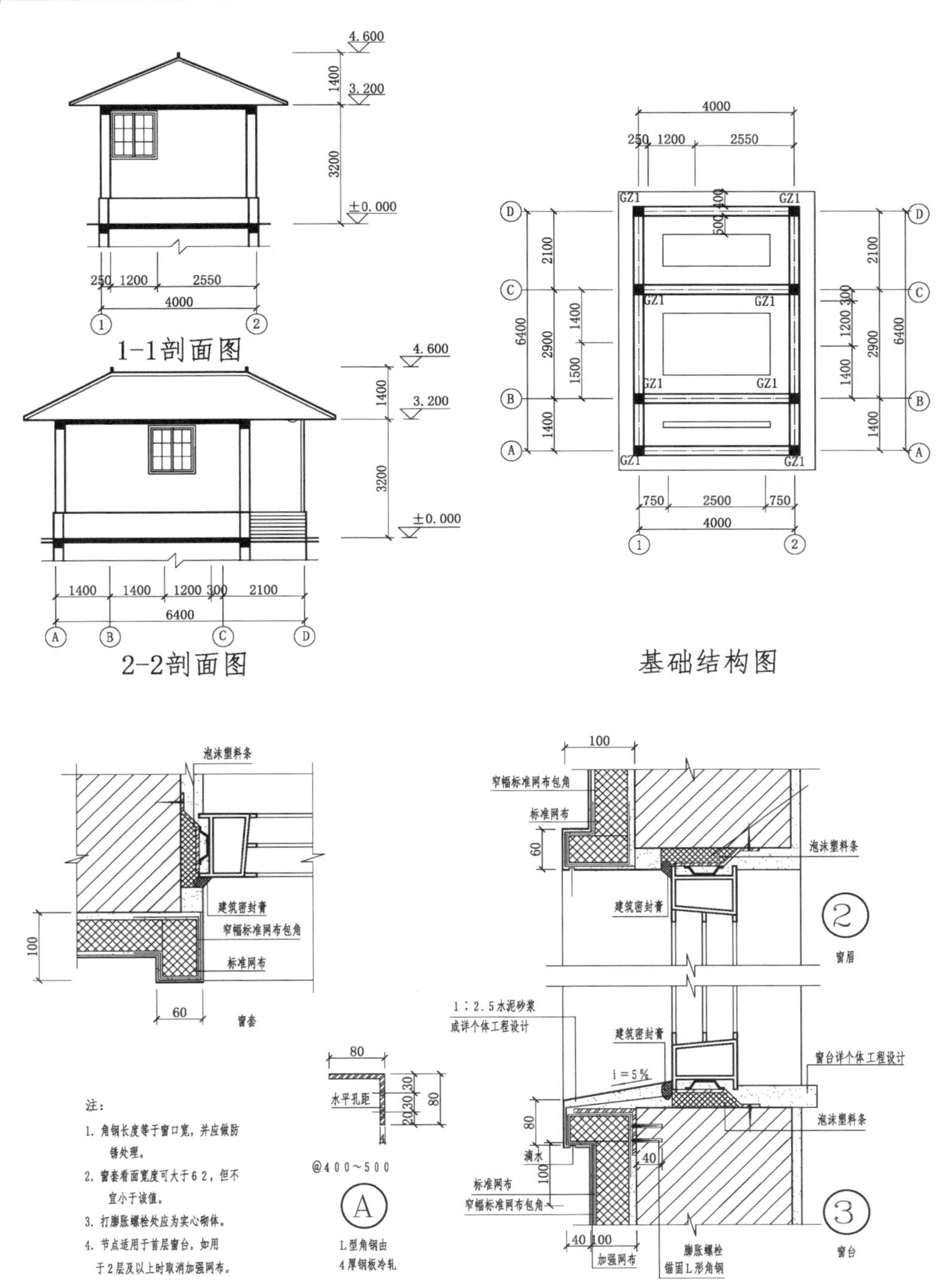

4.600
1400
3.200
3200
±0.000
250 1200 2550
4000
1-1剖面图
4.600
1400
3.200
3200
±0.000
1400 1400 1200 300 2100
6400
2-2剖面图
4000
250 1200 2550
GZ1
2100
2900
1400
1500
1200
300
6400
750 2500 750
4000
基础结构图
泡沫塑料条
建筑密封膏
窄幅标准网布包角
标准网布
100
60
窗套
80
水平孔距
30
20
@400～500
L型角钢由
4厚钢板冷轧
窄幅标准网布包角
标准网布
窗眉
1：2.5水泥砂浆
或详个体工程设计
i＝5%
窗台详个体工程设计
滴水
加强网布
膨胀螺栓
锚固L形角钢
窗台
注：
1. 角钢长度等于窗口宽，并应做防锈处理。
2. 窗套看面宽度可大于62，但不宜小于该值。
3. 打膨胀螺栓处应为实心砌体。
4. 节点适用于首层窗台，如用于2层及以上时取消加强网布。

窗口做法详图

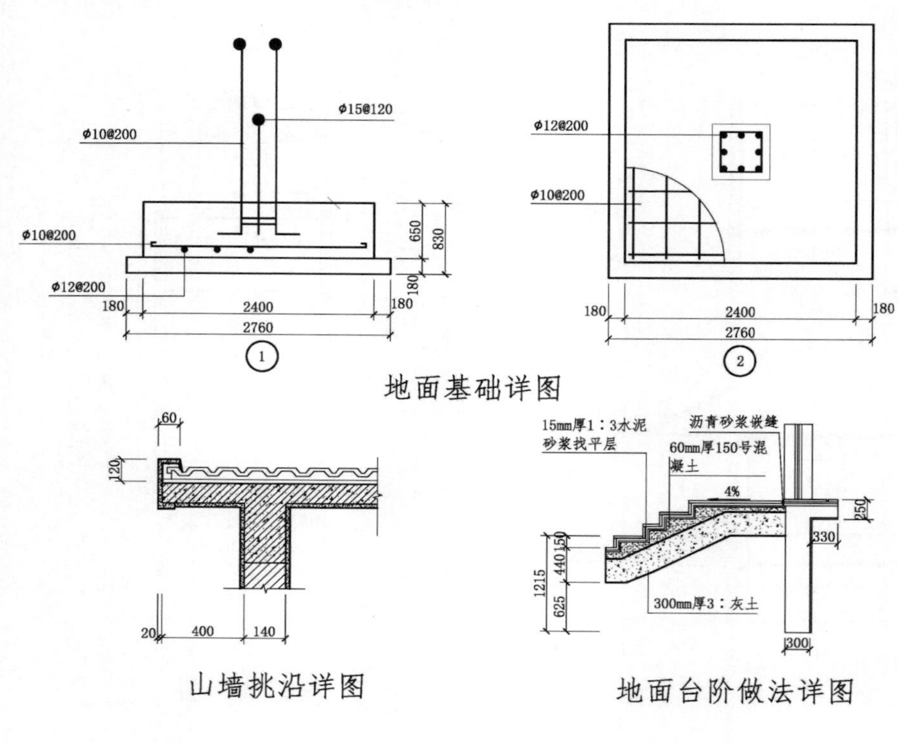

地面基础详图

山墙挑沿详图

地面台阶做法详图

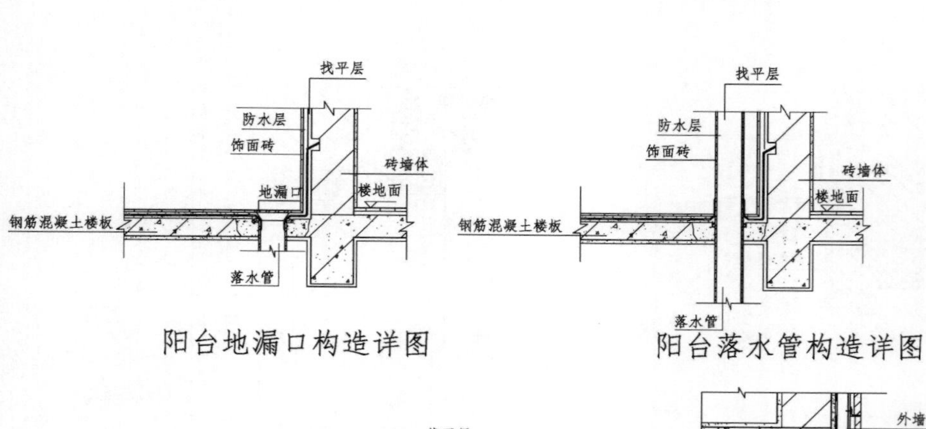

阳台地漏口构造详图

阳台落水管构造详图

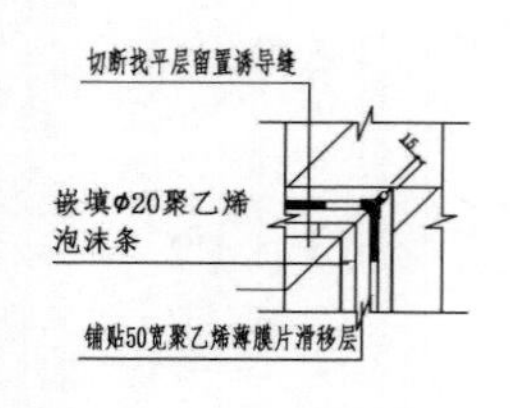

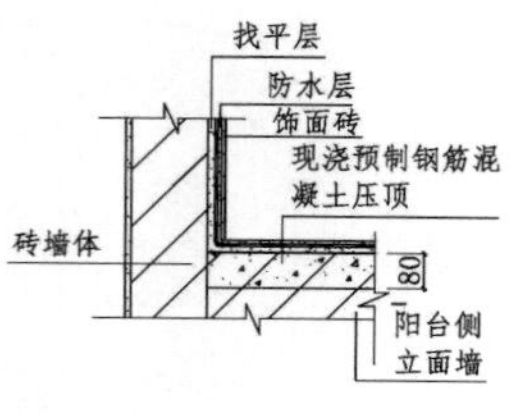

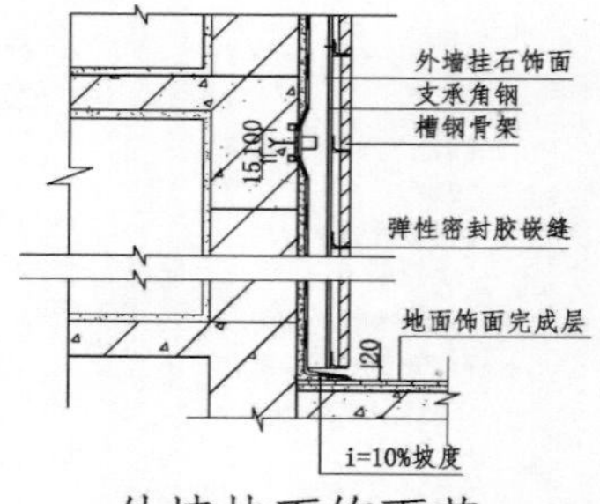

阳台防水平面构造详图

阳台、阳台压顶与外墙交接部位构造详图

外墙挂石饰面节点防水构造详图

No.18 乡村庭院

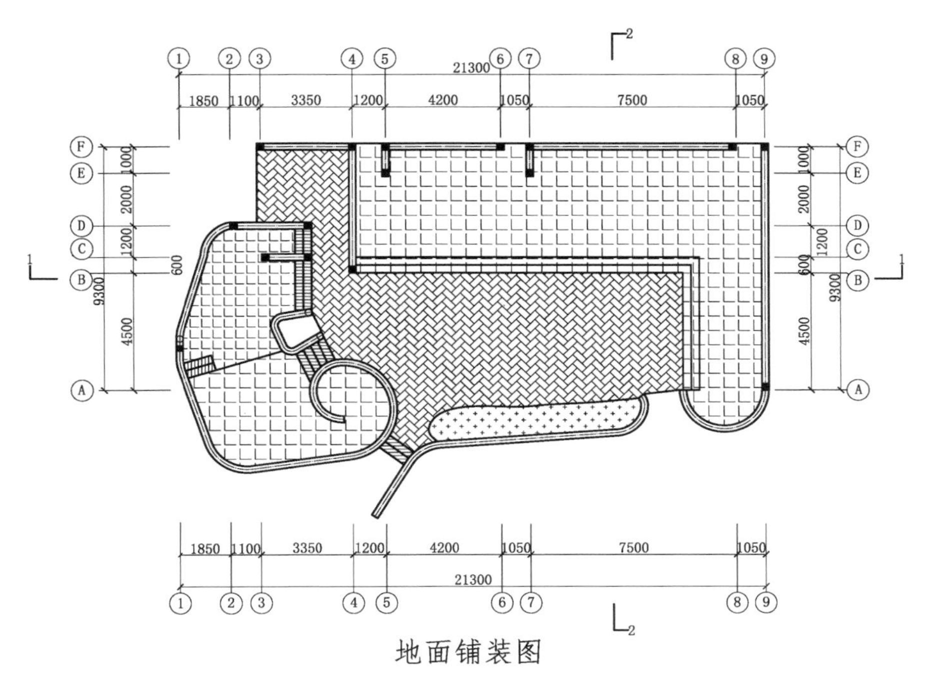

地面铺装图

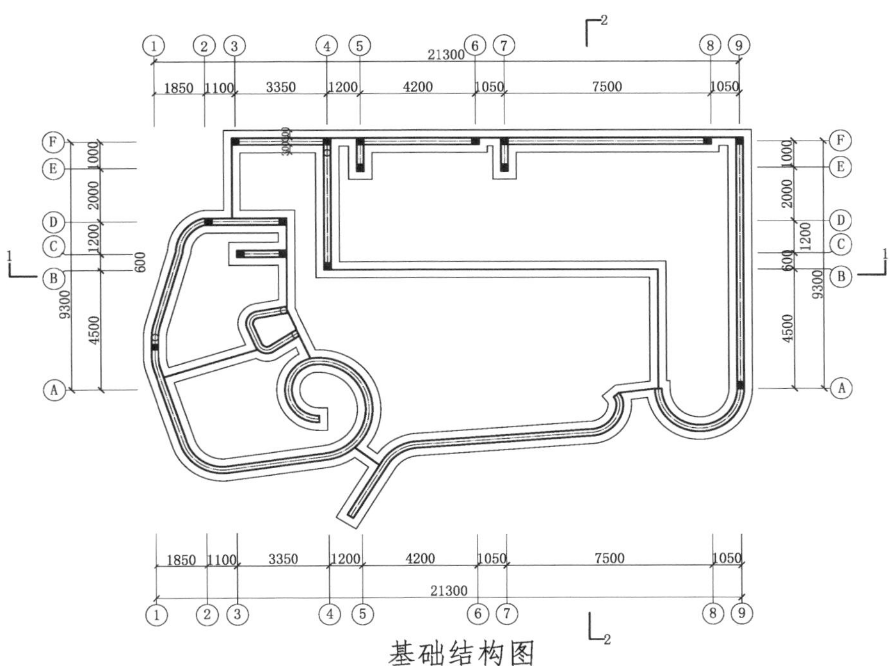

基础结构图

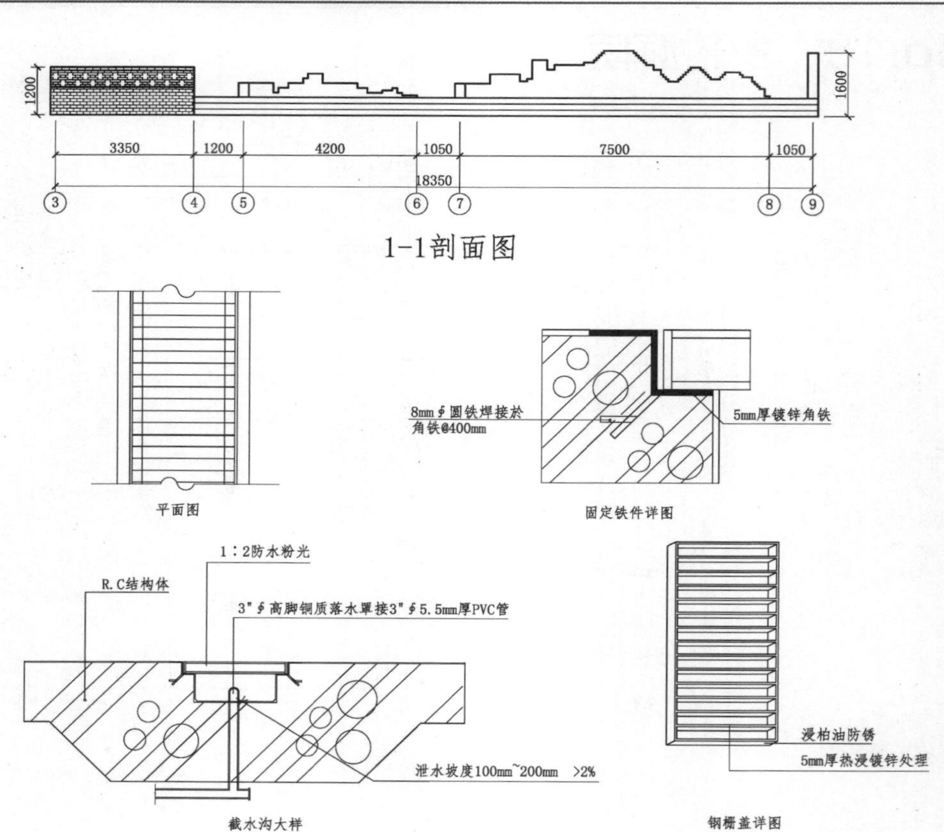

1-1剖面图

地面排水沟做法详图

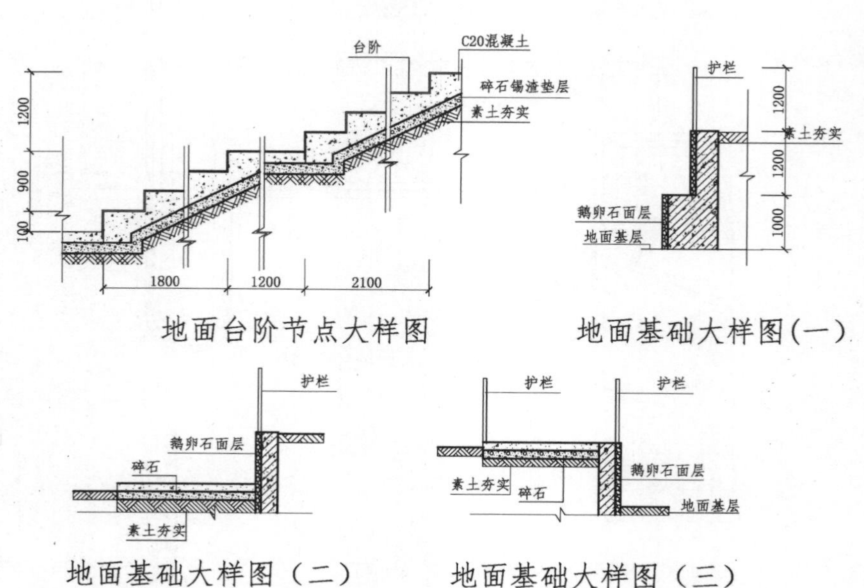

地面台阶节点大样图

地面基础大样图(一)

地面基础大样图（二）

地面基础大样图（三）